住房城乡建设部土建类学科专业"十三五"规划教材
全国高职高专教育土建类专业教学指导委员会规划推荐教材
教育部国家级教学资源库(建筑智能化工程技术专业) 配套教材

智能建筑弱电系统安装

(建筑智能化工程技术专业适用)

董　娟　主编
李明君　陈德明　副主编
程　鸿　主审

中国建筑工业出版社

图书在版编目（CIP）数据

智能建筑弱电系统安装／董娟主编. — 北京：中国建筑工业出版社，2020.11（2024.1重印）
住房城乡建设部土建类学科专业"十三五"规划教材 全国高职高专教育土建类专业教学指导委员会规划推荐教材 教育部国家级教学资源库（建筑智能化工程技术专业）配套教材
ISBN 978-7-112-25548-1

Ⅰ. ①智… Ⅱ. ①董… Ⅲ. ①智能建筑－电气设备－建筑安装－高等职业教育－教材 Ⅳ. ①TU855

中国版本图书馆 CIP 数据核字（2020）第 185886 号

本书分为六个项目，其中包括：智能建筑弱电系统概述、智能建筑弱电系统认知与安装、智能建筑弱电系统工程管线施工、智能建筑弱电系统工程造价、智能建筑弱电系统中的 BIM 应用和智能建筑弱电系统工程项目管理及施工组织共 24 个子项目，本书为项目化教学和理论实践一体化教学提供了方便。

本书图文并茂，是一本"互联网＋"教材，封底附有二维码教学资源链接，覆盖弱电行业新技术、新设备、新系统及工程经验等，包含了教师课件和电子学习资料。关于本书更多讨论请加 QQ 群：952876210。

本书作为建筑智能化工程技术专业的规划教材，同时也适用于建筑设备、建筑电气、建筑工程、建筑装饰、建筑水电、物业管理等多个专业学生的学习。另外本书也适合希望从事弱电工程施工的技术人员和管理人员阅读。

责任编辑：张　健
文字编辑：胡欣蕊
责任校对：党　蕾

住房城乡建设部土建类学科专业"十三五"规划教材
全国高职高专教育土建类专业教学指导委员会规划推荐教材
教育部国家级教学资源库（建筑智能化工程技术专业）配套教材
智能建筑弱电系统安装
（建筑智能化工程技术专业适用）
董　娟　主编
李明君　陈德明　副主编
程　鸿　主审

*

中国建筑工业出版社出版、发行（北京海淀三里河路9号）
各地新华书店、建筑书店经销
北京红光制版公司制版
建工社（河北）印刷有限公司印刷

*

开本：787毫米×1092毫米　1/16　印张：14½　字数：357千字
2021年8月第一版　2024年1月第二次印刷
定价：**46.00**元（赠教师课件）
ISBN 978-7-112-25548-1
（36573）

建筑设备类教材编审委员会名单

主　任：符里刚

副主任：吴光林　张小明　柴虹亮

委　员：(按姓氏笔画排序)

王　丽　　王昌辉　　王建玉　　朱　繁

汤万龙　　杨　婉　　吴晓辉　　余增元

张　炯　　张汉军　　张燕文　　陈光荣

金湖庭　　高绍远　　黄奕沄　　彭红圃

董　娟　　蒋　英　　韩应江　　翟　艳

颜凌云

前　言

　　《智能建筑弱电系统安装》是教育部国家级教学资源库（建筑智能化工程技术专业）配套教材，是住房城乡建设部土建类学科专业"十三五"规划教材，是全国高职高专教育土建类专业教学指导委员会规划推荐教材。随着经济的发展和社会进步，建筑弱电系统在建筑电气工程乃至整个建筑工程中的地位越来越高。建筑弱电系统是电子技术、通信技术、网络技术、自动控制技术等一系列先进技术在建筑领域的应用集成。建筑弱电工程的特点是系统多而专业面广、学科跨度大、技术复杂而且作业范围大、施工周期长、使用设备和材料品种多。

　　本书主要从职业教育的特点和高职学生的知识结构出发，以实用性、先进性和新颖性的职教理念，深入浅出、图文并茂地进行了讲解。本书从建筑弱电系统的施工程序、子系统认识与安装、管线施工、工程造价、BIM技术、工程项目管理及施工组织等六个项目对弱电系统的概念、各系统的设备组成、工程案例、施工方法和步骤、施工要求和工艺、调试方法和要求以及验收规范等进行了详细地叙述，为项目化教学和理论实践一体化教学提供了方便。

　　本书作为建筑智能化工程技术专业的规划教材，同时也适用于建筑设备、建筑电气、建筑工程、建筑装饰、建筑水电、物业管理等多个专业学生的学习。另外本书也适合希望从事弱电工程施工的技术人员和管理人员阅读。

　　本书由住房和城乡建设职业教育教学指导委员会秘书长程鸿担任主审，黑龙江建筑职业技术学院董娟担任主编并负责统稿，黑龙江建筑职业技术学院李明君、陈德明担任副主编，其中项目1、项目3、项目6由董娟编写，项目2由李明君董娟编写，项目4、项目5由陈德明、侯音编写，住房和城乡建设部人力资源开发中心温欣、重庆电子工程职业学院杨张利、广州市机电高级技工学校梁瑞儿、福州职业技术学院邓华、广东番禺职业技术学院黄日财、福建船政交通职业学院邱玉英参与资料收集及编写，黑龙江建筑职业技术学院马莉负责思政理念融入教材。

　　本书参考并引用了相关书刊资料及单位的一些科研成果和技术总结，在此谨向这些文献的作者表示衷心的感谢！

　　本书作为高职院校专业教材，敬请使用教材的老师、广大读者及同行提出宝贵意见。

目　　录

项目1 智能建筑弱电系统概述

【学习目标】
- 了解智能建筑弱电系统概念及其组成内容。
- 了解综合布线系统在弱电系统中的作用及其组成结构。
- 掌握建筑弱电系统安装的基本知识。

人们通常将建筑电气工程分为强电工程和弱电工程两大类。强电一般是指供给建筑物内的动力设备、照明设备及其他用电设备所使用的电能，电压一般在220V以上。弱电主要有两类：一类是国家规定的安全电压等级及控制电压等低电压电能，有交流与直流之分，如24V直流控制电源或应急照明灯备用电源；另一类是载有语音、图像、数据等信息的信息源，如电话、电视、计算机的信息。

1.1 建筑弱电系统的认知

所谓弱电，是相对建筑物的电力、照明用电而言的。强电系统可以把电能引入建筑物，经过用电设备转换成机械能、热能和光能等；而弱电系统主要是完成建筑物内部和内部与外部间的信息传递与交换。换而言之，强电的处理对象是能源（电力），其特点是电压高、电流大、功耗大、频率低，主要考虑的问题是减少损耗、提高效率；弱电的处理对象主要是信息，即信息的传送和控制，其特点是电压低、电流小、功率小、频率高，主要研究的问题是信息传送的效果问题，诸如信息传送的保真度、速度、广度和可靠性等。

随着电子技术、计算机技术、激光技术、现代控制技术、光纤通信和各种遥感技术的发展，以及信息化时代的到来，建筑的电气化标准与功能需求不断提高，越来越多的弱电系统进入建筑领域，扩展了弱电的范围。建筑弱电工程的安装施工也将朝着复杂化、高技术方向发展。

建筑弱电系统是多种技术的集成，是多门学科的综合。常见的弱电系统包括：闭路电视监控系统、防盗报警系统、门禁系统、电子巡更系统、停车场管理系统、可视对讲系统、家庭智能化系统及安防系统、背景音乐系统、LED显示系统、等离子拼接屏系统、DLP大屏系统、三表抄送系统、楼宇自控系统、防雷与接地系统、寻呼对讲及专业对讲系统、弱电管道系统、UPS不间断电源系统、机房系统、综合布线系统、计算机局域网系统、物业管理系统、多功能会议室系统、有线电视系统、卫星电视系统、卫星通信系统、消防系统、电话通信系统、酒店管理系统、视频点播系统、人力资源管理系统等。本书主要介绍除安防系统和楼控系统以外的弱电系统。

1.2　弱电系统安装施工的程序与方法

弱电系统的施工全过程一般可分为施工准备、施工、调试开通和竣工验收四个阶段。施工准备与施工过程是由一家或几家施工单位联合进行的，调试开通往往是弱电集成工程承包商和设备厂商共同参与完成的。竣工验收则由建设单位、工程质量监督部门和政府有关专业管理部门进行的测试、审查和验收。

1.2.1　施工准备阶段

施工准备通常包括技术准备、施工现场准备、物资准备、机具准备、劳动力准备、季节施工准备和技术交底与培训等。由于弱电安装工程技术含量较高且作业范围大，因此施工技术准备就显得非常重要。

一、学习相关规范和标准

建筑弱电工程施工，应严格遵守建筑弱电安装工程施工及验收规范、所在地区的安装工艺标准及当地有关部门的各项规定。在执行规范法规时，应遵照下列原则解决：

1. 现行标准取代原执行标准；

2. 行业标准服从国家标准；

3. 当执行现行规范确有困难时，可由省级以上建筑主管部门会同有关管理部门组织专家，进行技术论证并形成论证纪要，由参与人员签字后备案，然后按论证纪要执行。

二、熟悉和审查图纸

熟悉和审查图纸包括理解图纸，了解图纸设计意图，掌握设计内容及技术条件，组织图纸会审，核对土建与安装图纸之间有无矛盾和错误，明确各专业间的配合关系。

在图纸会审前，施工单位负责施工的专业技术人员预先认真阅读、熟悉图纸的内容和要求，把疑难问题整理出来，把图纸中存在的问题记录下来，在图纸会审和设计交底时逐项解决。

图纸会审，应由弱电工程总包方组织建设单位、设计单位、设备供应商、施工安装承包单位，有步骤地进行，并按照工程性质、图纸内容等分别组织会审工作。会审结果应形成纪要，由设计、建设、施工三方共同签字，作为施工图的补充文件。

三、制定施工进度计划表

在工程合约签订以后，应由建设方立即组织弱电各系统设备供应商、机电设备供应商、工程安装承包商进行工程施工界面的协调和确认，从而形成施工进度计划表。该计划表的内容主要包括：系统施工图的确认或二次深化设计、设备选购、管线施工、设备安装前单体（进货）验收、设备安装、系统调试开通、系统竣工验收和培训等的时间段。同时工程施工界面协调和确认应形成纪要或界面协调文件。

四、技术交底

技术交底包括设计单位（或负责二次深化设计的弱电系统总承包商）与安装工程承包商，各分系统承包商与机电设备供应商，安装工程承包商与机电设备供应商，安装工程承包商内部负责施工专业工程师与工程项目技术主管的技术交底工作，它们应分级分层进行。

设计单位与安装工程承包商之间的技术交底的目的在于以下两方面：一是为了明确所承担施工任务的特点、技术质量要求、系统的划分、施工工艺、施工要点和注意事项等，做到心中有数，以利于有计划、有组织地完成任务；二是对工程技术的具体要求、安全措施、施工程序、配置的工机具等做详细说明，使责任明确，各司其职。

有些大型施工企业内部技术交底也是分级管理和分级进行的，由施工企业（包括总分包）各工种专业技术负责人逐级进行交底，但最关键的是施工技术员一级的交底，这是专业性的技术交底，是技术交底工作中的关键环节，是把上级对有关工程施工的技术要求落实到实际工程项目上的重要步骤，既要交代技术要求又要说明实际操作的注意事项。

技术交底的主要内容包括：设计要求、细部做法和施工组织设计中的有关要求，工程的用料材质、施工机具设备性能参数、施工条件、施工顺序、施工方法、施工中采用的新技术、新工艺、新设备、新材料的性能和操作使用方法，预埋部件注意事项，相关工程质量标准、成品保护和验收评定标准，施工中安全注意事项。

技术交底的方式有书面交底、会议交底和口头交底。有关方面可根据工程的实际情况，因地制宜地参考选用不同的交底方式。技术交底的编写应遵循针对性、可行性、完整性、及时性和科学性的原则，要做好交底记录，并将其装入竣工技术档案中。

五、弱电安装工程施工预算

建筑安装工程预算，按不同的设计阶段编制成的可以分为：设计概算、设计预算、施工图预算及电气工程概算四种。

目前，普遍采用电气工程概算作为工程预算和投资控制的手段，而预算仅作为施工企业内部管理用。概算定额是以主代次、子项目少、概括性强、比较容易接近实际工程的控制手段。

六、施工组织设计

施工组织设计是以具体的工程为对象，在施工图纸到达后编制的，是直接指导现场施工活动的技术文件。施工组织设计中应根据工程的具体特点、建设要求、施工条件进行编制。

1.2.2 施工阶段

弱电系统的施工一般应按照审阅图纸、现场测量、支撑固定件制作、穿管布线、设备安装、单机调试、系统调试和竣工验收的程序进行。在施工过程中要特别注意弱电施工与土建及其他专业工程的配合。

一、弱电系统预留孔洞和预埋管线与土建工程的配合

在土建基础施工中，应做好接地工程引线孔和墙体内配管过墙孔的预留工作，以及电缆过墙保护管和进线管的预埋工作。条件许可时，应在土建施工的同时完成接地工程施工。

在土建初期的地下层工程中，牵涉弱电系统线槽孔洞的预留和消防、保安系统线管的预埋，因此在建筑物地下部分的"挖坑"阶段，弱电系统承包商应配合设计院做建筑物地下层、裙楼部分的孔洞预留和线管预埋的施工图设计，以确保弱电工程的后期实施。

地坪内配管的过墙孔尺寸应根据线管外径、根数和埋设部位来决定。通过墙孔处转角引上的管路，孔的直径必须加大至管外径的 6 倍以上，以满足管道弯曲半径一般不得小于管径 6 倍的要求。线管过墙入室时，一般可在室外地坪下 800mm 左右处预留 240mm×

240mm 的孔，待以后敷设电缆时，再用水泥浆固定保护管。

在管线工程中，经常采用暗管配线敷设，有时穿线管未能预先备齐，则需要土建在墙体上开槽。为了保护弱电设备，也要预留孔洞，但大量盒、箱安装需在土建粉刷或装修时才可进行。

室内地面向上 0.3m 处安装电话机暗装出线盒；0.5m 处安装电话分线箱或过路箱；1.5m 处安装共用天线户内出线盒。接线盒在现浇墙内的固定可采用螺钉、弓形支撑板或铁拉手固定。吊顶上安装暗装接线箱、分线箱或过路箱，有时需要预埋件或预埋"木砖"。

预制梁柱结构的施工在预制厂中进行，其中比较规则的预制件上可在预制厂埋入电气管道和预埋钢管，对于不便安装的管线的预埋件，可预埋钢板或"木砖"，也可预留 $\phi10\sim\phi14mm$ 的钢筋头，以备以后敷设线路和安装电气设备时用。在浇筑混凝土前安装好管道和固定件。

预制楼板安装时，要配合安排好楼板的排列次序，合理选择安装接线盒位置，要使接线盒布置对称，成排安装。当楼板上面几根电线管交叉时，应设法绕开叠加处，以免影响土建地坪制作。管线在楼板缝中暗配，可不用接线盒，而直接将管子伸下。

混凝土地面浇筑前，必须将地面中的管子全部安放好；敷设好室内的接地线；安装好各种箱体的基础型钢，预埋好设备固定地脚螺栓。浇筑混凝土时，安装人员应在现场配合护理以免电气管损坏、脱落和移位。

在屋面施工中，如有共用天线避雷装置，要在预制或现浇的檐口或女儿墙顶部预埋避雷线支持件，一般用 $\phi8mm$ 圆钢制作，每隔 0.8m 设置一个，最后与避雷母线焊接。还要预埋好固定共用天线的拉锚。

在现场浇筑混凝土前将管子和接线盒等固定在相应的位置上，当管子或接线盒与钢筋网位置发生冲突时，可将影响安装的钢筋拨开，待安装好管子或接线盒后再将拨开的钢筋做适当调整就位，或增绑一些附加钢筋。若敷设的是硬质塑料管，尤其要注意防止管道损坏或因振捣而断裂。拆除模板后要及时检查，如有缺陷，要趁混凝土尚未干透时进行清理和剔凿处理。另一种配合方法是在混凝土构件上预留线槽，然后在线槽中配管，并在墙面粉刷时填平沟槽。

预制构件中的管线需和现浇构件中的管线连接时，在预制构件的接合部位上预埋长方形接线盒，然后将现浇构件中的线管伸入接线盒中，并在浇筑混凝土前，将接合处用水泥砂浆填好。另一种方法是在预制件上安装普通接线盒，并预留一段空槽，然后使现浇构件中的管线通过预留槽进入接线盒。

混凝土预制构件之间接合处的管线连接，常用方法是预制构件各自安装接线盒和预留小槽，然后在构件结合好后，在相互对齐的小槽中安装连接管，并用砂浆填满小槽。

混凝土滑模施工实质上是连续的现场浇制混凝土，安装时要提前将管子弯好、锯好，将各种预埋件尺寸确定准确，随着浇注高度的增加，逐段配合施工。

二、线槽架施工与土建工程的配合

弱电系统线槽架的安装施工，应在土建工程基本结束后，并与其他管道（风管、给水排水管）的安装同步进行，也可稍迟于管道安装一段时间（约 15 个工作日），但必须解决好弱电线槽架与管道在空间位置上的合理安排和配合。

三、管线施工与装饰工程的配合

在吊顶内敷设管线须配合装饰工程进行，一种做法是装修好主龙骨后，可在主龙骨上配置管线，钢管应卡固在龙骨上，按最近直线距离敷设，在吊顶上面安装接线盒，接线盒不能凸出吊顶平面，钢管配好后，应将电缆电线穿入，做好吊顶上面的工作，再由装修人员安装次龙骨和上面板，这时要配合装修在吊顶面板上开孔，留出接线盒，开孔的面积应小于接线口面积。另一种做法是先将管子配好，将引线钢丝打入管子，待吊顶安装完毕后，再穿线、接线和安装弱电设备。当配管位置与接线盒位置不能准确对应时，可以采用金属波纹管（蛇皮管）在吊顶内作软接续，将导线引至设备安装位置。

在轻型复合墙或轻型壁板中配管，先要测量好接线盒的准确位置，计划好管子走向，与装修人员配合挖孔挖洞。

总之，弱电系统的配线和穿线工作，在土建工程完全结束以后，与装饰工程同步进行，进度安排应避免在装饰工程结束以后，造成穿线敷设的困难。

四、控制室布置与装饰工程配合

控制室的装饰应与整体的装饰工程同步。例如在智能建筑物管理系统中央监控室基本装饰完毕前，应将中央监控台、电视墙、模拟屏定位。

弱电系统设备的定位、安装、接线端连线，应在装饰工程基本结束时开始。弱电集成系统设备的定位、安装和连线的步骤为：

中控设备→现场控制器→报警探头→传感器→摄像机→读卡机→计算机网络设备。

1.2.3 调试开通阶段

弱电系统种类很多，性能指标和功能特点差异很大。一般是先单体设备或部件调试，而后局部或区域调试，最后整体系统调试。也有些智能化程度高的弱电系统，诸如智能化火灾自动报警系统，是先调试报警控制主机，再分别逐一调试所连接的所有火灾探测器和各类接口模块与设备。

1.2.4 竣工验收阶段

弱电工程验收分为隐蔽工程验收、分项工程验收、竣工验收三个阶段进行。

一、隐蔽工程验收

弱电安装中的线管预埋、直埋电缆、接地工程等都属于隐蔽工程，这些工程在下道工序施工前，应由建设单位代表（或监理人员）进行隐蔽工程检查验收，并认真办理好隐蔽工程验收手续，纳入技术档案。

二、分项工程验收

弱电工程在某阶段工程结束，或某一分项工程完工后，由建设单位会同设计单位进行分项验收；有些单项工程则由建设单位申报当地主管部门进行验收。火灾自动报警系统由公安消防部门验收；安全防范系统由公安技防部门验收；卫星接收电视系统由广播电视部门验收。

三、竣工验收

工程竣工验收是对整个工程建设项目的综合性检查验收。在工程正式竣工验收前，应由施工单位进行预验收，检查有关技术资料、工程质量，发现问题时，及时提出整改意见，由施工单位落实整改后再进行验收。

整个弱电系统的验收，在各个子系统分调试完成后，演示相应的联动控制程序。在整个系统验收文件完成以及系统正常运行一个月以后，方可进行系统验收。在整个集成系统验收前，也可分别进行集成系统各子系统（火灾自动报警系统、安全防范系统等相对独立的子系统）的工程验收。

【练习题】

一、单选题

1. 弱电的处理对象的特点是（　　　）。

　A. 电压高　　　　　　　　　　B. 频率高

　C. 电流大　　　　　　　　　　D. 频率低

2. 核对土建与安装图纸之间有无矛盾和错误，明确各专业间的配合关系的工作是（　　　）。

　A. 技术交底　　　　　　　　　B. 施工组织

　C. 图纸会审　　　　　　　　　D. 工程验收

3. 目前，普遍采用（　　）作为工程结算和投资控制的手段。

　A. 设计概算　　　　　　　　　B. 设计预算

　C. 施工图预算　　　　　　　　D. 电气工程概算

二、多选题

1. 按连接硬件在综合布线系统中的使用功能来划分有（　　　）。

　A. 配线设备　　　　　　　　　B. 交接设备

　C. 分线设备　　　　　　　　　D. 终端设备

2. 弱电安装中属于隐蔽工程有（　　　）。

　A. 线管预埋　　　　　　　　　B. 设备安装

　C. 直埋电缆　　　　　　　　　D. 接地工程

三、问答题

1. 弱电系统的施工准备包括哪些内容？

2. 如何做好弱电系统预留孔洞、预埋管线与土建工程的配合工作？

3. 如何做好弱电系统线槽架施工与土建工程的配合工作？

4. 如何做好弱电系统管线施工与装饰工程的配合工作？

5. 如何做好弱电系统竣工验收工作？

项目 2　智能建筑弱电系统认知与安装

【学习目标】
- 掌握建筑智能化弱电子系统的工作原理。
- 了解建筑智能化弱电子系统的常见设备。
- 能够识读各类弱电系统的工程图纸。
- 掌握常见各类弱电设备的基本安装方法。

2.1　有线电视系统认知与安装

有线电视也叫电缆电视（Cable Television），是采用电缆或光缆作为传输介质将电视信号通过电视分配网络传送给用户的电视系统。有线电视系统是在共用天线电视系统基础上的发展，与采用开路接收方式的共用天线系统相比，有线电视系统有如下优点：一是图像质量好，没有开路发射的重影和空间杂波干扰等问题；二是节目源丰富，不仅可以转播当地开路电视节目，可以自办节目，还可以转发卫星电视节目等；三是能双向传输数字化信息，使电视系统向着双向交互、多功能、多媒体信息通信网络的方向发展。

2.1.1　有线电视系统基础知识

1. 有线电视系统的组成

有线电视系统一般由信号源、前端设备、干线传输和用户分配网络组成。系统设备与器材的多少由系统的规模大小来决定。图 2-1-1 为有线电视系统的原理图。

（1）信号源

有线电视的信号源可以是录像机、VCD、DVD、摄像机和电影电视转换机等，也可以是通过开路接收电视广播、微波传输和卫星电视类型的空中电视信号。这些信号经过解调后进入前端部分。

（2）前端设备

前端设备的作用是把经过处理的各路信号进行混合，把多路（套）电视信号转换成一路含有多套电视节目的宽带复合信号，然后经过分支、分配、放大等处理后变成高电平宽带复合信号，送往干线传输分配部分的电缆始端。

（3）干线传输系统

干线传输系统的作用是把前端设备输出的宽带复合信号进行传输，并分配到用户终端。在传输过程中根据信号电平的衰减情况合理设置电缆补偿放大器，以弥补线路中无源器件对信号电平的衰减。干线传输系统除电缆以外还安装有干线放大器、均衡器、分支器和分配器等设备。

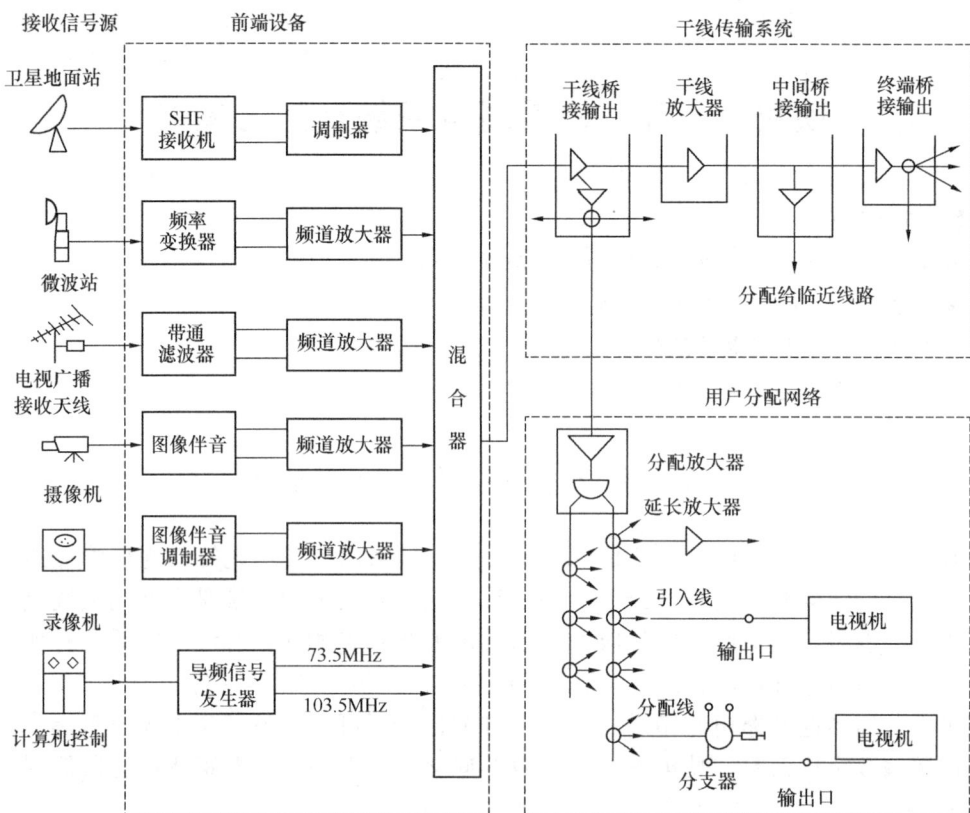

图 2-1-1 有线电视系统原理图

（4）用户分配系统部分

用户分配部分的作用是把干线传输系统提供的信号电平合理地分配给各个用户。比较大的子系统还装有支线放大器。

用户分配部分的主要部件有分支器、分配器、终端电阻和支线放大器等设备。电视用户可以通过连接线把电视机与用户盒相连，来接收全部电视节目。

（5）用户部分

用户部分是有线电视系统的末端，包括电视机（监视器）和用户线，是显示闭路电视信号的终端设备。

2. 有线电视的信号传输

有线电视的信号传输分为有线传输和无线传输两种。有线传输常用同轴电缆和光缆为介质。无线传输根据传输方式和频率分为多频道微波分配系统（MMDS）和调幅微波链路系统（AMLS）。

（1）同轴电缆传输

有线电视系统中大量使用同轴电缆作为传输介质，同轴电缆质量的好坏，将直接影响到系统质量。

同轴电缆由同轴结构的内外导体构成，芯线为单股或多股铜线，外包绝缘物，绝缘物外面为用金属丝线编织网或金属箔，最外面用塑料护套或其他特种护套保护。

电缆的芯线越粗，其损耗越小，长距离传输多采用内导体粗的电缆。选用同轴电缆时，常选频率特性好、衰减小、传输稳定和防水性能好的电缆。

（2）光缆传输

用光缆传输电视信号传输损耗小、频带宽、传输容量大、频率特性好、抗干扰能力强、安全可靠等优点是有线电视信号传输技术手段的发展方向。

光导纤维是一种能够传导光信号的极细而柔软的介质。有许多种玻璃和塑料可用来制造光导纤维。光纤可分为单模和多模两种传输方式。

单模光纤的芯线特别细（约为 $10\mu m$），数字孔径很小，只能通过沿轴向的光束。单模光纤的优点是无多模光纤的传输速度差，大大加宽了传输频带，每千米带宽可达 $10GHz$；单模光纤的缺点是芯线细，耦合光能量较小，光纤与光源及光纤与光纤之间的接口比多模光纤难，只能与激光二极管光源配合使用，不能与发散角度较大、光谱较宽的发光二极管配合使用，传输设备较贵。

多模光纤耦合光能量大，发散角度大，对光源的要求低，能用光谱较宽的发光二极管做光源，有较高的性能价格比。缺点是传输的频带较单模光纤窄。

（3）多频道微波分配系统（MMDS）

在有线电视系统中，对于一些地形复杂、不便架设传输线的地方，可以利用 MMDS 将电视信号通过微波进行传递。微波传输具有较高的可靠性，可以避免由于长距离传输电缆线路上干线放大器串联过多使信号质量下降。在某些场合，用微波无线传输信号的方式比用电缆或其他方式传输有更大的优越性。MMDS 主要用于远离城市偏远地区的集体接收，可以作为有线电视的一种补充手段。

MMDS 系统由发射站和多个接受点组成。发射站的多路信号源混合后，上变频到 $(2.5\sim2.7)GHz$，由发射站的微波发射机放大，经发射天线发射。在每个接收点的定向微波接收天线接收到微波电视信号后，下变频为 V、U 频道或增补频道，送入集体接收的前端，再经过用户的分配分支网络送到用户终端，供用户收看。

（4）调幅微波链路系统（AMLS）

AMLS 也是一种无线传输系统，AMLS 由发射站和接收点两部分组成。

AMLS 发射站由信号源、混合器和 AML 微波发射机组成。信号源可以是开路电视信号、有线电视信号或卫星广播电视信号，信号源信号经混合后，上变频到 KU 波段，经 AML 发射机发射。AMLS 由微波定向天线定向发射信号，最多可同时传送 50 套左右的电视节目，传输距离可达 $15\sim50km$。在频道数很多的情况下，可以用一部宽带的发射机替代几十部单频道发射设备，以降低成本。

接收点由天线、低噪声放大器和微波接收机组成。在 AMLS 接收机前，通常要一个低噪声放大器，目的是提高系统的载噪比。微波接收机接收到信号后与 MMDS 系统一样，下变频为 V、U 频道或增补频道，送入集体接收的前端，再经过用户的分配分支网络送到用户终端，供用户收看。

3. 有线电视系统主要设备

（1）电视接收天线

天线是一种向空间辐射电磁波能量或从空间接收电磁波能量的装置。在有线电视系统中，最常用的是八木天线。八木天线又称引向天线，是由有源振子及其前、后放置一定数量的无源振子组成，如图 2-1-2 所示。

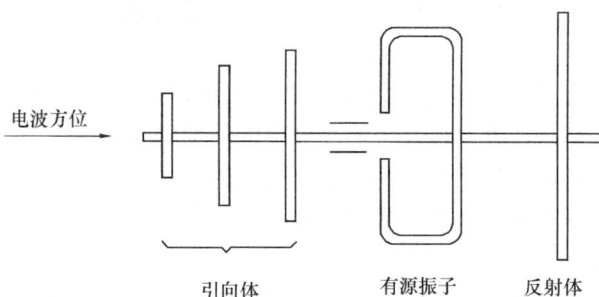

图 2-1-2　八木天线简图

有源振子是能输出信号的谐振器。八木天线的有源振子一般采用半波折合振子，以获得足够的天线输入阻抗。装在有源振子前面的引向体和装在其后面的反射体是若干个孤立的金属杆，因其不输出信号，又称为无源振子。

引向体的作用是吸收无线电波，反射体的作用是反射无线电波。增加引向体数目，能显著提高天线的增益，但这样会使天线的频带变窄，阻抗变低。对于 VHF 频段，用于 1~5 频道的天线一般不宜超过 7 单元；对于 6~12 频道，因信号波长较短，在传播过程中衰减较大，可采用 7~10 单元天线；对于 UHF 频段，波长更短，衰减更大，需要更大的增益，振子数至少要 8、9 根，多至 30 根。八木天线各振子一般都采用直径为 10~20mm 的铜管或铝管制成。

（2）放大器

放大器的作用是放大电视信号。放大器有天线放大器、频道放大器、线路放大器、分配放大器和延长放大器等多种，如图 2-1-3 所示。

图 2-1-3　有线电视信号放大器

天线放大器一般用在距电视发射台远、空间场强较弱的地方，用来放大弱信号，也称为低电平放大器。目的在于提高接收的信号电平，减少杂波干扰。一般规定现场的场强不得低于 $50dB\mu V/m$，低于时应加天线放大器。

频道放大器又可分为单频道放大器和宽频道放大器。单频道放大器是用来放大某一频道全电视信号的放大器，带宽只要求满足电视频道带宽 8MHz，安装在系统前端，增益较高；宽频道放大器是把几个天线接收到的各频道信号经过混合器后一同放大，频道范围宽，节省了放大器个数，但要求输入的各频道信号强度相差不宜太大。

线路放大器主要用来补偿干线上的能量损耗。它的最高频道增益一般为 22~25dB。有时在干线上用多个放大器级联串接（放大），干线放大器应该具有自动增益控制的性能。

分配放大器是为了提高信号电平以满足分配器及分支器的需要而设置的。它是宽频带高电平输出的一种线性放大器。它的输出电平约为 $100dB\mu V$。

延长放大器是补偿支干线上分支器的插入损耗及电缆损耗的放大器。它只有一个输入端和一个输出端，常常安装在支干线上。它的输出端不再有分配器，所以它的输出电平只有 $103\sim105\text{dB}\mu\text{V}$。

（3）混合器

混合器就是把几个信号合并为一路而又不产生相互影响，而且能阻止其他信号通过的滤波型设备。它可以把多个单频道放大器输出的不同频道的电视信号合为一路，再传输到各电视用户供选用。实际使用中，混合器有 VHF/UHF 混合、VHF/VHF 混合、UHF/UHF 混合、专用频道混合等四种形式。按输入路（频道）数划分有 2 路混合、5 路混合、7 路混合等。如图 2-1-4 有线电视信号混合器所示。

图 2-1-4　有线电视信号混合器

（4）分配器

分配器是分配高频信号电能的装置。作用是把混合器或放大器送来的信号平均分成若干份，送给几条干线，向不同的用户区均衡提供稳定的电视信号，确保各部分得到良好的匹配，同时在各输出端口达成良好的隔离度。

按分配器的端口数分有 2 分配器、3 分配器、4 分配器和 6 分配器等。最基本的是 2、3 分配器，其他分配器是它们的组合，如图 2-1-5 所示。

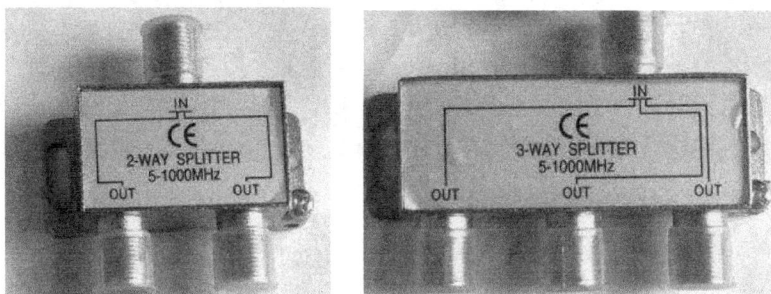

图 2-1-5　有线电视信号 2 分配器、3 分配器

（5）分支器

分支器的功能是在高电平馈电线路传输中，以较小的插入损耗，从干线上取出部分信号分送给各用户终端。常用 2 分支器和 4 分支器。2 分支器的分支损耗有 8dB、12dB、16dB、20dB、25dB、30dB；4 分支器的分支损耗有 10dB、13dB、16dB、20dB、25dB、30dB 等，其作用是通过各楼层不同分支损耗的设计以达到使各用户终端的电视机都得到理想的信号电平。分支器本身的插入损耗是很小的，约为 0.5～2dB。

（6）调制器

调制器是将录像机、摄像机和卫星接收机输出视频图像与伴音信号调制在某一频道射频载波上，使其成为全电视信号的设备，目前主要有中频调制器和射频调制器两种。

中频调制器是将视频和音频调制在电视中频上，即图像中频 38MHz，伴音中频 31.5MHz，中频段的视频信号经残留边带滤波后，用上变频器将中频变到所需频道。经中频调制的视频信号能有效地克服相邻频道的干扰，提高信号传输质量。

射频调制器是将图像和伴音基带信号调制在 VHF 或 UHF 频道上，供电视机的射频输入插口使用。

（7）衰减器

闭路电视系统都使用电阻衰减器，主要用于以下两种情况：为保证混合器前的各频道的输入信号电平接近或基本相等，在输入端电平较高的频道串入衰减器；在放大器输入端串入衰减器，使输入电平低于放大器的最大输入电平，防止放大器过载，如图 2-1-6 所示。

（8）均衡器

含有多频道电视信号的宽带信号进入系统后，由于电缆的衰减特性造成高端频道的衰减远大于低端频道信号电平的衰减，尤其是全频道闭路电视系统 UHF 频段电视信号的衰减更为严重。解决高低端电平差的方法一般是采用电平均衡补偿法，即在线路中根据信号传输距离和所采用的电缆的衰减特性，选用适当斜率的均衡器接入线路中，以补偿电缆对各频道信号衰减的不均匀性，如图 2-1-7 所示。

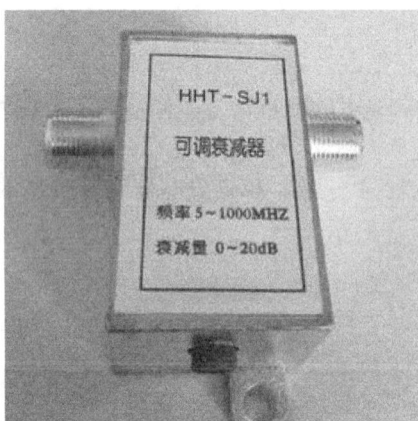

图 2-1-6　有线电视衰减器	图 2-1-7　有线电视均衡器

（9）滤波器

在系统设计中为了抑制无用信号的干扰，通常采用滤波器对所需信号频率以外的信号进行滤波。目前常用的滤波器有带通滤波器和带阻滤波器两种。

带通滤波器的作用是对某一频带的信号衰减很小，而对该频带以外的信号衰减很大。

带阻滤波器的作用是对某一频带的信号衰减很大，而对该频带以外的信号衰减很小。

所以在线路中某一部位加入带通滤波器可以使某一频带的信号顺利通过，加入带阻滤波器可以阻止某一频带的信号通过，如图 2-1-8 所示。

（10）导频信号发生器

导频信号发生器是供干线放大器自动增益和自动斜率控制的标准信号发生装置。由于电缆的衰减特性受湿度和温度等因素的变化的影响，干线放大器的增益会因此而发生变化，系统放大器需要根据各种影响情况进行自动增益和自动斜率的控制，导频信号发生器

图 2-1-8　带阻滤波器

就是提供这种控制电平的设备。

（11）视频电缆补偿器

视频电缆补偿器主要用于对视频信号在长距离传输过程中造成损耗的补偿放大，保证视频图像经长距离传输后质量不受影响。一般一个视频电缆补偿器可以补偿 1000m 的电缆传输损耗。

2.1.2　有线电视系统施工图的读识

有线电视系统的施工图以系统图和平面图为主，是安装施工的主要依据。在我们熟悉了系统的组成及系统中各部件的功能、特性后，再阅读施工图就不困难了。有线电视系统常用工程符号如表 2-1-1 所示。

有线电视系统常用工程符号　　　　　　　　　表 2-1-1

序号	符号	名称	序号	符号	名称
1	▷	放大器	8		匹配终端
2	▷/	可变放大器	9		两路分配器
3	▷	双向分配放大器	10		三路分配器
4	MOD	调制解调器	11		四路分配器
5	⊕	用户二分支器	12	VP	分支分配器箱
6	⊕	用户四分支器	13	DB	衰减器
7	⊖	用户分支器	14	TV	电视插座

某宾馆有线电视系统图如图 2-1-9 所示。

宾馆为砖混结构，共七层，第七层的平面图如图 2-1-10 所示，第二～六层的平面图如图 2-1-11 所示，第一层的平面图如图 2-1-12 所示。

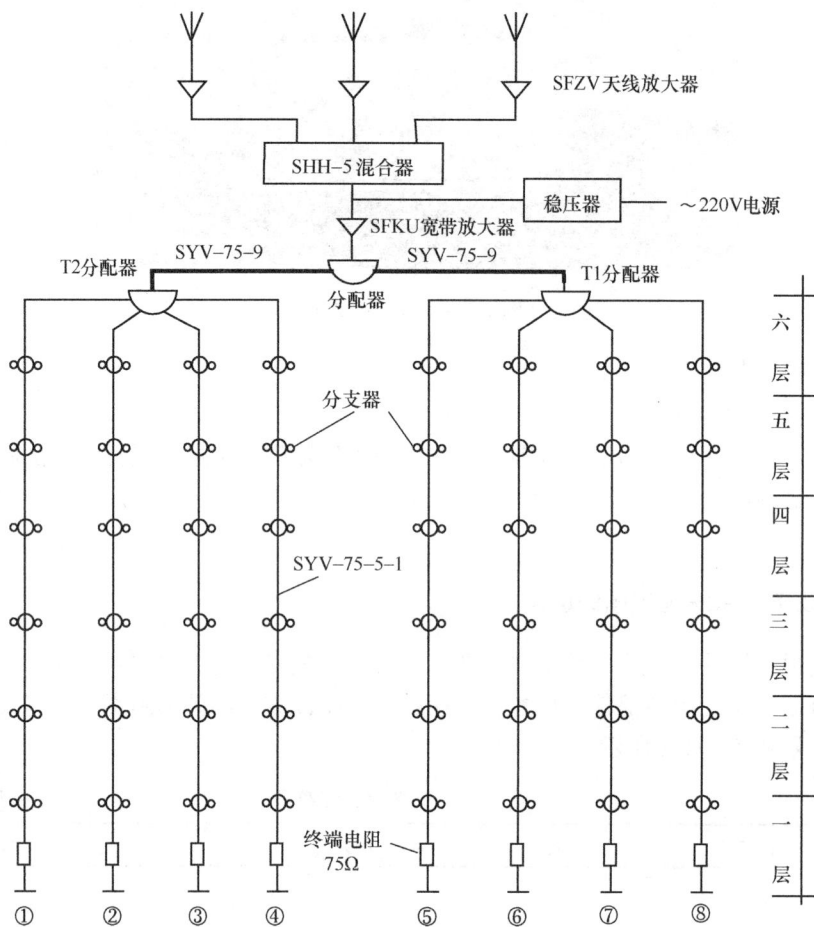

图 2-1-9　某宾馆有线电视系统图

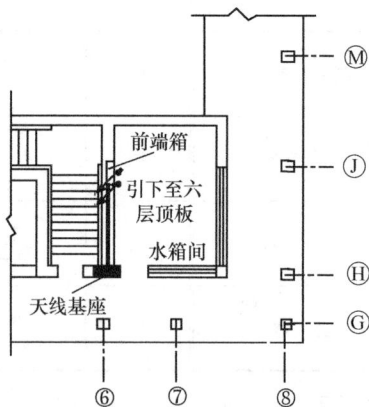

图 2-1-10　宾馆七层有线电视平面图

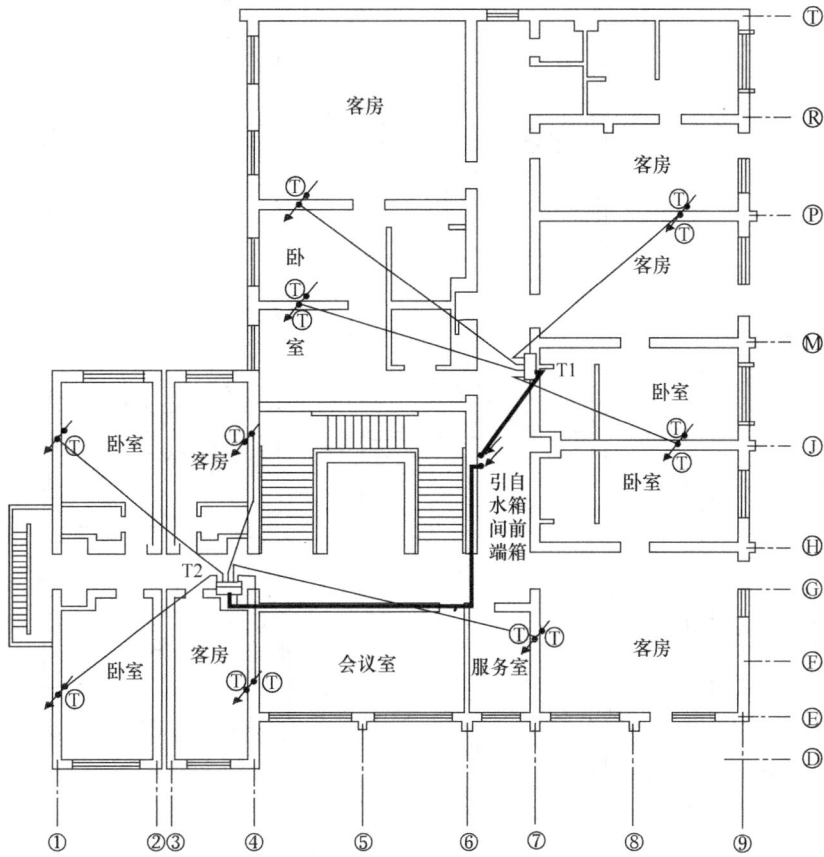

图 2-1-11　宾馆二～六层有线电视平面图

第七层设有水箱间、游艺廊、柱结构，没有围护墙。天线基座设在水箱间⑥轴线和 H 轴线相交处的构造柱上（图 2-1-10），电视前端箱在水箱间内⑥轴线墙上暗装。系统干线选用 SYV-75-9 型同轴电缆，穿直径为 25mm 电缆管暗敷，分支线选用 SYV-75-5-1 型同轴电缆，穿直径 20mm 的电线管暗敷。

阅读系统图了解该有线电视系统的组成：天线接收频道为三个，前端设备选用放大—混合—放大式，天线放大器为 SFZV 型，混合器型号为 SHH-5，混合后放大器选 SFKU 型。分配系统采用分配—分配—分支方式，首先把前端所有信号用分配器平均分成两路，每一路分别经一个分配器将电视信号平均分成四支路，然后再在各个支路上 6 个二分支器，共 8 条支路，96 个输出端。

阅读平面图：两条干线自前端箱引出分别穿直径为 25mm 的电缆管暗敷引至安装在六层顶板上的 T1 四分配器（⑦轴线与 M 轴线交叉处），T2 四分配器（③轴线与④轴线之间的 G 轴上）（图 2-1-11）。各分配器分别引出四条支线自 6 层垂直引至 1 层，均采用 SYV-75-5-1 同轴电缆穿直径 20mm 电线管墙内暗敷。

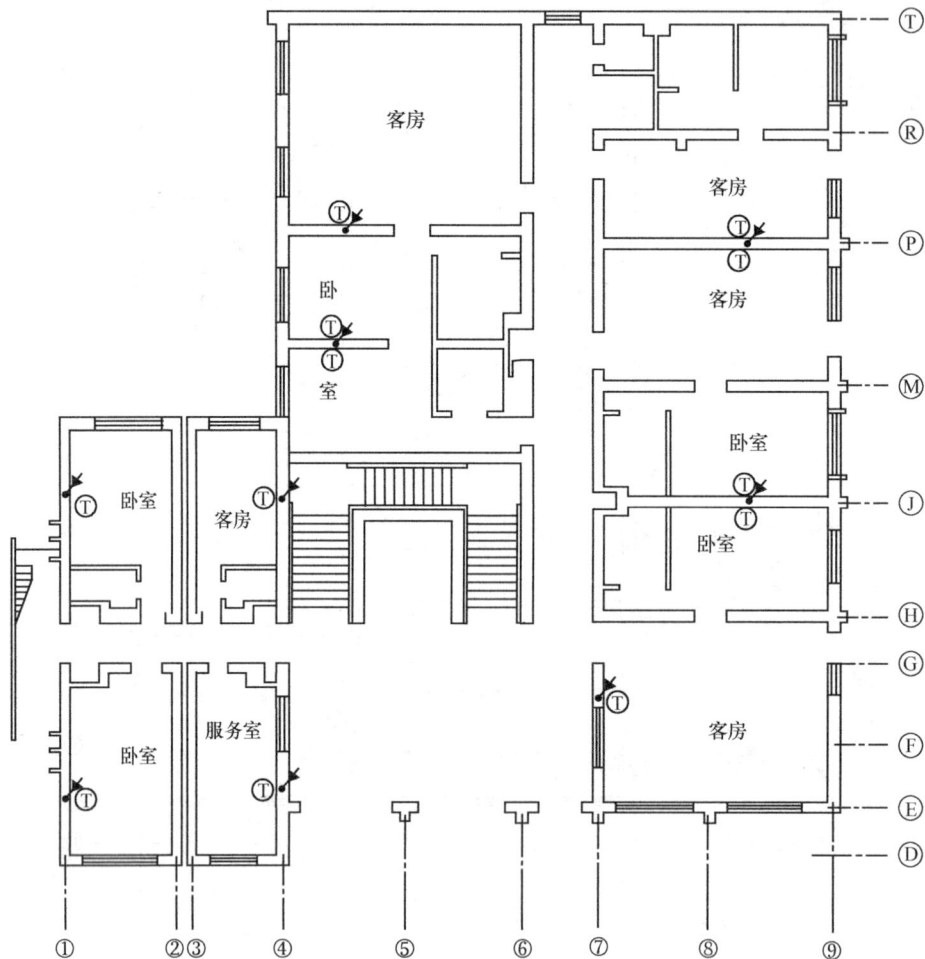

图 2-1-12 宾馆一层有线电视平面图

2.1.3 有线电视系统设计

1. 一般规定

(1) 有线电视系统工程的设计，应符合质量优良、技术先进、经济合理、安全适用的原则，并应与城镇建设规划和有线电视系统的发展相适应。

(2) 有线电视系统工程设计的接收信号场强，宜取自实测数据（若干次实测数据的平均值）。若获取实测数据确有困难时，可采用理论计算的方法计算场强值。

(3) 在新建和扩建小区的组网设计中，应以一个本地前端组网。当以一个本地前端覆盖所有用户，不能确保最远端系统输出口的信号指标时，应增设中心前端，以分区方式组成网络系统。

(4) 有线电视系统工程设计除应上述标准外，尚应符合国家标准《有线电视网络工程技术标准》GB/T 50200—2018 的规定。

2. 系统设计要点

(1) 以光缆为传输干线，以同轴电缆为用户分配网的混合式有线电视网络（HFC），其下行传输通道主要为传输模拟电视信号和数字电视信号，其上行物理传输通道的设计不针对某一特定的业务和设备。

（2）有线电视系统采用双向传输网络设计时，可开展的业务有因特网接入、IP电话、视频点播（VOD）、准视频点播（NVOD）等增值业务，也可以对网络的运行状态进行监控。

（3）传输干线在1km以上的有线电视网络应采用HFC模式，设计双向传输网络的规定和性能参数如下：

1）系统传送的节目套数在80套以上时，应采用交互式有线电视系统。

2）下行信道上限频率可选择为1000MHz、862MHz、750MHz和550MHz，下限频率的标准值为87MHz，上行通道的频率范围为5～65MHz。

3）传输干线采用光缆设备，用户分配网采用同轴电缆设备，但光纤入户已列入"三网融合"规划。

4）数字电视用户电平设计值：（56±4）dBμV。

5）智能建筑内的管道网络和信号分配网络、交互式有线电视系统应使用星形拓扑结构。

6）通常分路子网电缆用75-7电缆，分户子网用75-5电缆，单向系统用两屏蔽电缆，双向系统用四屏蔽电缆。

3. 有线电视系统设计原则

（1）有线电视系统规模的划分，按其容纳的用户终端数量分为四类：

A类：10000户以上；

B类：2001～10000户；

其中，B类又分为：B1类5001～10000户，B2类2001～5000户；

C类：301～2000户；

D类：300户以下。

（2）有线电视系统设计时，应明确下列主要条件和技术要求：

1）系统规模、用户分布及覆盖区域的建筑物平面。

2）信号源（城市有线电视网及自设前端的各类信号源）和自办节目的数量、类别及用户的其他需求。

3）大中城市的有线电视系统，应充分考虑未来数字电视传输的系统要求。

4）接收天线设置点及有线电视网络接口的实测场强值或理论计算的信号场强值。

5）接收天线设置点建筑物周围的地形、地貌（附近有高大建筑物，存在建筑物的反射、遮挡情况等）以及干扰源、气象和大气污染状况。

6）有线电视系统发展规划，应根据本地区有线电视网络构成的特点或需求，预留光纤或同轴电缆干线的输入、输出接口。

（3）有线电视系统应满足下列性能指标

1）载噪比≥44dB；

2）交扰调制比≥47dB；

3）载波互调比≥58dB。

4. 有线电视网系统的信号传输方式，应根据信号源的现状和发展、系统的规模和覆盖区大小，进行设计：

（1）在大中城市中，当具有有线电视网时，其信号源应从城市有线电视网接入，此时，有线电视系统应选择邻频传输系统。A类、B类及C类系统传输上限频率应大于等于

550MHz，建议采用 860MHz 系统，D 类系统可根据需要选择上限频率。

（2）邻频传输系统传输频道数与上限频率宜按下列对应关系选择：

1）300MHz 系统，可用频道数 25；

2）450MHz 系统，可用频道数 44；

3）550MHz 系统，可用频道数 55；

4）750MHz 系统，除 55 个模拟频道外，还可利用 200MHz 带宽来传送数字信号；

5）860MHz 系统，除 55 个模拟频道外，还可利用 300MHz 带宽来传送数字信号。

（3）大中城市的有线电视系统，或有反向信号传输要求的系统应采用双向传输方式。

（4）当小型城镇不具备有线电视网，采用自设前端设备的共用天线系统时，B2 类及以下的小系统或干线长度不超过 1.5km 的系统，可保持原接收频道的直播，采用全频道信号传输方式。

（5）B1 类及以上的较大系统、干线长度超过 1.5km 的系统或含有超过 10 个频道节目的系统，宜采用邻频传输方式或采用 300MHz 增补频道系统。

5. 当采用自设前端设备的共用天线系统时，有线电视频道安排或配置，宜按下列原则进行设计：

（1）保持原接收频道的直播。

（2）改变强场强广播电视频道的载频频率为其他频道信号。

2.1.4　有线电视系统工程施工

1. 天线的安装与施工

在有线电视系统安装时，遇到的第一项工作就是正确选定天线基础的位置和进行基础制作。

（1）基础位置的选择

确定天线的基础位置时，应到实地亲自考察，从以下几个方面出发，合理确定天线基础的最佳位置：

1）基础的位置尽量选在周围开阔，无高大建筑物阻挡的地方，以高层建筑屋顶或山顶为佳。

2）天线基础要远离各种干扰源，如计算机房、工业高频加热炉、雷达站等。也不能离马路太近，避免马路上行驶中的机动车辆点火系统对有线电视系统造成杂波干扰。

3）天线基础应尽量选择在用户区的中心，以减少干线的长度。

4）选址时既要不影响建筑物的美观，还应考虑到安装、维修的方便。

2. 天线基础的制作

天线基础的制作应按施工图纸进行，建筑物房顶上天线具体位置的确定不仅要到现场做实际勘察，还要和土建设计单位商量，将位置定在能承重的墙上（或柱子上）。

天线基础的制作分新建楼房、已建楼房和地面。在新建楼房的房顶上进行天线基础的制作时，要配合土建施工一同进行。浇筑混凝土房顶的同时，应在距底座中心半径 5m 左右的圆周上每隔 120°（或 90°）预埋 3（4）个拉线拉环，拉线拉环的下部应折成 L 形。

天线基础的制作方法很多，常用的两种如图 2-1-13 所示。

第一种方式在制作时，应首先按图加工好 2 段 100mm×50mm×5mm 的槽钢和 4 段直径 20mm 的圆钢，根据天线杆的尺寸，确定好两块槽钢夹角之间的间距，然后在一块

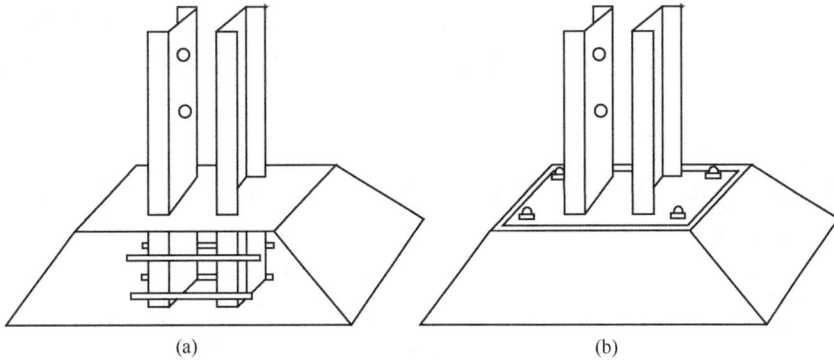

图 2-1-13 天线基础制作方法

（a）天线基础之一；（b）天线基础之二

平整的地方，将它们焊牢。最后将焊好的槽钢浇在混凝土里。

浇筑混凝土前要注意：

（1）为保证施工安全，应调整两槽钢夹缝的开口方向，使之与建筑物的走向一致，保证天线杆在插到夹缝之后，竖杆之前，沿建筑物平躺放置。

（2）调整两槽钢，使之与水平面垂直。

3. 天线杆的安装

天线杆是天线的支撑物体，在安装之前，首先要了解当地有几个需要接收的电视频道，它们的方位如何，以便能正确选择天线杆的形状及每副天线在杆上的位置。

天线竖杆一般选用直径 60～80mm 镀锌钢管，横杆和斜撑一般选用直径 40mm 的镀锌钢管，安装前要将所有能流进雨水的管口用 3～5mm 厚的铁板焊接严实。天线杆顶部要加装避雷器，每副天线的最外沿都要在避雷器的保护角之内。天线杆的法兰盘等连接处在天线杆装配完毕后，要用电焊沿四周分布式点焊，保证天线杆各段之间有良好的电气连接。竖杆要和专用接地线焊接。立杆前先将天线杆水平放好，将杆的底部放进底座中穿上一只螺栓，拧上螺母，在杆上安装好所有拉线（包括竖杆用一根临时拉线），每根拉线的中间均匀放置 2～3 个绝缘子（临时拉线不用设），绝缘子将每根拉线平均分成 3～4 段。拉线要采用直径为 6mm 的多股钢绞线，准备几个 U 形螺丝和花篮螺丝。竖天线杆的方法如图 2-1-14 所示。

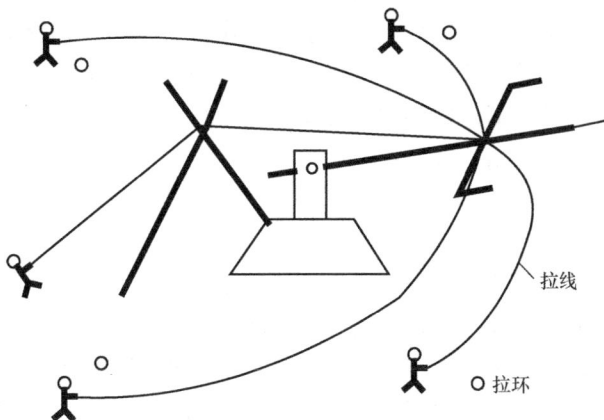

拉线

拉环

图 2-1-14 竖天线杆的方法

当杆接近垂直时，应迅速将拉线和花篮螺丝安装到拉环上。然后仔细调整每根钢绞拉线的张力，用 U 形螺丝将钢绞线与花篮螺丝固定好。最后，利用花篮螺丝将钢绞拉线拉紧，至此，本项安装完成。

4. 匹配器的制作与安装

制作窄带匹配器的关键是正确截取 U 形电缆的长度（1/2 波长）。下面介绍一种简易确定电缆长度的方法：

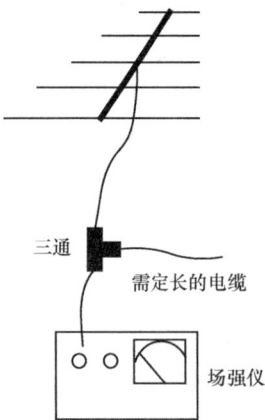

图 2-1-15　确定 1/4 波长的方法

当 1/4 波长的电缆中间开路时，首端的阻抗等于无穷小（对相应频率信号有很强的吸收能力）。根据这个特点，做一副临时天线，将它和场强仪、一段略大于 1/4 波长的电缆用三通连接起来，如图 2-1-15 所示。

场强仪的频道要调准，然后，用剪刀不断地一点一点地剪短这段电缆，到一定程度后，每剪一下电缆，场强仪的指针跳动一下后，指示数就减少一点，直到指针指示数最小（这时，再剪短一点指示数又会增大），这个时候的电缆长度正好是 1/4 波长，而 U 形电缆的长度正好是它的 2 倍（这个长度不包括两端的接线部分）。U 形电缆的长度确定之后，留出两端接头的余量，将两头余量部分的绝缘材料剥去，U 形电缆的两头芯线分别接折合振子的两个接线端子，两头屏蔽线连在一起，引下电缆的芯线接到折合振子的任一端，引下电缆的屏蔽线接到 U 形电缆的屏蔽线上。以上工作完成后，再用防水胶布将 U 形电缆的两端和引下电缆的接头包扎处理好。

宽带匹配器的制作可仿照电视接收机上的 300Ω/75Ω 的插头进行，但在安装时要注意密封防水。

5. 天线的装配与安装

天线可以从生产厂家买来，也可自制。若要自制，则先要计算出有源振子的长度，然后截取各段部件。如果有源振子是折合型，则加工比较麻烦，振子两端需弯曲。弯曲方法分冷弯曲和热弯曲，冷弯曲可在专用的弯管机上进行，热弯曲时，按计算尺寸，截取一段铝合金管，一端用木块封好口，然后从另一端灌满干燥的沙子，并用木块堵严实。确定出两个要弯曲的部位，先用火（如气焊火焰）加热其中一个，当感到管子变软后，迅速拿到事先准备好的模具（一定外径的钢管）上手工折弯成形。为了加速冷却，可将成形端放至水中。用同样的方法将另一端弯好。这个过程要注意以下几点：

（1）注意安全，避免烧伤、烫伤；

（2）加热要均匀；

（3）动作要迅速。

天线装配完毕，竖起天线架子，接着往天线架子上安装天线，一般按自上而下的顺序进行，尺寸小的高频道天线在上边，尺寸大的低频道天线在下边。有线电视系统中，使用的天线一般不止一副，而是多副，有时多达 5～6 副，如果采用复合天线阵，则天线数目就会更多，因而对相邻天线的架设有一定的要求，否则会互相干扰并使增益下降。

每副天线都要保持与地面平行，最下层的天线距地面（或楼板）一般要大于 2m，否则会因楼板对电磁反射，使天线方向图上产生副瓣。

天线一般不采用前后架设方式，若必须前后架设，则两副天线的前后距离要在 10m 以上。

在公用竖杆上架设天线时，上、下层天线层间距离不小于 1.5m，天线左、右间距应不小于 2.5m，以减少相互影响。

一般高频道天线架设在上层，低频道天线架设在下层，若在远距离的弱场强区，可以考虑将弱场强频道天线装于竖杆上部，以获得较大的输出电平。

天线应远离会产生电气火花冲击干扰的电气设备（如电梯、电动机、电力线路及电车线路），一般与电力线路应保持 2m 以上间距。

天线的引下线要求穿铁管引下，铁管可单独敷设，也可利用天线竖杆的铁管。

天线安装完毕后，要检查匹配器防雨性。由于天线在信号质量方面起着举足轻重的作用，而天线的匹配器是天线接收的信号与引下电缆实现良好输送的关键部件，也是引下电缆最容易进水受潮的薄弱环节，因此，匹配器与引下电缆连接处一定要有很好的防雨措施。

6. 天线避雷装置的安装

天线一般均处在建筑群的最高处，而连接天线振子又是金属制成的，所以易遭雷击。由于天线、横杆、竖杆通过螺栓、托槽等紧固件压接而连成一体，因此只要用直径 8～12mm 的镀锌钢筋将天线竖杆和大楼的避雷线或避雷带焊接成一体，就能使天线竖杆和大楼的地网相连，可以起到良好的避雷作用。

7. 前端设备的安装

前端设备的种类很多，根据场合的不同，安装方式也多种多样。总体要求是：设备安装位置要注意远离干扰源；注意防水、防潮、防鼠；设备摆放要整齐、美观、有利于操作，接线要正确，走线要牢固、整齐。

（1）前端箱的安装

前端箱可分为壁挂式和落地式两种。安装壁挂式前端箱时，为了安全，应用膨胀螺丝固定于砖混形式的墙上，如果墙上的质地比较疏松要采用穿墙螺丝固定；安装柜式前端箱时，为了防水防潮，应将其底部填高 10～20cm。如果柜式前端箱的后面有开门，则其侧面和后面应留有不少于 1m 的间距。

（2）混合器的安装

混合器按接线方式主要有压接式和 F 头连接式两种安装方式。

压接式安装时一般要打开混合器的盖子，这时可以看到混合器全部的内部结构。如果是全频道混合器，打开混合器的盖子，能看到几只电容、电阻和磁芯电感线圈。如果是频道混合器，除有许多电容、电阻外还有一些安装很不规整的电感线圈。安装过程中，将每一个频道的输入电缆压接到相应的输入端，并注意不能接错线头；不能碰到混合器内部的任何元件。

F 头连接混合器的安装时，只要将不同频道信号连接正确即可。对宽频带混合器，各个信号与每个输入端的连接没有原则要求。但应使走线规则整齐，避免各输入端进线相互交叉叠压。

（3）频道转换器的安装

频道转换器作用是将一个频道的信号转换到另一个频道上，因此它主要有射频信号输入端与射频信号输出端，另外还有电源输入端。安装前先检查一下输入信号的电平，如果太强，可通过实验在输入端串接一个衰减器，以防止有源器件进入饱和状态。频道转换器的输入信号一般来自天线，输出端送往混合器的输入端。安装时注意输入、输出端不能颠倒。

（4）调制器的安装

调制器的作用是将视频（VEDIO）信号和伴音（AUDIO）信号调制成某一频道的射频信号。它一般有一个视频信号输入端（VEDIO IN），一个音频信号输入端（AUDIO IN），一个射频信号输出端（RF OUT）。有的调制器还有一个话筒输入端（MIC IN），可以插接话筒。安装时，一般视频信号来自录像机、摄像机、卫星接收机的视频信号输出端（VEDIO OUT）和音频信号输出端（AUDIO OUT），用 AV 线将它们连接到调制器的视频信号输入端（VEDIO IN）和音频信号输入端（AUDIO IN）。射频信号输出端（RF OUT）一般连到混合器的输入端。

（5）制式转换器的安装

制式转换器的作用是将视频信号从一种电视制式转换成另一种电视制式。它一般有一路视频信号输入端（VEDIO IN），一路音频信号输入端（AUDIO IN），一路视频信号输出端（VEDIO OUT），一路音频信号输出端（AUDIO OUT）。它的输入端用 AV 线接到其他电视制式设备的 AV 输出端（如卫星接收机、激光影碟机），它的输出端一般用 AV 线接到有线电视系统的电视调制器的 AV 输入端上去。制式转换器对经过它的音频信号一般不进行处理，在闭路电视系统中，音频信号的连接可跨过制式转换器，从其他电视制式设备的音频输出端，直接连到调制器的音频输入端。

8. 干线传输部分的安装和施工

干线电缆的安装方式有架空走线和地下管线敷设两种方式。采用架空方式时可参照一般通信电缆的架设规范，尽可能利用已有的电缆竖杆。为了减轻电缆自重产生的拉力，通常用一根钢丝拉绳或较粗的镀锌铁丝把电缆吊起来。假如干线中有电缆接头，则应将其置于防水箱内接续。若还有放大器、分配器或分支器，即使采用防水型的放大器、分配器和分支器，也应把它们放在防水箱内。防水箱箱体应可靠接地，保证安全。

若采用地下管线方式，应尽量使用现有的管道（如暖气管道或地下通信线缆管道），决不允许挖沟后直接铺设再用土埋的方式，这样易造成电缆的腐蚀和锈烂，铠装电缆除外。

当电缆与 220V 交流电线共沟（隧道）敷设时，间距不得小于 0.5m；与通信电缆共沟（隧道）敷设时，间距不得小于 0.1m。

（1）干线架设施工

干线电缆、支干线电缆的架设允许采用架空电缆和墙壁电缆，但不能采用贴墙敷设的方法（贴墙敷设是一种以墙为依托，用塑料卡子直接将电缆固定在墙上的架设方式）。架设架空电缆时，先将电缆吊线用夹板固定在电缆杆上，然后用电缆挂钩把电缆卡挂在吊线上，挂钩的间距一般为 0.5~0.6m。根据气候条件，每一杆档均应留出适量余兜，杆距不应超过 50m。在新杆布放和收紧吊线时，要防止电杆倾斜和倒杆；在已架有电信、电力线的杆路上加挂吊线，要防止吊线上弹发生危险。

架设墙壁电缆应先在墙上装好墙担和撑铁。如果电缆较细也可只设墙担，把吊线放在墙担上收紧用夹板固定。然后用电缆挂钩将电缆卡挂在吊线上。墙担之间或墙担与撑铁之间间隔应在 6m 之内。墙壁电缆如需沿墙角转弯，应在墙角处设转角墙担。如跨越道路应在建筑物两端设墙担。电缆吊线应用直径 6mm 以上钢绞线，挂钩的间距为 40～50cm。

电缆采用直埋方式时，必须使用铠装的能直埋的电缆，埋深不得小于 0.8m。紧靠电缆要用细土覆盖 0.1m，上压一层砖石保护。在寒冷地区应埋在冻土层以下。直埋电缆线路在下列地点应设置标志：

1）直线线段每隔 200～300m 处；

2）电缆的连续点、气门点、拐弯点、分起点和盘弯处；

3）与其他地下管的交叉处；

4）穿越公路铁路等处交叉处。

电缆采用穿管敷设时，首先要用管孔清扫工具将管孔清扫一次，并在管孔内预设一根铁丝（铁丝的粗细视所穿电缆大小而定），然后将电缆牵引网套绑扎在电缆头上用铁丝将电缆拉到管内进行敷设。敷设较细的电缆也可不用牵引网套，直接把铁丝绑扎在敷设的电缆上。

地下暗埋式穿管电缆应采用密封性能好的电缆，必要时采用充气电缆，并做好充气维护工作。

架空电缆和墙壁电缆需要转入地下或地下电缆从地下引出时，在距地面 2.5m 以内部分应采用钢管保护，钢管要埋入地下 0.3～0.5m。转入处要用油质水泥砂浆或铅帽密封。

贴墙敷设的电缆应采用卡子卡挂在墙壁上，卡子之间的水平间距不大于 40cm，垂直间距不大于 100cm，卡子定位应牢固。电缆弯曲半径应大于电缆外径的 10 倍，电缆弯曲部分不能用线卡固定，但应在转弯前 10cm 处固定。在墙面凹凸不平或跨越障碍物时，需用凸出支架吊挂。

采用自承式同轴电缆时，电缆的受力应在自承线上，在电杆或墙担处将自承线与电缆线连接的塑料部分切开一段距离用夹板夹住自承线，在刀口处的根部缠绕三层聚氯乙烯带以防止过多的分离。

布放电缆时均应采用放线盘布放，放线时不得扭曲。各盘电缆的长度应根据设计图纸各段的长度选配。电缆需要续接时，应严格按照电缆生产厂提出的步骤和要求进行，不得随意接续。

（2）传输放大器的安装和施工

在架空电缆线路上，干线放大器应装设在电杆 1m 左右地方，固定在吊线上。在墙壁电缆线路中，若干线放大器是野外型的，应固定在吊线上，吊线要有足够的承受能力；若不是野外型的，应安装在防护金属箱内，固定在墙壁上。在地下管道或直埋电缆线路中，干线放大器的安装，应保证放大器不得被水浸泡，必要时应在地面适当高度的位置装设放大器箱。

干线放大器输入、输出两端的电缆，都要留有适当的余量以防电缆收缩时插头脱落，连接处应有防水措施。

对野外型放大器要采用密封橡皮垫圈防雨密封，外壳的连接面宜采用网状金属高频屏蔽圈，保证良好的电接触。外壳可采用铸铝外壳或采用电镀抗腐蚀处理。接插件要有良好防水抗腐蚀性能，最外面采用橡皮套防水。

传输系统中除野外型放大器外，其他放大器不论装在室外或室内都应装在金属箱内。

（3）干线中的光缆施工

干线中如果采用光缆，在敷设前应使用光时域反射计和光纤衰减测试仪检查光纤是否有断点，衰减值是否符合设计要求。核对光纤的长度，根据施工图上给出的实际敷设长度来选配光缆。配盘时要使接头避开河沟、交通要道及其他障碍物处，架空光缆的接头应落在杆旁 1m 以内或杆上。

布放光缆时，光缆的牵引端头应做好技术处理，应采用具有自动控制牵引力性能的牵引机进行，牵引力应施加于加强芯上，最大不应超过 1500N，牵引速度宜为 10m/min，一次牵引的长度不宜超过 1km。光缆的最小半径不小于电缆外径的 20 倍。

架空光缆除始端外一般不留余兜，但中间也不应绷紧，每段光缆架设完毕，端头应用塑料胶带包好，接头的预留长度不大于 8m，并将余缆盘成圈后挂在杆的高处。

地下光缆引上光缆必须用钢管穿管保护，引上杆后，架空的始端可留适当的余兜。

桥上光缆的牵引，宜采用牵引机牵引和中间人工辅助牵引。光缆在电缆槽内布放不宜过紧，如遇桥身伸缩接口处，应作 3～5 个 "S" 弯，每处约余留 0.5m，如穿越铁路桥面应外加金属管保护。光缆经过垂直走道时，应绑扎在支撑物上。

管道光缆敷设时，无接头的光缆在直道上敷设应由人工逐个入孔牵引，预先做好接头的光缆，其接头部分不得在管道内穿行。

光缆的接续应由受过专门培训的人员来完成，接续时应采用光功率计或其他仪器进行监视，接续损耗应达到最小，接续后应安装好光缆接头护套或接头盒。

（4）传输部分的防雷、安全和接地施工

架空电缆的两端和架空电缆线路中的金属管道均应接地，每隔 200m 处均应将钢缆接地。电缆进入建筑物的地方应将同轴电缆的外层屏蔽和钢缆做接地处理。电缆跨越公路、铁路、河流时，在一端应将钢缆和电缆外屏蔽层做接地处理。空旷地区的架空电缆与 1kV 以上的电力线交越时，电杆两侧应设置接地。

郊区旷野架空电缆直接引入建筑物内时，在入口处应加装避雷装置，并有良好的接地。不得直接在两建筑物屋顶之间敷设电缆。确需敷设，应将电缆沿墙降至离地面 6m 以内，其吊线应作接地处理。野外型放大器接地若利用钢缆做连接点时，机壳与连接点的间距应在 0.5m 以内。放大器箱和供电器的接地，接点应在其机壳上，并均应就近设置接地体。供电器的市电输入端的相线和零线对地均需装入适合交流 220V 工作电压的电源避雷器。

架空电缆与 1～10kV 电力线同杆平行共杆架设时，间距不得小于 2.5m；电缆与 1kV 以下电力线同杆平行共杆架设时，间距不得小于 1.5m；电缆与有线广播线同杆平行共杆架设时，间距不得小于 1m；电缆与通信电缆同杆平行共杆架设时，间距不得小于 0.6m。

架空电缆或墙壁电缆与 220V 以上电力线交越时，在电力线上方 0.8m、下方 1.5m 内都应在电缆线上加保护竹壳，竹壳的长度略大于电力线的间距，并用油漆涂成 "蓝白标志"。

电缆在室内走廊的标高为 2.5～3.0m，在室外的标高为 3.0～4.5m，在跨越城市人行道时的标高为 4.5m，在跨越一般公路时的标高为 5.5m。

墙壁电缆、贴墙敷设电缆和有管障碍物交越距离应符合表 2-1-2。

墙壁电缆、贴墙敷设电缆和有管障碍物交越距离　　　　表 2-1-2

交越情况	平行间距(cm)	交叉间距(cm)
与避雷引下线	100	50
与带有绝缘层的低压电力线	50	30
与给水管	15	5
与燃气管	30	30
与热水管(包封)	30	30
与热力管(包封)	50	50

不得将电缆与 220V 以上电力线同出线盒、同管道（有中间隔离除外）、同连接箱安装。必须选用优质连接器，用于户外或腐蚀较强的地方应有良好的抗腐蚀性能，电缆经连接器与设备或电缆的连接处应有防潮抗蚀的措施。在室外连接时宜用热塑套管或橡皮套。任何情况下都不得以电缆本身的强度来支撑电缆的重量和拉力。

9. 分配网络的安装和施工

分配网络的安装有明装和暗装两种方式。暗装是指分配网络的电缆按设计要求敷设预埋在墙体内的管道中，用户终端盒的位置也在墙体中预留。明装是指分配网络的电缆按设计要求的走向沿墙体外表敷设，用户终端盒凸出安装在墙体外。对于新建的楼房应尽可能采用暗装方式，而对于已建成的而又没有预留管道的楼房只能采用明装方式。无论采用哪种方式，分配网络的大量工作是分支电缆的敷设和用户终端盒的安装。

（1）电缆的敷设

暗装方式分配网络的电缆是通过预埋在墙体的穿线管和用户终端盒连接的。穿线管的管径（指内径）最小应是电缆外径的两倍（指穿线管内通过一根电缆的前提下）。在牵引电缆时，应先在电缆的外表面涂上适量的滑石粉以便于牵引。在牵引过程中，要将电缆的芯线和网套一起牵引，以保护电缆的电器性能和机械性能不受影响。假如穿线管内不止一根电缆通过，则应在每根电缆的两端处注上标记，以便将来连接时作为识别标记。

墙体内的穿线管应尽量走直线。弯曲角度不宜小于 120°，小于 120°时应在弯曲处增设过线箱（盒），以保证电缆的电气性能不变坏。

采用明装方式的分配网络的电缆通常由窗户、阳台或门框引入室内，再与用户终端盒相连接。因在明处，电缆布线要求横平竖直，讲究美观，弯曲半径不能过小。在电缆敷设过程中，可用带水泥钉的线卡将电缆固定住，如图 2-1-16 所示，通常每隔 30～50cm 钉一个线卡。另外，也可将电缆敷设在塑料线槽内。

（2）用户终端盒的安装

用户终端盒（又称用户接线盒）是系统向用户提供信号的装置，通常有单

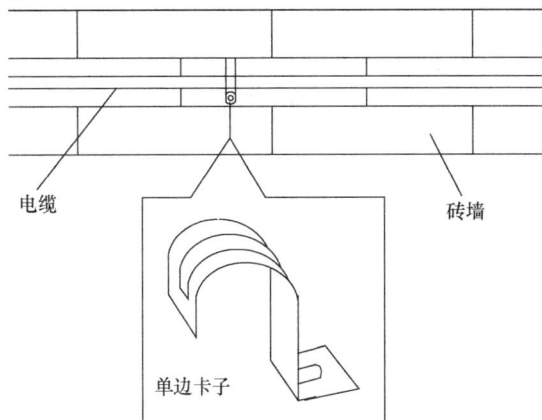

图 2-1-16　用线卡固定电缆

孔和双孔两种。无论是暗装还是明装，终端盒的面板是一样的，其外形图如图 2-1-17 所示。

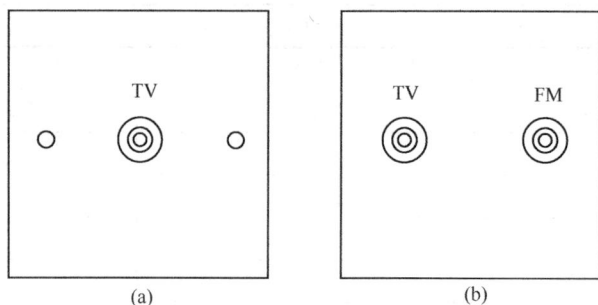

图 2-1-17　终端和面板外形图

(a) 单孔；(b) 双孔

用户终端盒的底座基本上都是塑料制品。暗装盒的底座是埋在墙体内的，明装盒的底座通过塑料膨胀螺丝固定在墙体上的。

(3) 放大器、分配器和分支器的安装

对于暗装方式，每栋楼房的进线处设有一个埋在墙内的放大器箱，箱内用来安装均衡器、衰减器、分配器、放大器等部件。各分支电缆通过暗装的穿线管通向各用户终端。电缆在引入楼内时应注意防水，并要留有一定余量。

对于明装方式可自制一个铁箱，外形应美观，尺寸按能容纳所需安装的部件为准。铁箱固定位置以方便为主。若安装在露天或阳台上，则要采取必要的防雨措施。

10. 电缆与系统所用部件的连接

(1) Ω 形电缆卡连接

电缆与用户终端盒的连接，暗装方式中电缆与分支器、分配器的连接通常采用 Ω 形电缆卡连接法，这种连接方法如图 2-1-18 所示。

连接时要注意屏蔽网不要和芯线短路，在剥去芯线绝缘套时不要对芯线造成划伤。

(2) F 形电缆头连接

电缆和滤波器、混合器、衰减器、均衡器、放大器的连接，明装方式中电缆与分配器、分支器的连接通常是通过 F 形电缆接头相连接。F 形电缆接头连接方法如图 2-1-19 所示。

对于 SYKV-75-7 和 SYKB-75-9 型的电缆由于其芯线较粗，所以应先用锉刀将芯线锉成针状后在装入 F 形接头，才能和放大器、分支器和分配器的 F 形插座相连接。在与部件连接时，电缆长度应留有一定的余

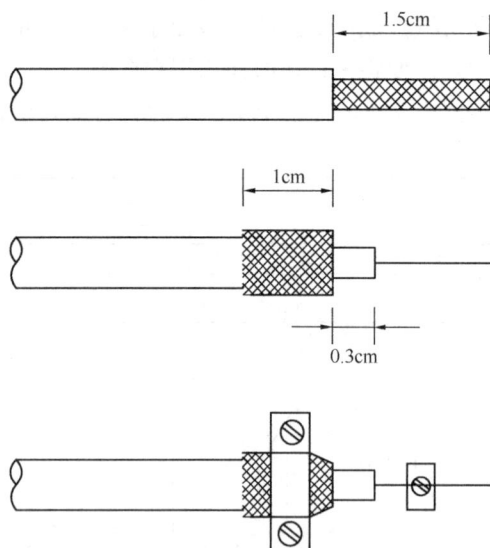

图 2-1-18　电缆与系统所用部件的 Ω 形电缆卡连接

量，使调试和维修时保证拆装电缆头方便。

2.1.5 有线电视系统调试与验收

有线电视系统在安装完毕后，必须进行仔细的调试工作，使整个系统的指标达到设计要求。根据有线电视系统的复杂程度，调试方法和所使用设备也不尽相同。系统的调试通常是按天线、前端、干线传输、分配网络和用户输出端口依次进行。在系统调试完毕并试运行结束后，即可进行验收。

1. 天线的调试

天线部分在有线电视系统的最前端，若天线接收到的信号质量不高，将使整个系统的信号难以达到《有线电视网络工程施工与验收标准》GB/T 51265—2018 中的要求。调试天线设备的目的就是力求获得不低于四级主观评价的质量标准。

在天线安装完毕后，就可以进行调试工作。首先应检查每副天线在竖杆上的相对位置（包括天线

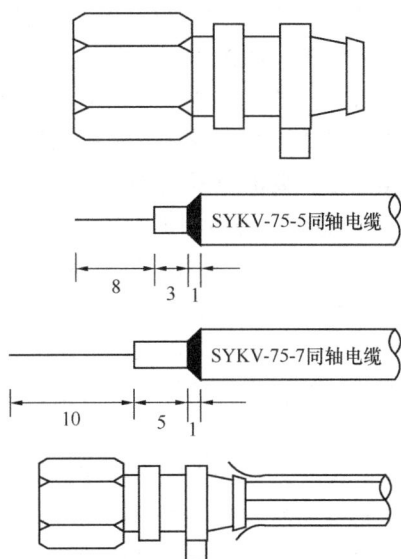

图 2-1-19　电缆与系统所用部件的 F 形电缆接头连接（单位：mm）

与天线之间的水平、垂直间距），一般在竖杆上按高频段天线置于上部，低频段天线置于下部的规律进行排列。在大致调整天线间的相对位置的同时，将每副天线转向电视发射台方向。这里要提醒注意的是，系统所要接收的全部信号不一定是来自同一方向，如有些省会城市的省台信号发射台与市台信号发射台不在同一处，这时就要分别把天线的最大接收方向对准各自的信号发射塔。但有时为了避开干扰源，或者因为前方有遮挡物，可根据实际情况，使接收天线的最大接收方向稍微偏一些。特殊情况下，甚至可以对准较强的反射波进行接收。

对天线的有源振子馈电处，要认真检查是否与阻抗匹配器正确、可靠连接，同时检查 75Ω 的同轴电缆馈线与阻抗匹配器连接是否正确。以上的调整、检查工作结束后，方可使用场强仪对天线的输出电平进行测试。

在使用场强仪测试天线馈线的输出电平时，要微调天线的方向，使得接收到的信号电平在正常设计数值范围内，同时要观察、监听监视器中接收图像及伴音质量。实践证明，馈线的输出电平最高时，并不一定能获得具有很好载噪比的图像和伴音。在观察图像时，重点是注意观察重影。

由于建筑物等反射信号出现的重影，可通过稍稍改变天线的接收方向，使反射信号落入天线主瓣和旁瓣之间的零接收方向上，以达到减弱或消除重影的目的。在改变了天线接收方向后要重新测量天线的输出电平，此时的电平值可能会有所降低，但只要能满足设计技术参数要求即可。若电平降低很大，则要考虑使用其他形式的接收天线。在采用特殊天线接收信号时，如天线阵、抗重影组合天线等，在安装调试时应严格按产品说明书中规定的步骤对天线的间距及连接进行认真调整。

通常情况下，各个不同频道或频段的接收天线往往集中架设在单根天线竖杆或天线铁塔上，应从上至下逐层进行测试。如下面的天线调整好后，又影响了上面已调整好的天线

输入的信号质量，则此时应反复重新调整天线的接收方向及天线间的间距，直至得到满意的输出电平、图像和声音信号为止。

天线的调试工作较为繁琐，需要调试人员相互配合。天线调试完毕，对各频道信号的输出电平要进行记录，它是系统其他部分调试的依据。同时，对今后系统的维护工作来说也是十分重要的技术资料。

2. 前端设备的调试

天线调试完毕后即可进行前端设备的调试。前端部分的调试主要是对设备、器件的输入、输出信号电平的调整。对于中、小型有线电视系统的前端，其他技术指标通常不单独进行测量，仅仅是对由天线输出的符合要求的信号电平进行调整。如果系统的设计无误，同时，天线提供的信号电平质量良好，采用的设备与器件质量符合标准，在电平的调整过程中使用电视机对信号质量进行观察，通常就能够达到设计要求的技术指标。

在按设计图纸正确连接安装完毕前端后，要认真检查有源设备的供电方式和工作电压，再对所有有源设备进行供电。待接通电源并且稳定后再进行调试。系统前端部分的基本调试顺序应按每路信号传输的路径进行，即从天线放大器到前端信号处理设备（包括调制器、频道转换器、滤波器、导频信号发生器、VHF 频段混合器、UHF 频段混合器等）、全频道混合器和宽频带放大器。调试步骤如下：

（1）天线放大器的调试

天线放大器一般是直接与天线的馈电点匹配连接置于天线竖杆上，将天线放大器的输出端与电平表或场强仪连接，测量接收放大后的信号输出电平，其值应在设计值的范围内。最好使用带有监视器的场强仪，同时观察信号质量的变化情况。如果输出电平过高或接近天线放大器的最大输出电平值时，应调节天线放大器内部的增益调节装置来降低其输出电平值。若天线放大器内部无调节装置，可在天线放大器的输入端接入一定的固定衰减器或可调衰减器。天线放大器和调节输入电平使用的衰减器均为室外型。

通过天线放大器输出端对信号进行观察，图像质量应无明显的交互调干扰、雪花、重影等现象，即可认为调试完毕；否则应考虑天线放大器本身是否存在质量问题。当天线放大器的输出端出现非同频干扰时，可在天线放大器的输出端接入具有良好滤波特性的带通滤波器来抑制干扰。

若前端有多台天线放大器，则应分别进行调试。

（2）频道放大器的调试

无自动增益控制（AGC）的频道放大器调试方法与天线放大器相同，只需调节其增益控制旋钮，使其输出电平达到设计值的范围。

有自动增益控制的频道放大器的调试步骤如下：

1）首先要掌握当地空间电视场强的变化规律（有些地方的电视发射台为了维护、保养好发射机，白天和晚上使用不同功率的发射机），用已调试完毕的天线输出口来测量白天和晚上的电平变化规律，以测得的最高电平值 S_{max} 和最低电平值 S_{min}，求得中值电平 $S_{med} = S_{min} + (S_{max} - S_{min})/2$，作为调试依据。

2）调试时间最好安排在晚上 7 点以后。调试时先测量当时天线馈线的输出电平值 S，从而可得到输出电平值 S 与中值电平 S_{med} 的差值 $\Delta S(\Delta S = S - S_{med})$。

3）反复认真调节增益控制调节器和输出电平调节器，使得频道放大器的输出电平达到设计值的范围，同时使 AGC 指示器指示到控制的中点。

4）根据 2）求出的差值 ΔS 对 AGC 作校正，当 ΔS 为正值时，需将放大器增益调高；当 ΔS 为负值时，需将放大器增益调低。

（3）调制器的调试

在有线电视系统中通常使用的都是中、低挡的调制器，因而指标不高。有些调制器的输出并不是单边带，没有边带滤波器，很容易产生杂波而干扰其他频道的信号，比较有效的抗干扰措施是在调制器的输出端串接频道滤波器。调试时，调制器的输出电平可按设计要求值调节其射频增益控制器，在调制器的输出端和接入频道滤波器后分别用电视机来观察输出信号的质量，可以看到，接入频道滤波器后的信号质量要优于调制器直接输出的信号质量。

（4）频道转换器的调试

非邻近频道转换器的调试方法与频道放大器相似。需要注意的是，在测量其输出端信号电平时，其频率应与转换器输出频道的频率相同。对于邻近频道间使用的频道转换器，须注意调试使其图像载波电平与伴音载波电平之比在 14～17dB 的范围内。

频道转换器本身如果屏蔽滤波不佳、输入电平过高经常会出现各种干扰杂波，其解决的方法与调制器相同。

（5）导频信号发生器的调试

导频信号发生器本身就具有能输出稳定载波电平特点，在调试时主要是调节其输出电平控制器旋钮来控制输出电平。导频信号发生器的输出电平应等于或略低于上述的前端处理设备的输出电平。

导频信号由前端的最后一级全频道混合器中直接加入，送至干线传输系统。

（6）前端信号混合、宽带放大的调试

在前端的所有信号传送到干线传输系统之前，须对所有信号进行混合、放大，其混合、放大均为宽频带（或称全频道）。为了减少交互调试和提高前端的输出电平，通常选用线性好且具有高输出能力的多波段前端放大器。

在调试前端输出电平时，要参考设计方案中的设计值，留有足够的余量，用电视机在前端的输出口观察，避免交互调试或杂波信号的出现。

（7）前端系统的总体调试

首先将上述各路径处理设备输出的信号逐路接入混合器或多波段放大器，将带有监视器的场强仪接入前端的输出口，在上述调试的基础上，微调各路信号处理设备的增益控制旋钮及衰减器，使得输出信号的高频道电平略高于低频道电平，最高频道的电平与最低频道的电平相差 3～4dB。在接入经过频道转换器、调制器等信号处理设备的信号时，要特别注意交互调试和杂波等干扰现象。采取一路一路分别调试的方法，如同时接入所有信号，一旦出现干扰情况，将很难判定产生的根源。

在所有信号全部接入调试完毕后，应在前端的输出口将所有信号逐一检查，确认没有"网纹""雨刷""雪花"等干扰和失真现象，同时，所有频道信号的电平值要在设计值范围内，即可认为前端设备调试完毕。

3. 干线传输系统的调试

干线传输系统的调试有两个方面的内容：首先是对干线中所有放大器供电系统的调

试，要确保其工作电压在正常范围内；再就是调试干线放大器的输入、输出电平，以保证前端提供的优良信号传送至用户分配网络。

（1）供电系统的调试

干线放大器的供电一般分为直接交流 220V（50Hz）单独供电和远距离交流低压 36V（50Hz）集中供电两种方式。对于干线放大器的供电标准及方式目前还没有明确的国家标准，各生产厂家确定的标准及方式不尽相同，因此调试前要详细阅读产品的使用说明书，以确定其供电方式。

采用直接交流单独供电方式的检查比较方便，主要查看电源有无指示或用电压表测量来确定电源的供电情况。

对于采用远距离交流低压（安全电压）集中供电方式时，由于是利用射频同轴电缆的芯线供电，在供电之前要认真检查同轴电缆的连接是否牢靠或有无短路等情况；远距离供电还要考虑到同轴电缆线路的压降，在适当的位置加入电源附加器（这一问题在设计时往往被忽略），同时要设置好那些干线放大器为输入端供电、输出端供电或过电流级联供电的转换开关；在集中供电的馈电装置供电后，要逐台测量干线放大器低压交流供电电压是否在产品规定的范围内，通常会出现偏低的情况，此时应考虑增加电源附加器，以保证干线放大器能正常工作。

在集中供电方式的馈电装置系统中，要避免短路或断路的现象，以免造成损失。

（2）干线放大器电平的调试

对于没有自动控制功能的干线放大器（通常使用在干线传输距离短的系统中），主要是调试其输入、输出的信号电平，并对干线的电缆衰减特性进行斜率补偿，使得干线传输系统达到设计的技术指标，这里主要是指系统的载噪比（C/N）和交扰调制比（CM）。在调试中通常是使用场强仪或电平表进行调试。各干线放大器的高、低频道信号输入电平应基本接近（对于全倾斜方式的干线放大器），若相差较多，可通过均衡器对干线放大器输入信号电平进行输入前的调整，以达到设计要求。调整干线放大器的输出电平时，应先调整干线传输系统中最高频道电平，使之等于设计值；再调整最低频道的电平值，对于全倾斜方式的干线放大器，其电平一般比最高频道的输出电平低几个分贝。输出电平的调整是通过干线放大器的增益控制按钮及斜率控制按钮来完成的。

下面着重讲述具有自动控制功能的干线放大器的调试步骤：

调试前首先要弄清楚干线放大器的倾斜方式，因为倾斜方式的不同，对其输入、输出电平的要求也就不同，调试的方法也不同。干线放大器的倾斜方式通常有全倾斜、半倾斜和平坦三种方式。还必须明确系统的导频信号是使用单导频还是双导频及导频信号的频率，同时要掌握导频信号电平与电视信号电平的电平差，通常情况是导频信号的电平等于或略低于电视信号的电平。

1）输入电平的调试

对于具有 AGC 特性的干线放大器，其输入电平由 AGC 的特性决定，这里所说的输入电平是指导频信号的输入电平而不是电视信号的输入电平。为了使整个系统的频带内的输入信号电平均在规定的要求内，必须要有另一个频率做参考点。通常用高频导频信号作为 AGC 的控制信号，而用低频导频信号作为 ASC 的控制信号，如果低频导频信号的输入电平达不到要求，可插入均衡器使之满足要求。

2）输出电平的调试

单导频信号是用来控制干线放大器的增益，实现 AGC 功能的。调试时将场强仪或电平表接到干线放大器的输出端或监测口，其接收频率调至导频信号频率，调节干线放大器的输出电平旋钮和增益旋钮，使导频信号输出电平等于设计值，AGC 指示为中心工作点。在将接收频率调至干线传输系统中的最低频道上，调节干线放大器的斜率控制钮或固定步进斜率插件，使最低频道的输出电平等于设计值。经过反复调试，直至导频信号和最低频道信号的输出电平均等于设计值，同时要使 AGC 工作点指示在控制的中心值位置。

上述的调试方式是在当地气温为年平均温度情况下进行的。如调试时当地气温偏高，则在上述调试方式的基础上，适当调低干线放大器的增益，使 AGC 指示值低于中心值，以保证气温下降后 AGC 在控制范围内，防止干线放大器出现过载，引起信号失真；如调试时当地气温偏低，则应适当调高干线放大器的增益，使 AGC 指示值高于中心值，以防止气温回升后引起 AGC 失控，发生信号衰减现象。

对于双导频信号控制的干线放大器调试，由于高频导频信号作为 AGC 的控制信号，调试方法与单导频信号控制的干线放大器的调试方法相同，只是使用低频导频信号作为 ASC 的控制信号，而单导频干线放大器是调试最低传输频道的信号。

3）干线传输系统的频率响应调试

在有些长距离的干线传输系统中，使用带有频率响应调节装置的干线放大器，当干线中各频道间信号电平差超过系统所规定的标准时，可通过干线放大器的频率响应调节装置进行调试。具体调试步骤如下：在干线放大器电平调试的基础上，由前端加入系统中所有频道的电视信号和导频信号，把它们的工作电平调整到设计值；将场强仪或电平表接到传输干线的末端，测量各频道信号电平，其电平差应在规定标准范围内，如超出标准值较多，可能是干线所用的射频同轴电缆质量不良引起的，如果远未达到标准值，应逐个仔细地微调干线放大器的频率响应调节装置，直至达到满意值；频率响应调整后，应逐台检查干线放大器的输入、输出电平是否有变化，如有变化应按干线放大器电平调试所述的方法重新进行微调。

4. 分配系统的调试

分配系统的调试与干线系统类似。可将分配系统分为有源部分和无源部分进行调试，有源部分的分配网络包括含有桥接放大器和各种分配、延长放大器构成的网络；无源部分的分配网络通常由分配—分支、分支—分支或串接单元分配方式构成。

有源分配网络的调试主要是以设计资料为依据，对各放大器的输入、输出电平进行调整。分配系统放大器级联数较少，一般不超过三级，且不带自动控制功能，因此调试起来较干线系统简单，可参照干线系统的调试方法进行调试。

在对无源分配网络的调试之前要认真检测分配器和分支器的各接口连接情况，防止存在断路、短路、错接和屏蔽接地等安装质量问题。对于分配器的空余端和分支器的主路输出端，须接 75Ω 匹配负载。检测的方法可在无源分配网络的输入端输入高、中、低频道电视信号（可用电视信号发生器来产生），调整使其与设计的输入电平相等，然后选择具有代表性的系统用户输出端口，测其输出口电平。系统用户输出口选择的原则如下：

（1）分配系统最远处的用户输出端口；

（2）每个分配区域都有代表性的用户输出端口；

（3）高层建筑最高层和最底层的用户输出端口；

（4）对外界干扰较为严重的用户输出端口；

（5）受电视台直射波影响严重的用户输出端口；

（6）其他特定环境下的用户输出端口。

在测量用户输出端口电平的同时，要对各频道信号电平之间的电平差进行比较，各频道信号电平及它们之间的电平差均应符合现行的国家标准。如果检测中发现问题，应首先排除安装质量及器件、电缆的故障问题，其次排除直射波和外界干扰的因素，最后要对原设计中可能存在的错误和误差进行修改。

在测试各个有代表性的系统输出端口电平的过程中，还应同时用标准的电视接收机收看图像，检查信号质量，进行主观评价。如果经调整后电平符合设计要求，但图像中有明显的干扰和雪花现象存在，则应认真进行分析，找出原因，予以解决。

5. 有线电视系统的验收

有线电视系统竣工运行后两个月内，应由设计、施工单位向建设单位提交竣工报告，建设单位应向系统主管部门申请验收。系统工程验收应由系统主管部门、工程设计、施工、建设单位代表组成验收小组，按规范和竣工图纸进行验收，并做好记录，签署验收意见书、立卷、归档。

系统工程验收不合格，应允许设计、施工单位限期改正并进行复验。系统工程验收合格之后的一年内，由于产品或设计、施工质量造成系统工作的异常，设计、施工单位应负责采取措施恢复系统的正常工作。

系统工程验收前，应由施工单位负责提供调试记录。系统工程验收测试必需的仪器、设备由主管单位负责解决，仪器应附有计量合格证。

系统工程验收内容有：系统图像质量的主观评价，系统质量的客观评价，系统工艺规范和施工质量的检查，系统避雷、安全和接地设施的检查，验收文件、图纸和资料的审核移交。

系统规模按所容纳的输出口数分为四类：A 类——系统所容纳的输出口数 10000 个以上；B 类——系统所容纳的输出口数 2001～10000 个；C 类——系统所容纳的输出口数 300～2000 个；D 类——系统所容纳的输出口数 300 个以下。

作为系统主观评价和客观测试用的测试点称为标准测试点。标准测试点应是典型的系统输出口或其等效终端。所谓等效终端乃是这样一个测试点，其信号必须和正常的系统输出口信号在电性能上没有任何变化，而只是其电平为了适应某种安排可以较高一些。测试点应仔细选择，即应该选噪声、互调失真、交流声调制以及本地台直接串入等影响最大的点。

不同类型的系统，标准测试点的最小数量规定如下：对于 A 类和 B 类系统，每 1000 个系统输出口中应有 1～3 个测试点，而且至少有一个测试点是位于系统中主干线的最后一个分配放大器之后的；其中系统设置上相同的测试点可限制在 10 个以内。对于 C 类系统，至少应有两个测试点，其中一个或多个测试点应接近主干线或分配线的终点。对于 D 类系统，至少有一个具有代表性的测试点。

（1）系统质量的主观评价

图像质量的主观评价采用五级损伤标准。五级损伤的标准如表 2-1-3 所示。图像和伴音（包括调频广播声音）质量损伤的主要评价项目如表 2-1-4 所示。

图像质量损伤的五级标准 表 2-1-3

等级	图像质量损伤的主观评价	等级	图像质量损伤的主观评价
5	不觉察有损伤	2	很厌恶
4	可觉察，但不厌恶	1	不能观看
3	有些厌恶		

图像和伴音质量损伤的主要评价项目 表 2-1-4

项目	损伤的主观评价现象
载噪比	噪波，即"雪花干扰"
交扰调制比	图像中移动的垂直或倾斜图案，即"串台"
载波互调比	图像中垂直、倾斜纹或水平条纹，即"网纹"
载波交流声比	图像中上下移动的水平条纹，即"滚道"
回波比	图像中沿水平方向分布在右边一条或多条轮廓线，即"重影"
色/亮度时延差	色、光信号没有对齐，即"彩色鬼影"
伴音和调频广播的声音	背景噪声，如咝咝声、哼声、蜂声和串音等

进行质量主观评价的方法和要求：

1）输入前的射频信号源质量不得低于 4.5 级。当信号源质量在 4.5 级以下时，可以采用标准信号发生器或高质量录像信号代替。

2）系统应处于正常工作状态下。

3）电视接收机应是彩色、全频道，符合现行国家标准。

4）观看距离为荧光屏高度的 6 倍，室内照度适中，光线柔和。

5）视听人员至少需要五名，由验收小组确定，既有专业人员，又有非专业人员。视听人员首先在前端对信号源进行主观评价，然后在标准测试点独立视听，评价打分。取平均值为评价结果。

信号源质量符合设计要求时，表 2-1-4 中的各项评价项目在每个频道的得分值均不低于表 2-1-3 中所要求的 4 级标准，则系统质量的主观评价为合格。

（2）系统质量的客观评价

在不同类别系统的每一个标准测试点上的客观必测项目如表 2-1-5 所示。

客观测试项目 表 2-1-5

项目	必测类别	备注
图像和调频载波电平	A、B、C、D	所有频道，并可协商扩大测试点数目
载噪比	A、B、C	所有频道
载波互调比	A、B、C	每个波段至少测一个频道，对于不测的频道也应检查有无互调产物
交扰调制比	A、B	每个波段至少测一个频道
载波交流声比	A、B	测一次
频道内频率响应	A	测一次
色/亮度时延差	A	测一次
微分增益	A	测一次
微分相位	A	测一次

在主观评价中，确认不合格或争议较大的项目，可以增加表 2-1-5 规定以外的测试项目，并以客观测试结果为准。系统质量客观测试参数要求和测试方法应符合《电视和声音信号的电缆分配系统》GB/T 6510—1996 的规定。

（3）系统工程的施工质量

系统工程的施工质量应按施工要求进行验收，检查项目和要点如表 2-1-6 所示。

施工质量检查要点

表 2-1-6

检查项目		检查要点
接收天线	天线	1. 振子排列、安装方向正确； 2. 各固定部位牢固； 3. 各间距合乎要求
	天线放大器	1. 牢固安装在竖杆上； 2. 防水措施有效
	馈线	1. 穿金属管保护装置； 2. 电缆与各部件的接点正确、牢固、防水
	竖杆(架)及拉线	1. 强度够； 2. 拉线方向正确，拉力均匀
避雷针及接地		1. 避雷针安装高度合适； 2. 接地线合乎施工要求； 3. 各部位电气连接良好； 4. 接地电阻≤4Ω
前端		1. 设备及部件安装地点恰当； 2. 连接正确、美观、整齐； 3. 进、出电缆符合设计要求，有标记
传输设备		1. 按设计安装； 2. 各连接点正确、牢固、防水； 3. 空余端正确处理，外壳接地
用户设备		1. 布线整齐、美观、牢固； 2. 输出口用户盒安装位置正确、安装平整； 3. 用户接地盒、避雷器按要求安装
电缆及接插件		1. 电缆走向、布线和敷设合理美观； 2. 电缆弯曲、扭转、盘接不过分； 3. 电缆离地高度及与其他管线间距离要求合适； 4. 架设、敷设的安装构件选用合适； 5. 接插件牢固、防水、防腐蚀
供电器、电源线		符合设计要求、施工要求

系统工程的施工质量应取得验收小组多数成员的认可，方可确定为合格。与土建工程同步施工的隐蔽工程的施工质量，在工程隐蔽前，可由建设单位、施工单位进行验收，并

做好验收记录，验收记录作为施工质量验收的依据。

（4）验收文件

系统的验收文件包括：

1）基础资料：主要有接收频道、自播频道与信号场强，系统输出口数量、干线传输距离，信号质量（干扰、反射、阻挡等），系统调试记录等。

2）系统竣工图：主要有前端及接收天线竣工图，传输及分配系统竣工图，用户分配电平图等。

3）布线竣工图：主要有前端、传输、分配各部件和标准点的位置图，干线、支线路由图，天线位置及安装图，标准层平面图，管线位置、系统输出口位置图，与土建工程同时施工部分的施工记录。

4）主观评价打分记录。

5）客观测试记录（包括测试数据、测试主框图、测试仪器、测试人和测试时间）。

6）施工质量与安全检查记录（包括防雷、接地）。

7）设备、器材明细表。

8）其他。

同一系统可以包含移交图纸、资料等多项内容，一项内容也可由多份图纸资料组成。设计、施工单位向建设单位移交的图纸资料不少于两份。

系统工程验收合格后，验收小组应签署验收证书。验收证书的格式如表 2-1-7 所示。

有线电视系统验收证书　　　　　　　　　　　　　　　表 2-1-7

	工程名称				
	工程地址				
	设计单位及地址		许可证号		
	施工单位及地址		许可证号		
	建设单位及地址				
工程概况	输出口数	接收频道	自播频道		备注
验收结果	主观评价	客观评价	施工质量		资料移交
	验收结论				
	设计单位 （签章）	施工单位 （签章）	建设单位 （签章）		系统主管单位 （签章）
	年 月 日	年 月 日	年 月 日		年 月 日

2.2　通信网络系统认知与安装

通信网络系统是建筑弱电系统的重要组成部分。在建筑物内部，借助于通信网络，使分散在建筑物中众多的事务管理计算机实现了资源共享，为用户提供便捷、高效的办公环境；通过网络互联，不同地域的不同类型的计算机网络连成一体，使这些网络上的用户能够相互通信和交换信息；借助于网络互联技术，使建筑物或建筑群中的办公自动化系统、通信自动化系统、设备自动化系统、安全防范自动化系统和消防自动化系统有机地结合在一起，形成一个相互关联、协调统一的系统。

2.2.1　通信网络系统认知

1. 计算机网络的基本概念

网络就其字面解释，是一种点和线的连接结构。比如城市中的交通网络是由道路和交叉口组成。而我们用的电话通信网，则是由电话机、交换机和电话线组成的网络。在我们的身体内也有网络，那就是神经系统网络、血液循环系统网络、呼吸系统网络等。计算机网络是通信技术和计算机技术结合的产物，主要完成数据处理和数据传输两个方面的任务。计算机从事数据处理，而传输就必须有传输介质。把若干台计算机和其他通信设备用电缆连接起来时，就组成了一个最基本的计算机网络。

由于计算机网络是一个复杂的系统，不是简单地靠电缆连起来就能通信的，还需要一些规定和控制。因此在这里把计算机网络定义为：利用各种通信手段，把地理位置上分散的能独立工作的计算机，通过各种介质连接在一起，按照统一的网络协议进行通信，达到资源共享和信息交互，这就是计算机网络。这里强调三点：一是能独立工作的计算机（或其他的设备如网络打印机、网络传真机等）；二是必须遵守共同的协议（否则不同的网络就无法通信）；三是能达到资源共享（相互通信的目的）。通信手段包含数字和模拟信息的传输方法，各种介质则包括有线和无线的传输媒介。

2. 计算机网络的分类

计算机网络的按照地理分布范围来分，有局域网和广域网两类。

（1）局域网（Local Area Network）缩写为 LAN。

LAN 一般是在一个单位或一个建筑物内较小的地理范围，将有限的计算机及其他设备连接起来的计算机网络。比如有十几台计算机的一个公司，联成一个网络，共享信息，相互通信，这就是一个局域网。

（2）广域网（Wide Area Network）缩写为 WAN。

WAN 是一个非常大的网，它可以把许多局域网及更大的网络互连起来。其范围从几十公里到几百公里，以至全世界。典型的广域网就是因特网，因特网也叫国际互联网。因为它连接着全世界各种各样、大大小小的计算机网络和主机。

3. 计算机网络系统的组成

计算机网络系统由硬件和软件两部分组成。硬件可分为资源子网和通信子网，资源子网是用于执行用户程序和作业的数据终端设备，如连接在网络上的计算机、打印机及其他输入输出设备；通信子网主要用于传输信息，而不执行用户程序，它包括传输介质、通信设备和通信控制设备等。网络软件包括通信协议、通信控制程序、网络操作系统和网络数据库等。

（1）网络系统的硬件

网络系统的硬件主要包括网络服务器、客户计算机、通信介质、网络适配器、介质连接装置、收发器、中继器、集线器、网桥、网关、路由器、交换设备等。

1）网络服务器

网络服务器是指为网络提供服务和进行管理的计算机系统。它可以将与它相连的打印机、磁盘驱动器、调制解调器和专用通信线路等设备提供给客户计算机使用。由于整个网络的用户都依靠不同的服务器提供不同的网络服务，网络服务器是网络资源管理和共享的核心。

2）客户计算机

客户计算机（或称网络工作站）是连接到计算机网络上实现网络访问与应用的计算机，它是网络数据主要的发生和使用的场所，客户计算机上运行的软件使网络用户可以访问一个或多个服务器的数据和设备。

3）网络适配器

网络适配器通常称为网络接口卡或网卡，它是网络设备到网络传输介质的通信枢纽，是完成网络数据传输的关键部件，如图 2-2-1 所示。

网络适配器把网络介质上的串行信号转换成计算机的并行数据流，也可以将数据格式由并行编程串行，并能进行信号再生，以便传输必要的距离。另外网络适配器还完成信息包的装配和拆卸、网络的存取控制、网络信号驱动和网络数据缓冲等。

图 2-2-1　网络适配器

4）传输介质

传输介质是网络中传输信号的通路。传输介质分为有线介质和无线介质两种。有线介质常用的有同轴电缆、双绞线和光纤等。无线介质包括红外线、微波和卫星信道等。

5）中继器（Repeater）

中继器是网络物理层的一种连接设备。常用于网络中较长距离的两个节点之间物理信号的持续双向转发工作，如图 2-2-2 所示。

由于在网络传输中存在各种干扰，或是由于传输距离较远，使信号衰减，为了避免这种信号的失真，就可以使用中继器，把它串接在网络中。它在网络中完成信号的恢复、调整和放大功能。它好比一个加油站。使用中继器的目的是延长信号的传输距离。在线路中使用多少个中继器是有规定的，不可以无限使用。如在 IEEE802.3 标准中，最多允许连接 4 个中继器。一般情况下，中继器的两端连接的是相同的媒体，但有的中继器也可以完成不同媒体的转接工作。

6）集线器

集线器简称 HUB，也叫多端口中继器。和中继器一样也是物理层的连接设备。但它和中继器不同的是，它有许多端口。通常将一个局域网中的设备通过双绞线连接到集线器

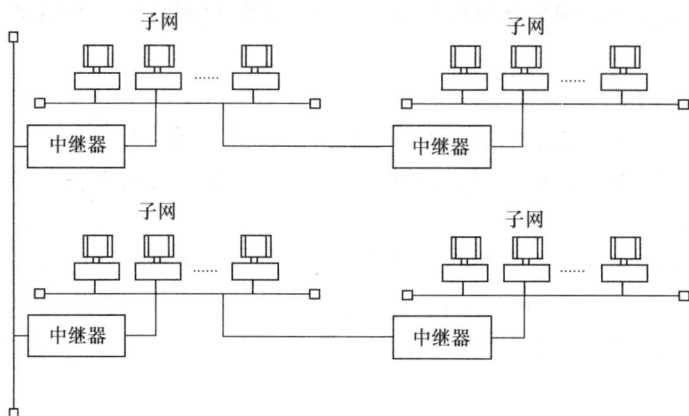

图 2-2-2　用中继器扩展局域网络

上，通过它进行信息的传递。所以集线器也叫集中器。用集线器连接设备，使网络的架设更加方便。比起以前的总线式连接有许多好处。在总线式连接中，如果某一段电缆出了故障，就会影响到整个网络的通信，但在集线器连接中，一根双绞线出了问题，仅影响一个节点，不影响整个网络，如图 2-2-3 所示。

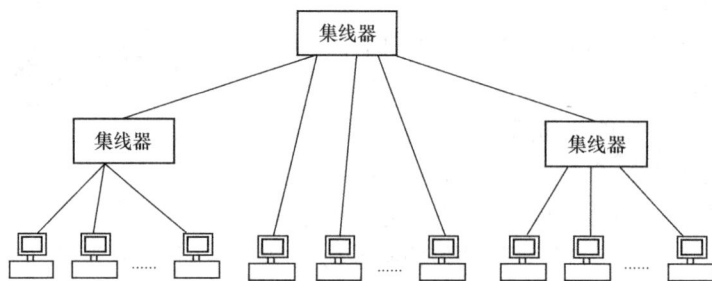

图 2-2-3　集线器在网络中的应用

集线器通常有 8 端口、16 端口、24 端口甚至更多。

7）网桥（Bridge）

网桥是工作在数据链路层的设备，也叫二层设备。网桥可以将两个或更多的同类局域网连接在一起进行相互通信。所谓同类是指使用的网络操作系统相同，或高层协议相同。同时它又隔离了这些局域网之间的干扰。每个局域网占用网桥的一个端口。

8）交换机

集线器是以广播方式工作的，所以网络传输效率低。网桥可以识别 MAC 地址，可以隔离子网之间的干扰，但网桥的端口有限。而交换机则具有集线器的多端口长处，也有网桥的 MAC 地址识别功能。所以它在计算机网络中得到了广泛的应用。交换机（Switch）在计算机网络中是一个非常重要的设备。它和网桥一样也是工作在数据链路层，所以它又称为多端口网桥。交换机的外形与集线器很相似。有 8 端口、16 端口、24 端口甚至更多。但交换机的工作原理和集线器完全不同，交换机的应用如图 2-2-4 所示。

9）路由器

路由器是计算机网络中的第三层设备，即网络层设备，是计算机网络中的一个重要设

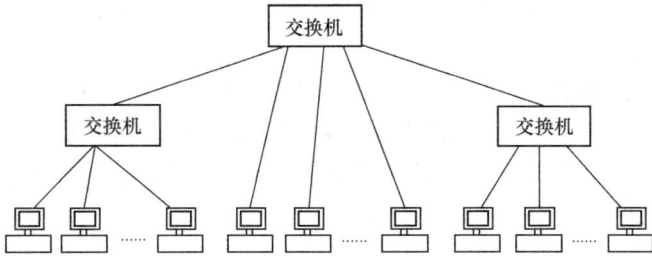

图 2-2-4　交换机在网络中的应用

备。如果只是一个局域网的内部通信，是不需要路由器的，但如果是跨网络的通信，如从一个局域网发送数据到另一个不同类型的局域网，或将一个局域网和广域网相连时，需要进行网络地址识别时，就要用到路由器，如图 2-2-5 所示。

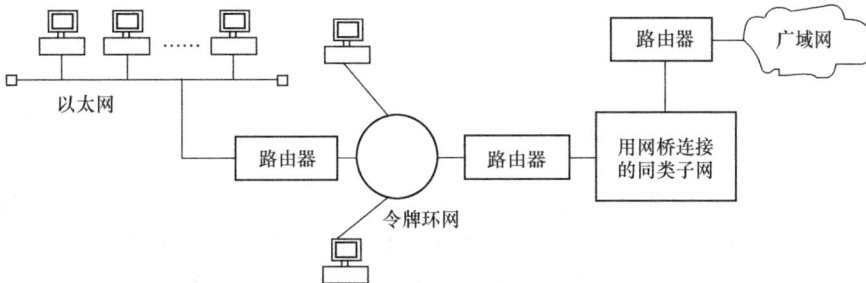

图 2-2-5　路由器在网络中的应用

路由器是一种将两个或更多的网络互联的设备，它能将不同网络或网段之间的数据信息进行"翻译"，使它们能够相互"读"懂对方的数据，从而构成一个更大的网络。路由器为源网络或源主机发出的数据，选择一条到达目标网络的最优路径，路由器是一个多端口设备。

（2）网络系统软件

计算机网络硬件实现了通过传输介质和网络适配器将每一台计算机连接起来的目标，但是要实现每台计算机之间的数据通信和管理，实现数据共享，必须通过网络软件来完成。

1）网络通信协议

在进行信息数据交换时，每一个连接在网络中的节点都必须遵守预先约定的一些规则、标准或规范，即网络通信协议，它规定了计算机信息交换过程中信息的格式和意义。

通信网络的联系十分复杂，协议规定和实现也十分困难，为了简化协议实现和使用的复杂性，国际标准化组织 ISO 在 20 世纪 70 年代提出了开放系统互联参考模型 OSI，把网络的通信分为物理层、数据链路层、网络层、传输层、会话层、表示层和应用层的七层参考模型，为网络中复杂的硬件和协议组成关系提供了一个简单的解释，成为解释其他协议的参考。

目前在局域网中应用最为广泛的以太网络采用的是带冲突检测的载波侦听多路访问协议（Carrier Sense Multiple Access with Collision Detection），简称 CSMA/CD 协议。

目前在广域网中技术最成熟、应用最广泛的协议是被 Internet 采用的传输控制/互联网协议（Transmission Control Protocol/Internet Protocol），简称 TCP/IP 协议。

2）网络操作系统

网络操作系统是使网络上的各计算机能方便有效地共享网络资源，为网络用户提供所需要的各种服务的软件和有关协议的集合。目前常见的网络操作系统有 NetWare、Windows 2000、Windows XP、Linux、Unix、Windows NT 等。

4. 计算机局域网

局域网是在小区域范围内，对各种通信设备提供互连，并给连接在网络上的数据通信设备加上高层协议和网络软件组成的数据通信网络。建筑内的信息网络通常都是一个局域网络，本节将介绍主流局域网技术。

（1）主流局域网的变迁

在 20 世纪末千兆以太网大量应用之前，LAN 技术基本上使用的是 FDDI（100Mbit/s 共享）、快速以太网（100Mbit/s 交换/共享）和 ATM LAN（155～622Mbit/s 交换）三种技术。

FDDI 是以光纤作传输介质的共享式 100Mbit/s 环形 LAN，在 20 世纪 90 年代后期已被淘汰，主要原因是其共享的 100Mbit/s 的系统带宽，无法满足日益增长的多媒体传输对主干网络高带宽的要求。

ATM LAN 与快速以太网都属于交换型的网络，作为主干网络，基本上都能满足多媒体信息传输的带宽要求。ATM 是一种面向连接、采用固定长度小信元、低时延的交换技术，能够满足不同用户的、包括多媒体信息传输在内的各种业务的传输需求，已成为广域网的主流之一。ATM 交换机端口带宽可达 155Mbit/s、622Mbit/s 甚至几个 Gbit/s。采用 ATM LAN 可以实现与广域 ATM 网的多媒体信息传输的无缝连接，所提供的 QoS（服务质量）也是快速以太网所没有的。因此，在千兆以太网出现之前，ATM 被许多人认为是计算机网络（尤其是主干网络）的发展方向。但是，由于以太网是最早的 LAN 技术，加之长期积累，人们普遍熟悉的 LAN 还是以太网技术。快速以太网继承了 10Mbit/s 以太网的核心技术（如仍使用 CSMA/CD 协议），10Mbit/s 以太网可以比较容易地升级到快速以太网，所以采用快速以太网作为主干网还是比采用 ATM LAN 的多得多。

20 世纪年代末出现了千兆以太网，目前已成为主干网的首选，而 ATM 则迅速退出 LAN 领域。

总之，在目前及可以预见的未来，计算机网络将是以太网的"一统天下"，即主干网采用快速以太网或千兆以太网，楼层 LAN 采用快速以太网。

（2）快速以太网组网方案

100Mbit/s 快速以太网的拓扑结构、帧结构及媒体访问控制方式完全继承了 10Mbit/s 以太网的 802.3 基本标准。快速以太网既有共享型集线器组成的共享快速以太网系统，又有快速以太网交换机构成的交换型快速以太网系统。快速以太网的 10Mbit/s 与 100Mbit/s 自适应技术保证 10Mbit/s 以太网能够平滑地过渡到 100Mbit/s 以太网。

1）快速以太网的类型

快速以太网主要有 100Base-TX、100Base-FX、100Base-T4 三种类型。

① 100Base-TX。传输介质使用 5 类 UTP，只用其中 4 根线（2 根发送、2 根接收），最长距离为 100m，使用 RJ45 连接器，可作为楼层 LAN 或主干网。

② 100Base-FX。传输介质通常使用 $62.5\mu m/125\mu m$ 的多模光纤或单模光纤。在全双工模式下，多模光缆段长度可达 2km，而单模光缆段长度可达 40km，适合用作主干网。半径在 2km 范围内宜用多模光缆，否则必须用单模光缆。

③ 100Base-T4。传输介质基于 3 类 4 对 UTP，适用于原来采用 8 芯 3 类 UTP 布线的建筑物在不用更换线缆的情况下从 10Mbit/s 以太网升级到 100Mbit/s 以太网。

2）快速以太网组网方案

快速以太网典型组网方案如图 2-2-6 所示。

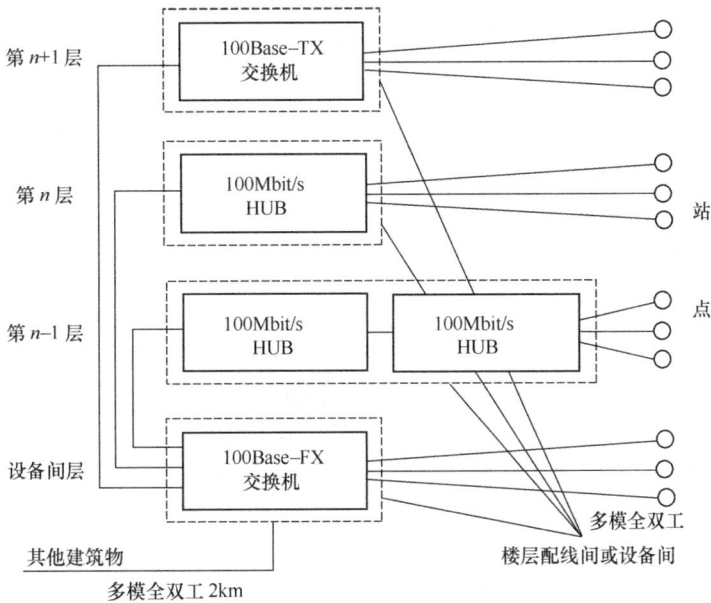

图 2-2-6　快速以太网典型组网方案

（3）千兆以太网组网方案

千兆以太网对介质存取控制（MAC）层协议进行了重新定义，以维持适当的网络传输距离，但是介质访问控制方法仍采用 CSMA/CD 协议，并且重新制定了物理层标准，使它能提供 1000Mbps 的原始带宽。

1）千兆以太网的类型

千兆以太网根据物理层的不同主要有 1000Base-CX、1000Base-TX、1000Base-LX、1000Base-SX 四种类型。

① 1000Base-CX。使用一种短距离（25m）的 150Ω 平衡双绞线对的屏蔽电缆作为传输介质。主要适用于一个机房设备的互联，如交换机之间、千兆主干交换机与主服务器之间的连接，这种连接通常在机房的配线柜上以跨线方式连接。

② 1000Base-TX。使用 4 对 5 类 UTP 和 6 类 UTP 的 RJ-45 连接器，无中继最大传输距离 100m，可作为主干网。

③ 1000Base-LX。在收发器上配置了长波长激光（波长一般为 1300nm）的光纤激光传输器，可驱动 $62.5\mu m$、$50\mu m$ 的多模光纤和 $9\mu m$ 的单模光纤。在全双工模式下，多模光缆可达 550m，单模光纤可达 5km，可作为主干网。

④1000Base-SX。在收发器上配置了短波长激光（波长一般为 800nm）的光纤激光传输器，只能驱动 62.5μm、50μm 的多模光纤。在全双工模式下，前者最长距离为 550m，后者为 525m，可作为主干网。

2）千兆以太网的主要特点

千兆以太网具有以下主要特点：

① 完全采用交换方式，每个端口独占 1g 带宽。

② 通过资源预定协议为特定的应用提供预留的带宽。

③ 提供优先级和虚拟网络服务。

④ 支持第三层交换，在保持了交换机的低时延性能的同时，具备了路由器的控制功能。

⑤ 千兆以太网保持了以太网的主要技术特征，如仍使用 CSMA/CD 协议、支持 UTP、相同的帧长与格式、支持半双工和全双工方式等，保证了从以太网/快速以太网的平滑过渡。

3）千兆以太网的组网方案

千兆以太网的典型组网方案如图 2-2-7 所示。

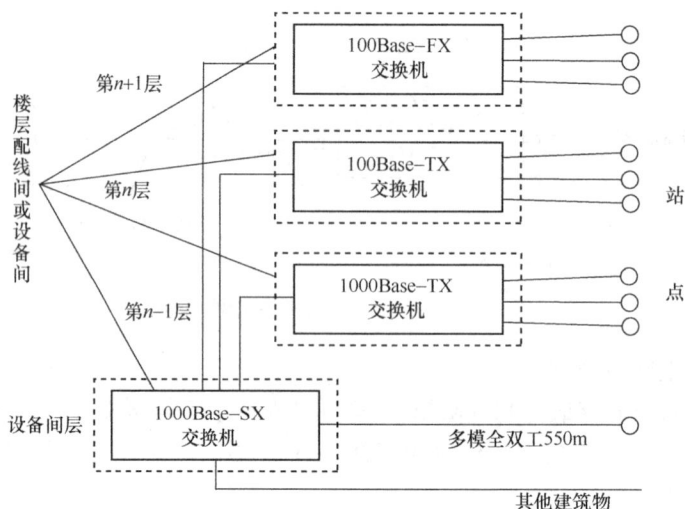

图 2-2-7　千兆以太网典型组网方案

2.2.2　计算机网络系统组网实例

一、家庭和小型办公室网络

1. 内部网络的建立

为提供家庭或小型办公室中所有网络设备之间的互连，内部网络计算机之间必须直接或间接地连接起来。为将家庭或小型办公室计算机连到一起，每台计算机都必须有用于计算机网络连接的网络适配器设备。

网络适配器的选择范围包括：

（1）使用计算机"外围设备组件互连"（PCI）插槽的内部网络适配器。

（2）安装在 PC 卡插槽（常见于笔记本）中的 PCMCIA 或 PC 卡网络适配器。

（3）连接到 USB 端口的 USB 网络适配器：一种 USB 端口一般见于计算机背部，另一种 USB 端口则位于 USB 集线器上。

这里主要考虑适配器的物理安装。例如，如果是 PCI 适配器，则必须打开计算机机箱并将适配器插入空的 PCI 插槽中。当要求简化结构时，可能倾向于使用连接 USB 的网络适配器。笔记本倾向于使用 PCMCIA 或 PC 卡适配器。

以太网用于公司网络，已得到广泛认同和支持。以太网设备包括以太网适配器及同轴电缆（面向 10Base-2，用于以串行方式连接各台计算机）或双绞线电缆（面向 10Base-T 或 100Base-T，用于将计算机连到集线器上）。使用双绞线电缆并连接两台以上 10Base-T 或 100Base-T 计算机时，要求使用集线器。

尽管以太网适配器一般成本较低，但电缆连接和集线器却会增加复杂度和成本。图 2-2-8 是基于以太网的家庭或小型办公网络的星形拓扑结构。

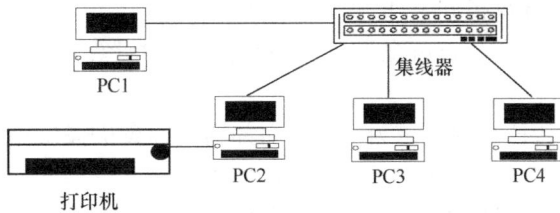

图 2-2-8　基于以太网的家庭或小型办公网络的星形拓扑结构

以太网的速度可达 10Mbps 或 100Mbps。要得到 100Mbps 的速度，必须使用 100Mbps 以太网适配器、UTP5Cat 双绞线电缆并连接到以太网集线器的 100Mbps 端口上。

2. 连接到 Internet

小型或家庭办公室连接 Internet 有三种连接方式：对每台计算机使用独立的 Internet 连接、使用住宅网关、使用主机。在此使用主机方式来连接 Internet。

主机就是一台运行 Windows 系统并连接 Internet 和内部网络的计算机。主机充当网关，可提供 Internet 与网络主机及防火墙之间的连接，同时防止主机和内部网络计算机受到攻击。

图 2-2-9 是网络连到 Internet 上的拓扑结构，PC1 机作为主机，在 PC1 与 Internet 之间装上防火墙。

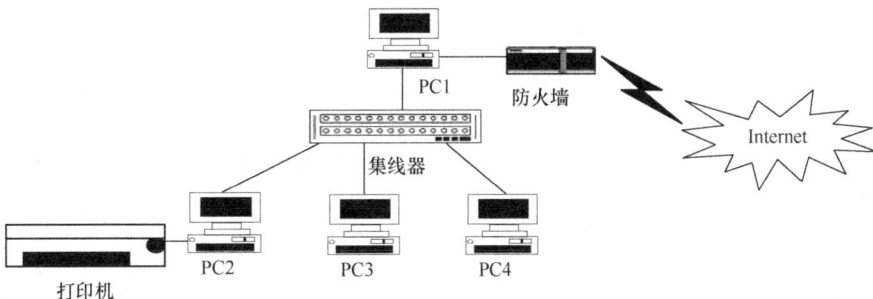

图 2-2-9　使用主机连接 Internet 的网络拓扑结构图

主机运行 Windows 系统时具有下列特性：

（1）对 Internet 连接支持 Internet 连接共享（ICS）。

利用 ICS，即可与内部网络上其他所有的计算机共享 Internet 连接。主机充当路由器，可转发内部网络与 Internet 主机之间的通信。此外，ICS 还将丢弃所有未得到内部网络计算机请求的 Internet 通信，从而保护内部网络计算机。这样可以防止内部网络计算机受到 Internet 攻击。

（2）Internet 接口上支持 Internet 连接防火墙（ICF）。

尽管 ICS 可以保护内部网络计算机免受 Internet 攻击，但它无法保护主机。在 Internet 接口上启用 ICF 后，ICF 将丢弃任何未受到主机请求的 Internet 通信。这样可以保护主机免受 Internet 攻击。

在主机上使用 Windows 系统的优势在于：

（1）与网络上的所有计算机共享一个 Internet 连接可以降低连接 Internet 的成本，并允许内部网络上的所有计算机同时联机。

（2）主机对于 Internet 而言可视为 Internet 上的一台计算机，从而隐藏掉内部网络上的计算机。

（3）带有 ICS 和 ICF 的主机可为主机和内部网络计算机提供单点式安全保护。保护运行 Windows 早期版本的计算机时无需额外的防火墙。

（4）如果内部网络有不同类型的局域网媒体，则可以使用 Windows XP 的网桥功能自动配置独立局域网段的透明桥接。

（5）在家庭或小型办公室中，可以使用通用即插即用（UPnP）功能。利用 UPnP，可以从内部网络中任何运行 Windows XP、Windows Millennium Edition、Windows 98 Second Edition 或 Windows 98 的计算机上对 Internet 连接进行配置。

（6）启用 ICF 可以立即禁用主机 Internet 连接上的文件和打印共享功能。这样，Internet 上将无法看到主机上存储的保密文件。但是，您仍可以在内部网络中使用文件和打印共享，而无须任何其他配置。

（7）这里并不需要诸如住宅网关等其他设备。可以利用内部网络上的现有计算机充当主机。

使用主机的缺点包括：

（1）只有在主机运行状态下，内部网络计算机才能访问 Internet。

（2）主机必须安装两个网络适配器（一个用于连接 Internet，一个用于连接内部网络）。

二、校园网组建实例

随着计算机网络及多媒体技术的广泛应用，校园网已成为学校办学的基础设施和必备条件，网络使得教育的功能和目标、教学的方法和模式都发生了深刻的变化。为了尽快地改变原来所采用的传统教学方式和模式，学校纷纷决定利用网络技术建设校园网，满足现代教育的要求。

1. 用户需求

某校原来没有校园网络，只有少量的电脑。一方面，学校希望通过建设一个高速、安全、可靠、可扩充的网络系统，实现校内信息的高度共享、传递，推进教学及管理信息化。另一方面，学校还希望通过网络实现校园内外信息的交流，建立出口信道，实现与CERNET、Internet 互联，同时使教职员工和学生可以在家中拨号上网，访问校园网进行资料查询。

针对校园特点，并结合目前网络技术发展趋势，决定该校园局域网系统采用成熟的以太网技术。以太网一直是局域网技术的主流，具有普及、经济、便于实施管理、易于升级等优点，线路可用带宽有 10M、100M 和 1000M，能够满足不同级别的应用需求。

以太网技术和其相关产品选择是校园网建设的关键。快速以太网是一种非常成熟的组网技术，造价很低，性能价格比很高，可作为资金不充裕的中小型单位组建 Intranet 网的首选技术。快速以太网技术现在被广泛用于大型企业网的二级、三级网络组网或直接连接至桌面工作站。基于性能和价格的综合考虑，本方案采用主干为千兆网，接入端 10M/100M 自适应或 100M 交换到桌面。

2. 项目实施

网络拓扑图如图 2-2-10 所示，网络采用三级网络结构：

(1) 中心交换机

中心交换机采用 Star-S2800 千兆全模块交换机。Star-S2800 是高密度端口、千兆全模块化三层交换机，它提供了丰富的扩展模块，可以灵活构建弹性可扩展的网络，以有效保护用户投资；其高达 22G 的背板带宽可为用户提供高速无阻塞的交换，是一款具有极高性价比的产品，是构建中小型网络核心的理想选择。

Star-S2800 提供 8 个插槽，配合可选模块，可以提供千兆光纤/双绞线接口（8 个）、百兆光纤模块（32 个）、10M/100M RJ45 接口（64 个），以及管理模块。Star-S2800 除了有丰富的接口选择外，还有完善的管理功能，能帮助网络管理员更好地规划和管理网络。可以利用 Star-S2800 千兆接口连接办公子网、多媒体教室、图书馆、学生宿舍等子网。

(2) 外部连接接口

整个校园网与外部的连接接口可以分成两个，一个是连接到广域网，一个是作为服务中心，接收外部用户通过拨号接入校园网。在连接到广域网时，采用 Star-R2501 路由器。该路由器具有两个广域网接口、一个局域网接口、一个备份口、一个控制口，可以支持多种协议。两个广域网接口可以使用 DDN 或帧中继连接到广域网，两个广域网可以同时使用，备份接口可以作为备份线路如图 2-2-11 所示。

为了使远程用户，例如学生、教师从家中访问校园网，网络中心必须提供远程拨号服务。在这个服务中，可以使用 Star-R2600 远程访问路由器或者 336NMS 机架 Modem。Star-R2600 模块化路由器可提供 8/16 个异步端口，可以连接多达 8/16 个 ISDN 或 Modem 作为应答设备，远程用户通过 Modem /ISDN 拨号连接这些设备，就可以登录、进入校园网。336NMS 机架 Modem 提供多达 16 路拨入端口，可以同时接收 16 个远程用户的拨号接入，与服务器配合提供远程拨号服务。

Star-R2501 和 Star-R2600 可以直接连接到中心交换机上，也可以通过代理服务器再连接到中心交换机，后者虽然增加了成本，但大大增加了网络的安全性；336NMS 机架 Modem 必须连接到代理服务器上后，再连接到中心交换机。

(3) 二级交换机

二级交换机与网络中心交换机的信息通信比较多，每天要访问大量数据，还有音频、

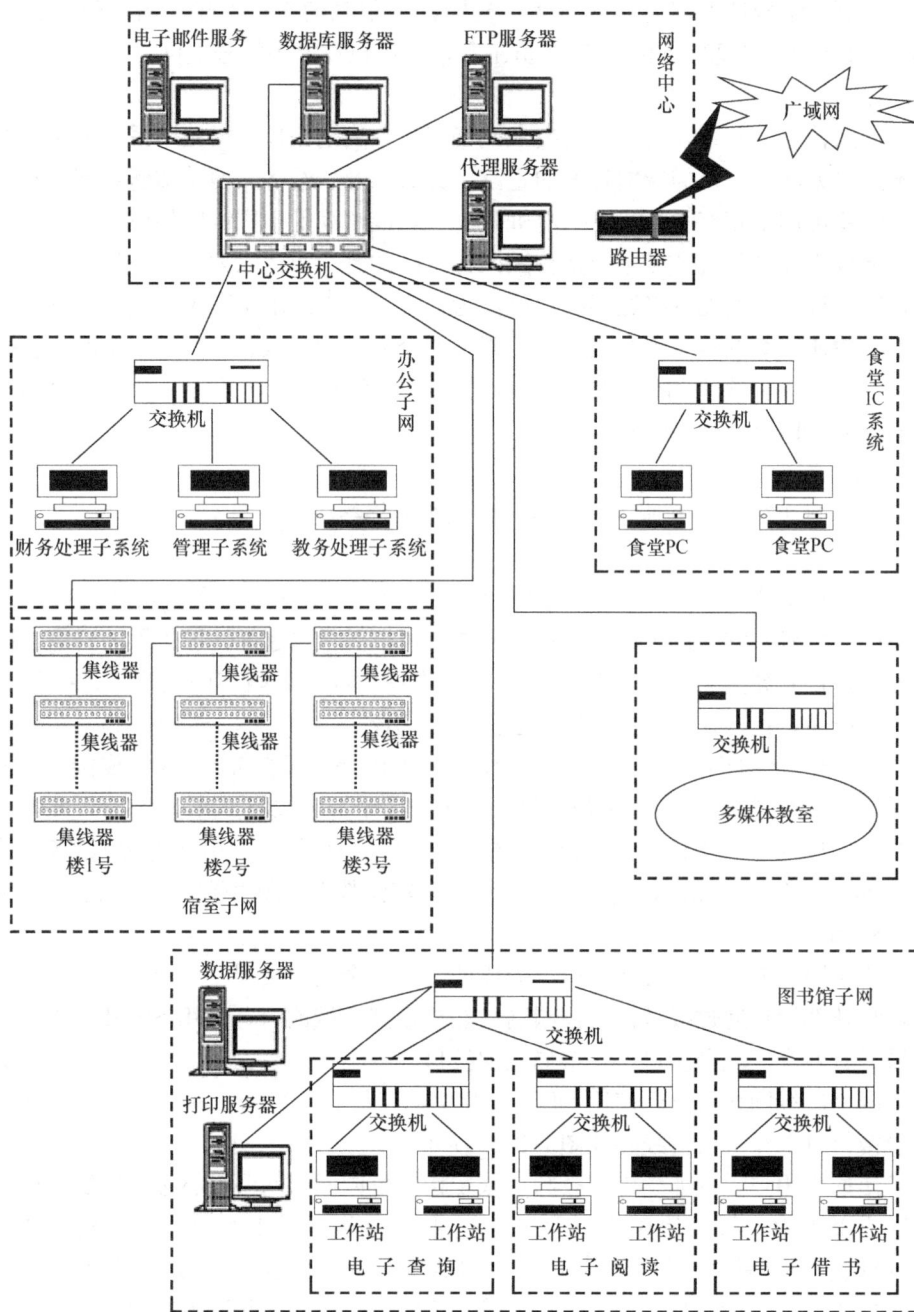

图 2-2-10　校园网全网结构

视频等方面的需求，为了保证网络的畅通，二级交换机采用 Star-S1826G，该交换机带 24
个 RJ-45 口和两个千兆光纤模块，在与网络中心的中心交换机通信时有 1G 的带宽，足以
适应各种场合的应用。

（4）三级集线器

学生宿舍，由于接入计算机数目多，采用 Star-H1208S/H1216S/H1324S 作为三级集

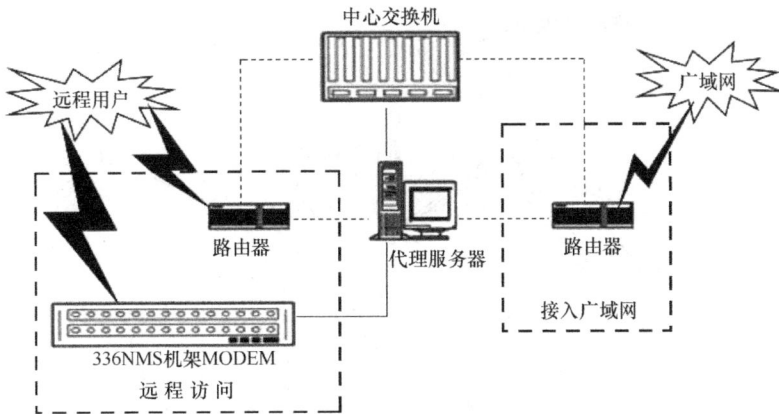

图 2-2-11 网络外部连接示意图

线器。这些集线器可以进行堆叠,以增加用户数目,Star-H1324S 还可以使用光纤模块,尤其适合用在距离子网中心比较远、需要使用光纤的机房。

2.2.3 通信网络系统工程施工

计算机网络系统的缆线敷设有暗管敷设和桥架敷设两种。除暗管敷设与房屋建筑同步施工外,桥架和设备安装部分都在布线工程施工中进行。

一、桥架安装

桥架是综合布线系统工程中的辅助设施,它是为敷设线缆服务的,一般用于电缆线路集中且缆线条数较多的段落。电缆桥架的安装主要有沿顶板安装、沿墙水平和垂直安装、沿竖井安装、沿地面安装、沿电缆沟及管道支架安装等。安装所用支(吊)架可选用成品或自制。支吊架的固定方式主要有在预埋铁件上焊接和用膨胀螺栓固定等。电缆桥架空间布置如图 2-2-12 所示。

桥架的尺寸、组装方式和安装位置均应按照设计规定和施工图的要求。封闭型桥架顶面距天花板下缘不应小于 0.8m,距地面高度保持 2.2m,若桥架下不是通行地段,其净高度不可小于 1.8m。安装位置的上下左右保持横平竖直,偏差度尽量降低,左右偏差不应超过 50mm;与地面必须垂直,其垂直度偏差不得超过 3mm。

在设备间和干线交接间中,垂直安装的桥架穿越楼板的洞孔及水平安装的桥架穿越墙壁的洞孔,要求其位置配合相互适应,尺寸大小合适。在设备间内如有多条平行或垂直安装的桥架时,应注意房间内的整体布置,做到美观有序,便于缆线连接和敷设,并要求桥架间留有一定间距,以便于施工和维护。桥架的水平度偏差每米不超过 2mm。

桥架与设备和机架的安装位置应互相平行或直角相交,两段直线段的桥架相接处应采用连接件连接,要求装置牢固、端正,其水平度偏差每米不超过 2mm。桥架采用吊架方式安装时,吊架与桥架垂直,各吊装件应在同一直线上安装,间隔均匀、牢固可靠,以免歪斜和晃动。沿墙装设的桥架,要求墙上支持铁件的位置保持水平,不应有起伏不平或扭曲歪斜现象。水平度偏差每米也不应大于 2mm。

为了保证金属桥架的电气连接性能良好,除要求连接必须牢固外,节与节之间也应接触良好,必要时应增设电气连接线(采用编织铜线),并应有可靠的接地装置。如利用桥

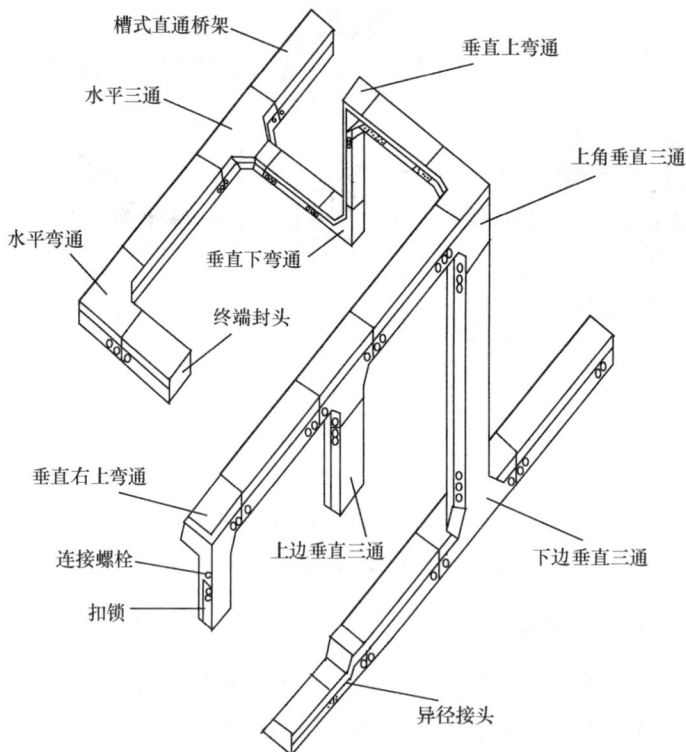

图 2-2-12　电缆桥架空间布置示意图

架构成接地回路时，须测量其接头电阻，按标准规定不得大于 $0.33 \times 10^{-3} \Omega$。

桥架穿越楼板或墙壁的洞孔处应加装木框保护。缆线敷设完毕后，除盖板盖严外，还应用防火涂料密封洞孔的所有空隙，以利于防火。桥架的油漆颜色应尽量与环境色彩协调一致，并采用防火涂料。

二、网络设备的安装

通信网络系统中综合布线设备的安装，主要是指各种配线接续设备和通信引出端。由于国内外生产的配线接续设备品种和规格不同，其安装方法也有区别。在安装施工时，应根据选用设备的特点采取相应的安装施工方法。

1. 机架设备安装

机架、设备的排列位置和设备朝向都应按设计安装，并符合实际测定后的机房平面布置图的要求。安装完工后，其水平度和垂直度都应符合厂家规定，若无规定时，其前后左右的垂直度偏差均不应大于 3mm。要求机架和设备安装牢固可靠，如有抗震要求时，必须按抗震标准加固。各种螺丝必须拧紧，无松动、缺少和损坏，机架没有晃动现象。为了便于施工和维护，机架和设备前应预留 1.5m 的过道，其背面距墙面应大于 0.8m。相邻机架和设备应互相靠近，正面排列平齐。

2. 配线架安装

建筑物配线架如采用双面落地的安装方式时，应符合以下规定：

（1）缆线从配线架下面引上时，配线架的底座与缆线的上线孔必须相对应，以利于缆线平直顺畅地引入架中。

（2）各个直列上下两端的垂直倾斜误差不应大于 3mm，底座水平误差每平方米不应大于 2mm。

（3）跳线环等设备部件安装牢固，其位置横竖、上下、前后均应平直一致。

（4）接线端子应按标准规定和缆线用途划分连接区域，以便连接，且应设置标志，以示区别和醒目。

如采用单面配线架（箱），且在墙壁安装时，要求墙壁必须坚固牢靠，能承受机架重量。其机架（柜）底距地面距离宜为 300～800mm，也可视具体情况而定。此外，在干线交接间中的楼层配线架一般采用单面配线架（箱），其安装方式都为墙壁安装。

3. 配线和分线设备安装

在新建的建筑内使用的小型配线设备和分线设备宜采用暗敷方式，其箱体埋装在墙内。为此，房屋建筑施工时，在墙壁上需要按要求预留洞孔，先将箱体埋装墙内，综合布线时装设接续部件和面板，这样有利于分别施工。在已建的建筑物中如无条件暗敷时，也可采用明敷方式，以减少凿墙打洞和影响房屋建筑强度。

4. 接续设备安装

接续模块等接续或插接部件的型号、规格和数量，都必须与机架和设备配套使用，并根据用户需要配置，做到连接部件安装正确、牢固稳定、美观整齐、对号入座、完整无缺；缆线连接区域界限分明，标志完整、清晰，以利于维护和日常管理。

缆线和接续模块等接插部件连接时，应按工艺要求标准长度剥除缆线护套，并按线对顺序正确连接。如采用屏蔽结构的缆线时，必须注意将屏蔽层连接妥当，不应中断，并按设计要求做好接地。

5. 通信引出端安装

通信引出端（即信息插座）品种多种多样，其安装方式和规格型号有所不同，应根据设计配备确定，安装方法应根据工艺要求，结合现场实际条件选择。如在地面安装时，盒盖应与地面齐平，要求严密防水和防尘；在墙壁安装时，要求位置正确，便于使用。

6. 接地

机架设备、金属钢管和桥架的接地装置应符合设计施工及验收标准规定，要求有良好的电气连接，所有与地线连接处应使用接地垫圈，垫圈尖角应对向铁件，刺破其涂层，必须一次装好，不得将已装过的垫圈取下重复使用，以保证接地回路畅通无阻。

2.3 广播音响系统认知与安装

2.3.1 系统概述

一、声学

声音是一种极其普通的物理现象，但是它又和人们的日常学习、工作、生活有着极其密切的关系。当一个声音通过空间传入人耳时，人们常常仅凭听觉感受到声音，但这个"声音"并不是原本客观存在的声音，而是发生了某些改变。这种现象就是听觉效应。例如哈斯效应、多普勒效应、鸡尾酒会效应、回音壁效应等。研究声音的学科叫作声学。按研究对象不同可分为语言声学、音乐声学、建筑声学、电声学和噪声学等。

专门从事厅堂建筑设计与声学关系的领域称为建筑声学。比如对剧场、歌舞厅、会议厅、体育馆等的声学设计与研究都属于建筑声学领域的范畴。通过电子电路把声音进行各种特性的加工处理，例如：修饰、美化、扩大、传播的系统称为电子声学。音响系统的各个单元大部分都属于电子声学领域中的组成部分。

声电系统，或称为广播音响系统，是包括建声、电声的声学系统工程，是现代化设施不可缺少的一部分，其涉及面很宽，应用广泛，工厂、学校、医院、办公楼、广场、会场、电影院、体育馆、歌舞厅等，无不与之有着密切关系。不同环境配以和谐动听的音乐，就会使人感到声与景、情与景浑然天成，优美和谐的声音能烘托意境，渲染气氛，声学美使环境艺术感染力更强烈，更完美，声学美已成为现代生活不可缺少的环境艺术。

二、广播音响系统的分类

1. 广播音响系统广义上包含扩声系统和放声系统两大类：

1）扩声系统：扬声器与话筒处于同一声场内，存在声反馈和房间共振引起的啸叫、失真和振荡现象。

2）放声系统：系统中只有计算机、光盘机、播放器等声源，没有话筒，不存在声反馈可能，声反馈系数为 0，是广播系统的一个特例。

2. 按用途分类：

1）公共广播系统（Public Address System 简称 PA）。这是一种有线广播系统，它包括背景音乐和紧急广播功能，通常结合在一起，平时播放背景音乐或其他节目，出现火灾等紧急事故时，转换为报警广播。这种系统中的广播用的话筒与向公众广播的扬声器一般不处于同一房间内，故无回声反馈的问题，并以定压式传输方式为其典型系统；

2）厅堂扩声系统。这种系统使用专业音响设备，并要求有大功率的扬声器系统和功放。由于传声器与扩声用的扬声器同处于一个厅堂内，故存在回声反馈乃至啸叫的问题，且因其距离较短，所以系统一般采用低阻直接传输方式；

3）会议系统。会议系统虽然也属于扩声系统，但有其特殊要求，如会议讨论系统、同声传译系统等。

3. 在民用建筑工程中，广播音响系统可分为如下几类：

1）面向公众区（如广场、车站、码头、商场、教室）和停车场等的公共广播（PA）系统。

这种系统主要用于语言广播，因此清晰度是首要问题。而且，往往这种系统平时进行背景音乐广播，在出现灾害或紧急情况时，又可切换成紧急广播。

2）面向宾馆客房的广播音响系统

这种系统包括客房音响广播和紧急广播，通常由设在客房中的床头柜放送。客房广播含有收音机的调幅（AM）和调频（FM）广播波段和宾馆自播的背景音乐等多个可供自由选择的波段，每个广播均由床头柜扬声器播放。在紧急情况时，客房广播即自动中断，只有紧急广播的内容强切传到床头柜扬声器，这时无论选择器在任何位置或关断位置，所有客人均能听到紧急广播。

3）以礼堂、剧院、体育馆为代表的厅堂扩声系统

这是专业性较强的厅堂扩声系统，它不仅考虑电声技术问题，还要涉及建筑声学问题，两者须统筹兼顾，不可偏废。这类厅堂往往有综合性多用途的要求，不仅可供会场语

言扩声使用，还常作为文艺演出等使用。

4）面向歌舞厅、宴会厅、卡拉OK厅等的音响系统

这类场所与前一类相似，亦属厅堂扩声系统，且多为综合性的多用途群众娱乐场所。因其人流多，杂声或噪声较大，故要求音响设备有足够的功率，较高档次的还要求有很好的重放效果，故也应配置专业音响器材。在设计时注意供电线路应与各种灯具的调光器分开，并且因为使用歌手和乐队，故要配置适当的返听设备，以让歌手和乐手能听到自己的音响，找准感觉。对于歌舞厅和卡拉OK厅，还要配置相应的视频图像系统。

5）面向会议室、报告厅等的广播音响系统

这类系统一般也设置由公共广播提供的背景音乐和紧急广播两用的系统，但因其特殊性，故也常在会议室和报告厅（或会场）单独设置会议广播系统。对要求较高功能的国际会议厅，还需另行设计诸如同声传译系统、会议讨论表决系统以及大屏幕投影电视等的专用视听系统。

三、广播音响系统的基本构成

不管哪一种广播音响系统，都可以表示为如图 2-3-1 所示的广播音响系统结构框图，它基本可分四个部分：节目源设备、信号的放大和处理设备、传输线路和扬声器系统。

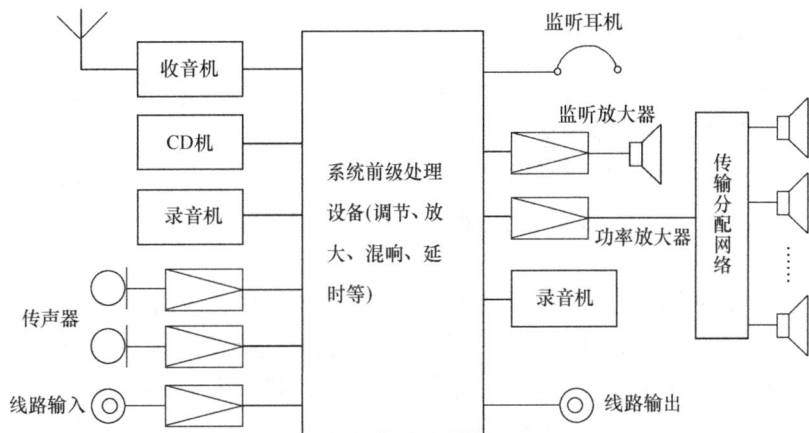

图 2-3-1 广播音响系统结构框图

1. 节目源设备

节目源通常有无线电广播（调频、调幅）、普通唱片、激光唱片（CD）、计算机等，相应的节目源设备有 FM/ AM 调谐器、电唱机、激光唱机和录音卡座等。此外，还有传声器（话筒）、电视伴音（包括影碟机、录像机和卫星电视的伴音）、电子乐器等。

2. 放大和信号处理设备

该部分包括调音台、前置放大器、功率放大器和各种控制器及音响加工设备等。这一部分设备的首要任务是信号的放大——电压放大和功率放大，其次是信号的选择，即通过选择开关选择所需要的节目源信号。调音台和前置放大器作用或地位相似（当然调音台的功能和性能指标更高），它们的基本功能是完成信号的选择和前置放大，此外还担负对重放声音的音色、音量和音响效果进行各种调整和控制的任务。有时为了更好地进行频率均衡和音色美化，还另外单独接入均衡器。总之，这部分是整个广播音响系统的"控制中

心"。功率放大器则将前置放大器或调音台送来的信号进行功率放大，通过传输线去推动扬声器放声。

3. 传输线路

传输线路虽然简单，但随着系统和传输方式的不同而有不同的要求。对礼堂、剧厅、歌舞厅、卡拉OK厅等，由于功率放大器与扬声器的距离不远，故一般采用低阻大电流的直接馈送方式，传输线即所谓喇叭线要求截面积粗的多股线，由于这类系统对重放音质要求很高，故常用专用的喇叭线，是所谓的"发烧线"。而对公共广播系统，由于服务区域广、距离长，为了减少传输线路引起的损耗，往往采用高压传输方式，由于传输电流小，故对传输线要求不高也不必很粗。在客房广播系统中，有一种与宾馆CATV（共用天线电视系统）共用的所谓载波传输系统，这时的传输线使用CATV的视频电缆，而不能用一般的音频传输线了。

4. 扬声器系统

扬声器系统要求与整个系统匹配，同时其位置的选择也要切合实际。礼堂、剧场、歌舞厅音色要求较高，扬声器一般用大功率音箱。而公共广播系统，由于它对音色要求不高，一般用3～6W吸顶扬声器。

2.3.2　公共广播系统

公共广播系统为宾馆、商厦、港口、机场、地铁、学校提供背景音乐和广播节目。近几年来，公共广播系统还兼做紧急广播，可与消防报警系统联动。公共广播系统的控制功能较多，如选取广播与全呼广播功能，强制切换功能和优先广播权功能等。扬声器负载多而分散，传输线路长，声压要求不同，音质以中音和中高音为主。

一、广播系统的设计

公共建筑应设置广播系统，系统的类别应根据建筑规模、使用性质和功能要求设置。

1）办公楼、商业楼、院校、车站、客运码头及航空港等建筑物，应设置业务性广播，满足以业务及行政管理为主的语言广播要求。业务性广播宜由主管部门管理。

2）星级宾馆、大型公共活动场所等建筑物应设置服务性广播，满足以欣赏性音乐或背景音乐广播为主的要求。

3）火灾应急广播的设置与要求，应符合相关规范中的规定。

广播系统工程设计中的常用符号见表2-3-1。

广播系统符号　　　　　　　　　　　　　　　　　　表2-3-1

序号	符号	名　称	符号来源
1	Y	天线	GB/T 4728.10—2008
2	传声器符号	传声器	GB/T 4728.9—2008
3	呼叫站符号	呼叫站	—
4	AM/FM	调幅调谐器	—

序号	符号	名　称	符号来源
5	CD	激光唱机	—
6	▷ A	扩音机	GB/T 5465.2—2008
7	▷ PRA	前置放大器	GB/T 5465.2—2008
8	▷ AP	功率放大器	GB/T 5465.2—2008
9	◁	扬声器	GB/T 4728.9—2008
10	◁	扬声器箱、音箱、声柱	GB/T 4728.2—2018 GB/T 4728.9—2008 —
11	⏢	客房床头控制柜	—
12	▷◁ EC	带功放的可寻址扬声器箱、音箱、声柱	—

1. 有线广播的分类

有线广播一般可分为三类:

(1) 业务性广播系统。

(2) 服务性广播系统。

(3) 火灾应急广播系统。

2. 公共广播系统的设计

业务性广播与服务性广播可合称为公共广播,如图 2-3-2 所示。

根据《民用建筑电气设计标准》GB 51348—2019 中的规定,广播系统在设计时:

(1) 公共建筑宜设广播控制室。当建筑物中的公共活动场所(如多功能厅、咖啡厅等)需单独设置扩声系统时,宜设扩声控制室,但广播控制室与扩声控制室间应设中继线联络或采取用户线路转换措施,以实现全系统联播。

(2) 有线广播的分路,应根据用户类别、播音控制、广播线路路由等因素确定,可按楼层或按功能区域划分。一个回路所接扬声器的数量不宜超过 20 个,如图 2-3-3 所示。

当需要将业务性广播系统、服务性广播系统和火灾应急广播系统合并为一套系统,或共用扬声器和馈电线路时,有线广播分路应按建筑防火分区设置,且不得跨越防火分区。

宾馆、体育场、广场类建筑,当传输距离较远,宜采用定压输出。采用定压输出的馈送线路,输出电压宜采用 70V 或 100V。

厅堂建筑的广播网络采用定阻输出时,定阻输出的馈送线路宜符合下列规定:

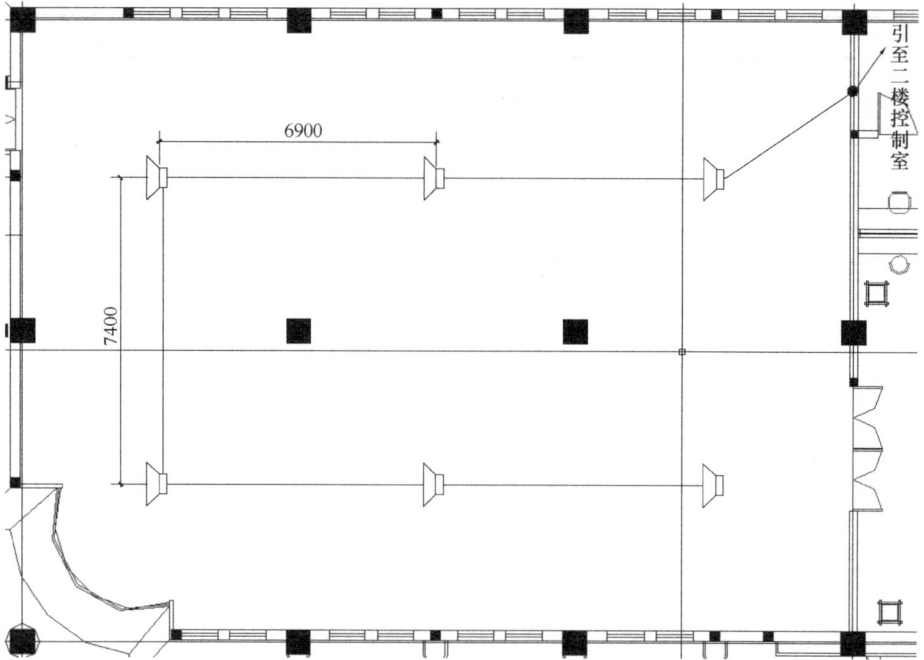

图 2-3-2　公共广播局部设计图

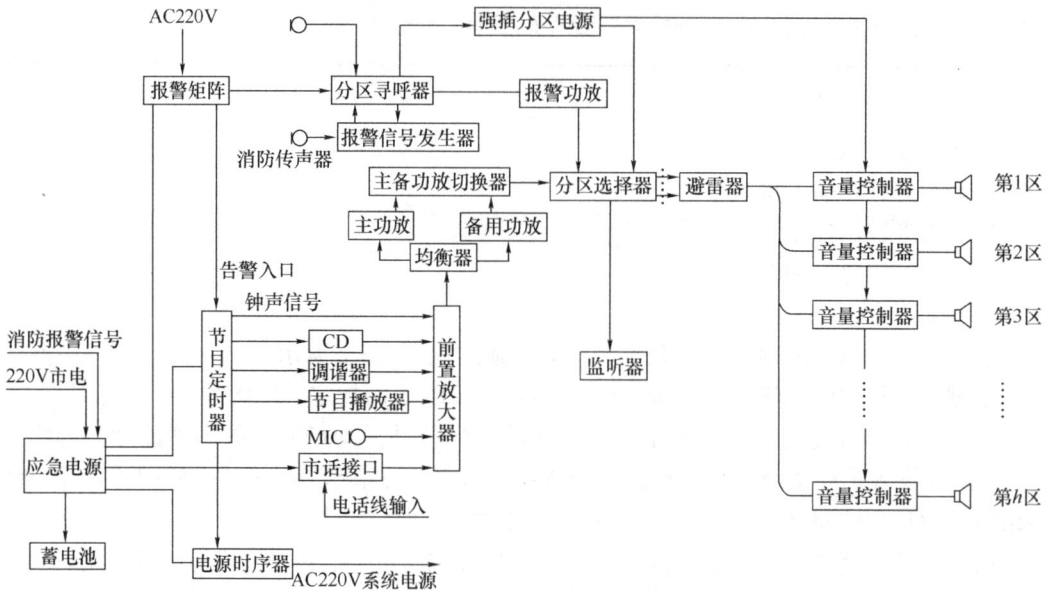

图 2-3-3　广播系统框图

1）用户负载应与功率放大设备的额定功率匹配。

2）功率放大设备的输出阻抗应与负载阻抗匹配。

3）对空闲分路或剩余功率应配接阻抗相等的假负载，假负载的功率不应小于所替代负载功率的 1.5 倍。

4）低阻抗输出的广播系统馈送线路的阻抗，应限制在功放设备额定输出阻抗的允许偏差范围内。

设有有线电视系统的场所，如宾馆客房等，采用调频传输方式时，宜符合下列规定：

1）音乐节目信号与电视信号混合必须保证一定的隔离度，用户终端输出处须用分频网络和高频衰减器，以保证获得最佳电平和避免相互干扰。

2）各节目信号频道之间有一定的间隔，一般频道之间相距约为 2MHz。

3）系统输出口可使用具有 TV、FM 双输出口的用户终端插座。

（3）功率馈送回路应采用二线制。当业务性广播系统、服务性广播系统和火灾应急广播系统合并为一套系统时，馈送回路宜采用三线制。从功放设备的输出端至线路上最远的用户扬声器箱间的线路衰耗不大于 0.5dB 时，缆线规格可按表 2-3-2 选择。

广播馈送回路缆线规格选择一览　　　　　　表 2-3-2

缆线规格		不同扬声器总功率允许的最大距离（m）			
二线制	三线制	30W	60W	120W	240W
$2 \times 0.5mm^2$	$3 \times 0.5mm^2$	400	200	100	50
$2 \times 0.75mm^2$	$3 \times 0.75mm^2$	600	300	150	75
$2 \times 1.0mm^2$	$3 \times 1.0mm^2$	800	400	200	100
$2 \times 1.5mm^2$	$3 \times 1.5mm^2$	1000	500	250	125
$2 \times 2.0mm^2$	$3 \times 2.0mm^2$	1200	600	300	150

有线广播系统中，从功放设备的输出端至线路上最远的用户扬声器箱间的线路衰耗应满足以下要求：

1）业务性广播不应大于 2dB（1000Hz 时）；

2）服务性广播不应大于 1dB（1000Hz 时）。

（4）节目信号线与电话线合用一条电缆时，节目信号的传输电平不应大于 7.8dB。当节目信号线路数较多时，宜采用专用电缆。

（5）航空港、客运码头及铁路旅客站的旅客大厅等环境噪声较高的场所设置有线广播时，应在建筑声学处理和广播系统两方面采取措施，满足语言清晰度的要求。

（6）火灾应急广播与业务性广播、服务性广播合用系统在发生火灾时，应将业务性广播系统、服务性广播系统的扩音设备强制切换至火灾应急广播状态，如图 2-3-4 所示。

1）火灾应急广播系统仅利用业务性广播系统、服务性广播系统的馈送线路和扬声器，而火灾应急广播系统的扩音设备等装置是专用的。当火灾发生时，由消防控制室切换馈送线路，使业务性广播系统、服务性广播系统按照设定的疏散广播顺序，对相应层或区域进行火灾应急广播。

2）火灾应急广播系统全部利用业务性广播系统、服务性广播系统的扩音设备、馈送线路和扬声器等装置，在消防控制室只设紧急播送装置。当火灾发生时，可遥控业务性广播系统、服务性广播系统，强制投入火灾应急广播。当广播扩音设备未安装在消防控制室内，应采用遥控播音方式，在消防控制室能用话筒播音和遥控扩音设备的开、关，自动或手动控制相应的广播分路，播送火灾应急广播，并能监视扩音设备的工作状态。

3）当客房仅设有床头柜音乐广播时，不论控制柜内扬声器在火灾时处于何种状态

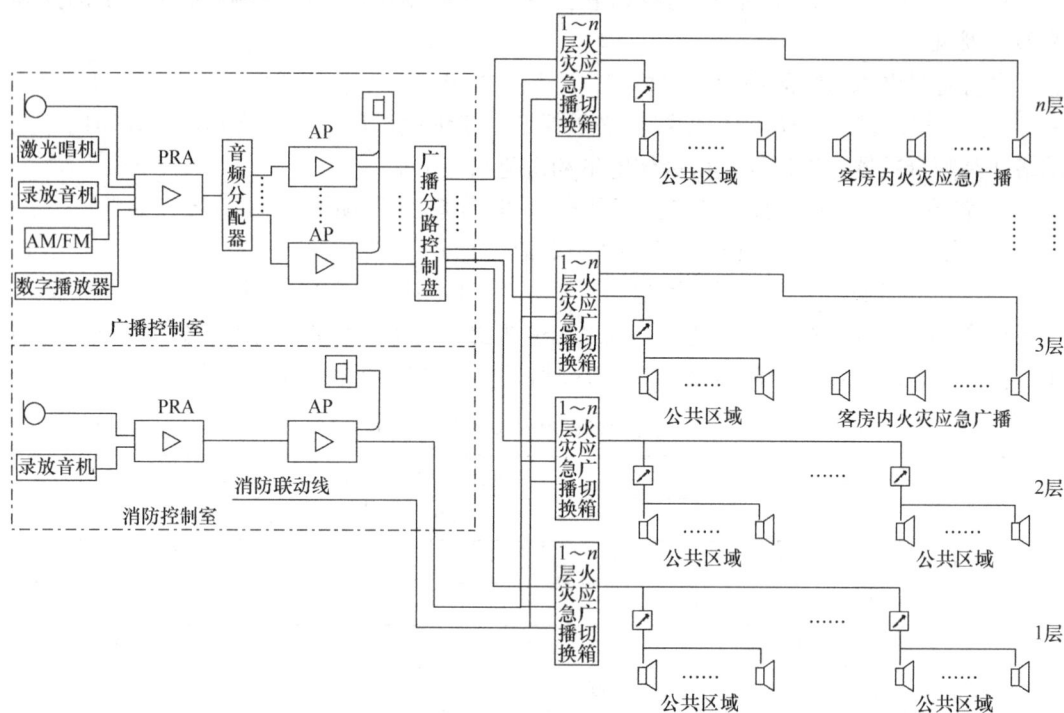

图 2-3-4　某宾馆广播系统

（开、关），都应能切换至火灾应急广播。

3. 火灾应急广播系统的设计

按照《火灾自动报警系统设计规范》GB 50116—2013 中的要求，当建筑的火灾自动报警系统采用控制中心报警系统时应设置火灾应急广播系统，当建筑物的火灾自动报警系统采用集中报警系统和控制中心报警系统时应设置消防应急广播。

火灾应急广播扬声器设置要求：

（1）民用建筑内扬声器应设置在走道和大厅等公共场所。每个扬声器的额定功率不应小于 3W，其数量应能保证从一个防火分区内的任何部位到最近一个扬声器的距离不大于25m。走道内最后一个扬声器至走道末端的距离不应大于 12.5m。

当大厅中的扬声器按正方形布置时，其间距可按下式计算：

$$S = \sqrt{2}R$$

式中　S——两个扬声器的间距，m；

　　　　R——扬声器的播放半径，m。

走道内扬声器的布置应满足三个方面的要求：一是扬声器到走道末端的距离不应大于12.5m；二是扬声器的间距应不超过 25m；三是在转弯处应设置扬声器，如图 2-3-5 所示。

（2）在环境噪声大于 60dB 的场所设置的扬声器，在其播放范围内最远点的播放声压级应高于背景噪声 15dB。

（3）客房设置专用扬声器时，其功率不宜小于 1.0W。

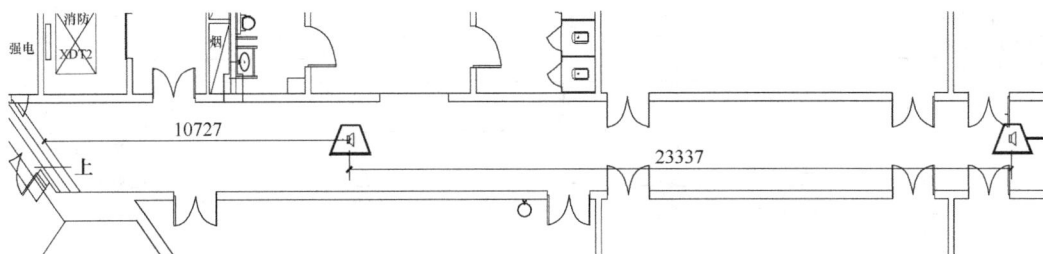

图 2-3-5 扬声器在走廊中的布置

二、广播系统的安装

1. 公共广播系统的安装

公共广播系统的安装主要包括线路敷设和扬声器的安装。

（1）施工前应注意的事项

建筑物办公室或管理室内设置的 BGM/呼唤/广播都采用一般音响，大多数可兼作紧急广播之用。工作人员不必具有音响技术专业才能。艺术馆、剧场、电影院等就很注重音响效果，最重视使用目的，所以需要具有技能的专职人员服务。不论前者还是后者，音响设备的安装施工应该注意设计的意图。对于人们长时间坐在柜台管理的工作环境，应该符合人体工程学和心理学的标准。下面以舞厅为例，施工前和施工时，应该注意下列几点。

1）充分了解设计人员的设计意图。

舞台扬声器和音响调整室里的各种机器的配置尤其应该注意，一定设法满足设计要求。

2）看得见的设施要有简洁高雅的外观，使用的设施应操作方便。

① 舞台扬声器展露在舞台上，外观必须美观。令人陶醉的音响从扬声器传出，所以舞台扬声器的性能必须讲究。

② 调整室里的音响机器要适合随手使用。经常使用的人是调音员，应该根据他的坐高、手脚长度考虑设置，符合人体工程学和心理学活动变化。

③ 装设架背面的空间应该确保便于维修。

3）播放声音的设备之间应该留出适当间隔，不但要装挂安全而且音效要有保证。

① 中高音喇叭喉管延长线不要穿入建筑物内侧。

② 舞台扬声器与舞池边沿扬声器的吊挂、维修用的踏板都需要确保安全。

③ 远距离扬声器与近距离扬声器之间，应按参数计算角度和装挂位置。

（2）线路敷设

公共广播系统的线路可采用二线制连接，也可采用三线制连接，如图 2-3-6 所示。

1）信号输入线路的敷设

从传声器、录音机、CD 机等信号源送至调音台或功率放大器的信号均为低电平信号，为了减少噪声干扰，必须采用屏蔽线，屏蔽线可选用单芯、双芯、四芯屏蔽电缆。常用的连接方式有平衡式、非平衡式（与厅堂扩声系统相同）以及四芯屏蔽电缆并角对联等。信号输入线一般较短，通常不会超过 20m，并且大都用软线。若线路较长，超过 50m，则应采用四芯屏蔽线对角并联连接传送，而且应穿钢管或铝塑复合管敷设。

N(一般广播线)
R(强制广播线)
C(公共线)

日常及火灾　仅火灾时用　　音量控制器　　　　……　　　……　　　　　　　音量控制器
时均用

三线制接线

N(一般广播线)
C(公共线)

音量控制器　　　　音量控制器　　　　……　　　……　　　　　　音量控制器

二线制接线（一）

一般广播线
公共线

……

二线制接线（二）

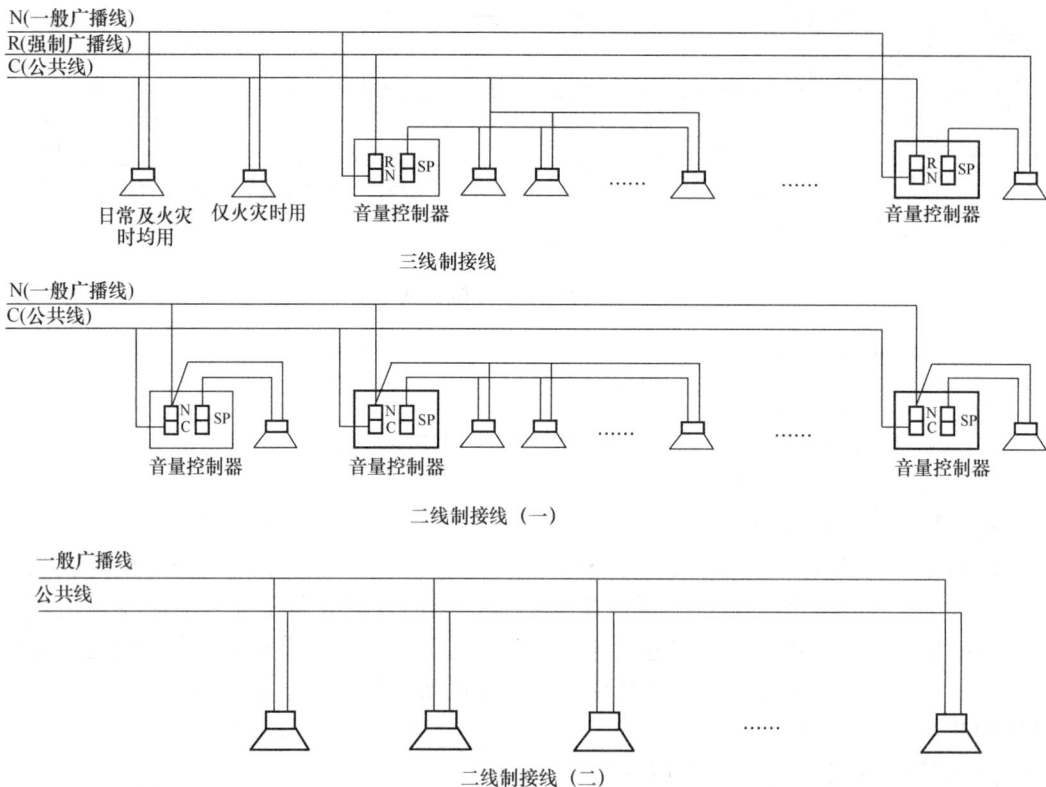

图 2-3-6　广播系统的线制

注：1. SP 为扬声器接线端子的标注符号。

　　2. 平时由 N 线传送经营性或业务性广播信号：应急广播时 R 线和 N 线短接，二者同时传送应急广播信号。

2）功率输出线路的敷设

功率输出线是指放大器输出端至扬声器之间的连接电缆线。

对于采用低电平输出的公共广播系统，输出线应采用截面积较大（2～6mm²）的多股线，一般是塑料绝缘双芯多股铜芯线，或镀金、银的"发烧线"，并且穿钢管或复合管敷设。这段线的电阻越小，扬声器的阻尼特性就越佳，音质就越好。

由于公共广播系统场地大、服务区域多、距离长，为了减少传输线路引起的损耗，系统的输出功率馈送方式一般采用高电压（定压）传输方式，因为传输电流小，故对传输线要求不高，也不一定考虑屏蔽，但从功放输出端至最远输出端扬声器负载的线路损耗要求小于 0.5dB。例如宾馆客房的服务性广播以及商场背景音乐广播等线路，一般采用多芯多股铜芯电缆或塑料护套多股铜线绞合线，并且穿 PVC 管或复合管敷设，但不能与照明线、电力线同管、同槽敷设。宾馆客房多套节目的广播线应每套节目一对馈线，而不能共用一条公共地线，以免节目信号间的相互干扰。

火灾紧急广播线应采用阻燃型或耐火型电线或电缆，并且穿金属管保护，还应暗敷在非燃烧体结构内。当只能明敷时，则应在金属管上采取防火保护措施。

3）电源供电线路的敷设

公共广播系统供电线路的敷设与厅堂扩声系统的要求相同。

① 各管路必须交叉时，应该采取垂直交叉。

② 各管路应该保持在距离电网电源线路和照明调光线路较远的地方。

③ 舞厅的舞池到音响室、客席中央包厢到舞池或音响室等，距离长的时候会有100m以上，但中途不能有连接。否则，电缆本身的电容会失去平衡导入干扰信号。

④ 使用多路电缆时接头处的编号应该和插头的编号一致，不但表示连接方向，也有利于缩短施工时间。

⑤ 保证电缆电线芯数比工作需要的线数多，以便测试和以后增设时使用。需要增设时设电线时会有90％以上的可能遇到管内电线纠缠而不易加入，必须把管内线全部抽出，一起重新穿入。

⑥ 调整室接线虽然也有种种施工限制，但是不论如何麻烦，都应按照信号流方向顺序施工。

⑦ 在同一线槽铺设电缆通过接线孔时，应该按照声音水准分别铺设，在麦克风电缆和扬声器电缆之间应该插入分隔片互相隔开。

（3）扬声器的安装

扩声扬声器大多是安装在厅堂的顶棚上或壁面上，但厅堂的顶棚和壁面通常不是平面，并且有时要求扬声器的主轴方向要偏离壁面的垂直方向。建筑内公共广播系统一般采用纸盆（或复合材料盆）扬声器，并带有助声木箱。在写字间、办公室、宾馆客房、集体宿舍等地方大都是安装在墙上，距地坪2.5m左右，安装时要考虑音响效果，应向下倾斜一个角度，安装在扬声器的几何中心轴线对着安装播音范围内最远的听者位置。扬声器在墙上明装的示意图如图2-3-7（a）所示。

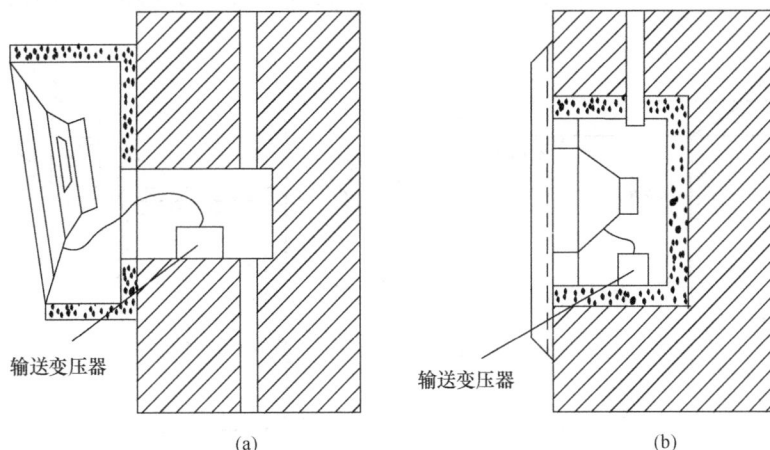

图 2-3-7　扬声器安装示意图

(a) 明装；(b) 暗装

扬声器在墙壁内暗装的方法如图2-3-7（b）所示。安装时，助声箱随扬声器一起安装在墙上预留的方孔洞中，助音箱板与预留孔的间隙应用石棉塞实。扬声器的安装应在房屋装修完毕后进行，或与装修配合同步进行。

在商场、大型餐厅、宾馆走廊、标准生产车间等地方，扬声器通常是在吊顶上或吸顶安装。在吊顶安装时，助音箱应固定在型钢龙骨上，因音箱下面板不仅要承受扬声器的重量，而且还要承受发音时的振动力,所以音箱下面板与音箱侧板进行加固连接。当承受力太大时,还须采取措施将整个箱体绑扎在钢龙骨上,扬声器在吊顶上安装示意图如图 2-3-8 所示。

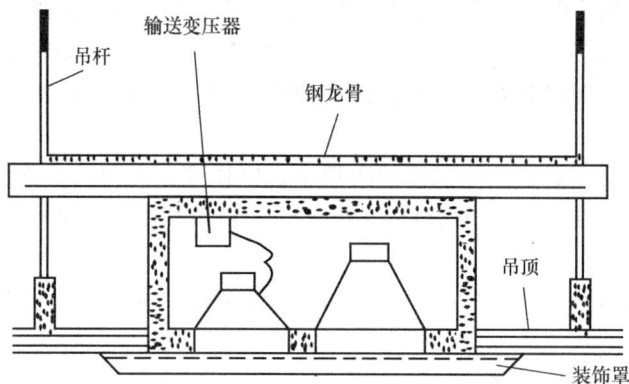

图 2-3-8 扬声器吊顶上安装示意图

某些工程中,由于顶棚和壁面通常不是平面,这时为了能很好地安装扬声器,就必须采用一些办法:

1) 舞台前部用扬声器系统的安装方法

舞台前部用扬声器系统有相当大的重量,声音输出也很大,从安全方面以及从顶棚要产生大的振动等方面来考虑,由顶棚来支持的施工方法是不行的。因此,如图 2-3-9 所示,采用由顶棚的结构架用钢筋或钢缆吊下,并与顶棚相隔绝的方法。还要用拉线螺丝等以便能对扬声器系统的方向进行调整,使它在安装后可以进行声压分布的调整以及抑制啸叫。

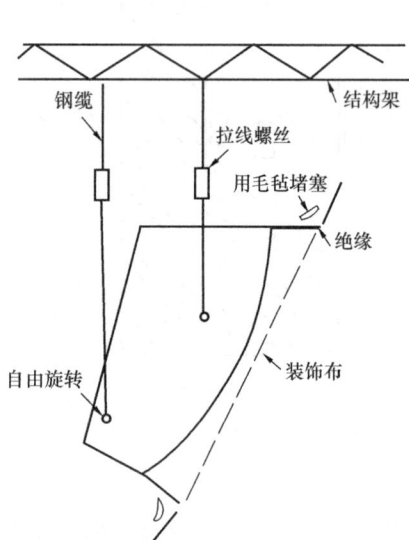

图 2-3-9 舞台前部用扬声器的安装方法

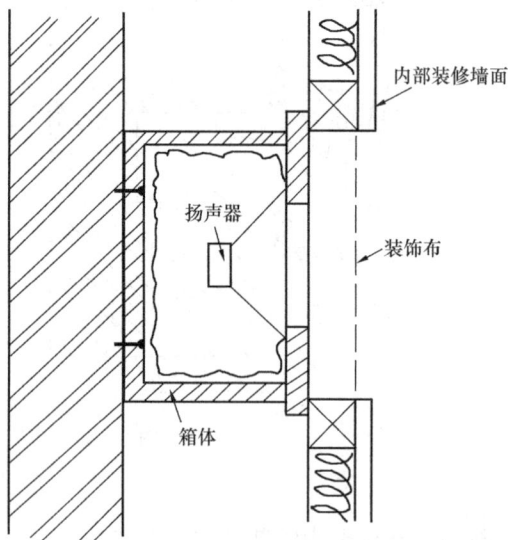

图 2-3-10 侧壁扬声器的安装方法

2) 侧壁扬声器的安装方法

通常在房间声学处理所使用的内部装修材料上安装扬声器,从强度方面来看是危险的。用图 2-3-10 所示的方法，可使扬声器系统的障板平面与内部装修表面尽可能取齐。障板平面下的尺寸为扬声器口径的 1/5 以上时，中声频段的频率特性将产生峰谷，音质将变坏。

当扬声器系统安装平面与房间内部装修表面的方向不同时，理想的安装方法如图 2-3-11（a）所示。为使扬声器系统突出壁面，按图 2-3-11（b）所示方法安装，则内壁所反射的声音将向扬声器轴线以外的方向辐射而使输出声压频率特性变坏，这种方法是不可取的。这时可以按图 2-3-11（c）所示方法安装，采取加大开口部分并在反射面粘贴吸声材料等措施，使其成为实用的安装方法。

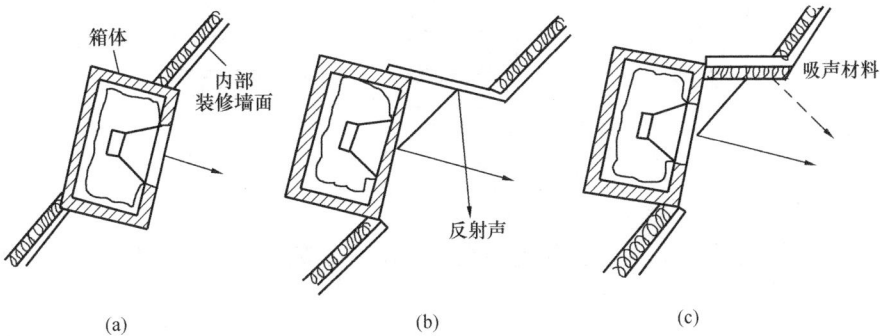

图 2-3-11 当扬声器系统安装平面与房间内部装修表面的方向不同时的安装方法

3）扬声器前面的装饰

在扬声器前面安装栅条和方格时，为了防止破坏频率特性以及防止向对准的方向以外辐射声音，如图 2-3-12（a）所示，每根栅条的粗细必须不超过扬声器口径的 1/10，开口率必须达到 75%。另外使用穿孔金属板等开孔板时，见图 2-3-12（b），开口率应在 50% 以上。

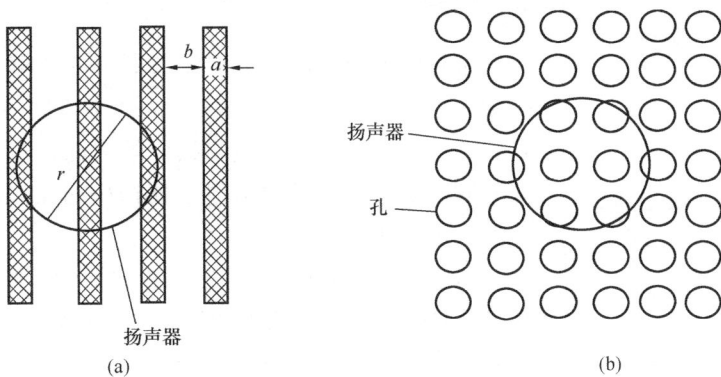

图 2-3-12 扬声器前面的装饰
（a）栅条装饰；（b）穿孔板装饰

4）改善壁上扬声器特性方法

有时扬声器系统整体要朝向希望的扩声方向，但由于建筑结构上或意图上的理由，又不能倾斜安装，这时可如图 2-3-13 所示，将各扬声器单元在障板上作倾斜安装而扬声器系统整体作垂直安装。

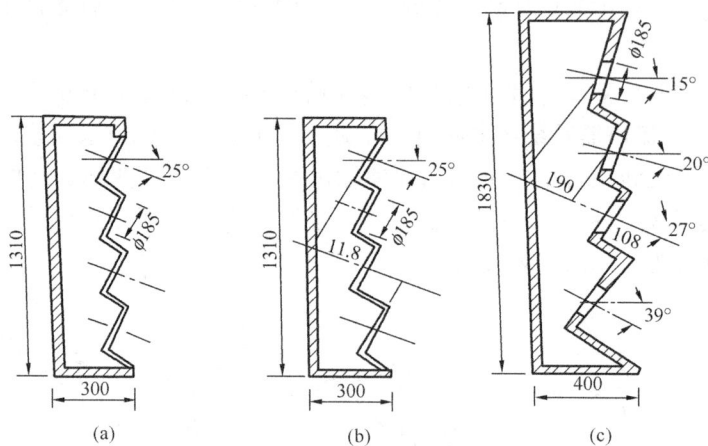

图 2-3-13　改善壁上扬声器特性方法

在某些需要对音量进行调节的场所，在扬声器下方安装有音量调节控制器，其外形如图 2-3-14（a）所示。

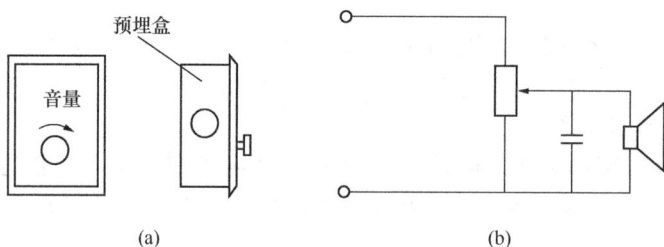

图 2-3-14　音量调节器外形及原理图

（a）音量调节器外形；（b）音量调节器原理图

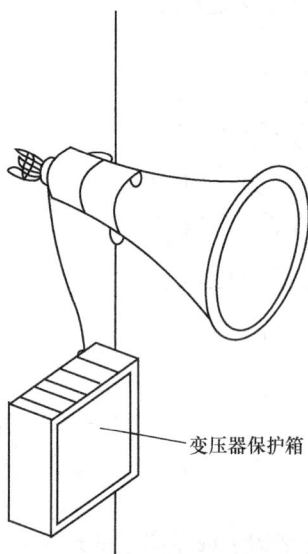

图 2-3-15　扬声器室外安装示意图

常见的动圈扬声器一般用并联分压式调节器，其原理如图 2-3-14（b）所示。图 2-3-14 中电位器一般是绕线电位器，接在线间变压器次级与扬声器之间，与电位器滑动触头并联的电容能消除调节电位器产生的噪声。安装时可参照原理图接线。

对于室外公共广播系统而言，纸盒扬声器和号筒式高音扬声器均有使用，通常安装于电杆或建筑物的外墙上。扬声器和线间变压器应采取防水措施，变压器还应涂漆或浸沥青防腐。扬声器的室外安装如图 2-3-15 所示。

（4）设备搬运

1）舞台扬声器的安装要早，及时吊上去。

2）舞台扬声器从高处吊下来安装时应该防止左右摇摆，应该用绳索绑住，使它持平。

3）舞台扬声器的固定需要等到音响调试完成后，所以持平装置要预留调整角度。

（5）组装设置

1）尽量预理配管并且穿线，只留下终端机器的接线点等到组装时再处理。

2）传统的栉形端子台接线费时，改用接头箱预先接线，然后整套套接，可以大大节省时间。

3）接头大小选用和机器同规格的，在机器出厂时检查附上。在配线时取出母方压接备用，可以缩短核对时间，并且加快组装。

4）电缆截断前应该为维修考虑，留下拉出机器所需要的长度。

5）各个接头和线头必须绑挂牌号，便于拆开后正确而且迅速地安装。

6）同轴电缆的屏蔽层应与框体焊接，完成接地。

（6）检查测定

1）施工人员应该在机器设置组装工作完成后，接着进行检查以便交给客户，设计顾问公司或电气工程师使用。

2）应该检查部分包括机器外部接线、现场固定等可能影响现场施工是否正确的项目，例如所用的材料是否正确，性能测试是否符合原设计要求等。

3）这时的测试称为承包公司检查，属于最早的质量检查，一边检查一边调整，应该注意以下几条：

① 各种器材全部处于接入状态。

② 应该采用将来实际使用时的电源（专用电源）作为电源，不能用暂设电源进行检测。

③ 必须检测音响调整平台、功率放大器架、均压器等性能且与工厂出品检查记录进行比较。

④ 发现接线错误时，一定要处理，即使理论上不会影响线路性能的地方也要改正。

⑤ 调整工作的重点，应该致力于整体性能的平衡和音响调整平台—电力放大器—扬声器的各自工作状态和整体的工作状态，并且清除干扰信号。

⑥ 调整过程中使用的机器，应该是正式运转时的机器，不能使用替代品，即使替代品是同样性能的机器也不行。

（7）其他事项和竣工说明

1）施工前应该有施工时间计划，前后衔接顺序和同时进行关系等流水施工进度表，供各施工部门相互配合。

2）完工后应该有机器连接关系、构成关系简表、完成时交给客户供日后维修检查时用。

3）交给客户之前，线路和机器的绝缘性、极性测试数据等应该备好书面资料附上。尤其是扬声器按习惯应该接在正相（厂家有端子与振动板不同的产品例子），有可能借出使用或与其他的机器混用的扬声器相位应当保持一致。对于扬声器是否有固定表现也应检测出来。

4）设备的使用年限必须说明，以便客户参考制订维修或改建计划。关于音响设备的使用年限定义有不同的两种论点。

① 材料本身物理上的损坏。

② 因为软件和硬件技术的进步，导致落后不能满足要求。

2. 消防广播系统安装与接线

消防广播系统不同品牌不同型号安装布线要求各异，这里以鼎信产品为主说明。消防广播主机的安装，作为消防应急广播系统的重要组成部分，它需要与相应的广播终端设备等配合，才能实现消防现场的应急广播功能。

（1）TS-XG2000G/TS-XG2000T 消防应急广播设备

1）产品特点

① 编码音箱回路两线制连接，电源、通信、音频共用，降低布线成本，提高接线的操作性。

② 采用广播线载波技术实现与编码音箱及监视模块通信，实现两线制连接。

③ 内置消防应急广播音源，用于紧急情况下广播。

④ 功率放大器与广播分区控制合为一体。

⑤ 采用全数字音频处理方式，实现数字音频信号存储和传输，抗噪性强。

⑥ 具有 SD 卡、USB、两路外音输入接口，支持 MP3 格式的背景音乐广播。

⑦ 采用双 MIC 芯片数字话筒，降噪性强，可存储 1h 的话筒广播记录，可通过 USB 导出。

⑧ 支持自动和手动两种工作模式，自动允许时，接受火灾报警控制器（联动型）的联动控制。

⑨ 配置信息可以通过 U 盘现场离线同步。

⑩ 支持 USB 及 WiFi 连接调试软件进行系统调试。

⑪ 与联动控制器配接时，支持广播和声光交替工作，现场广播语音和声光警报按设定分开播报，避免声音混杂。

⑫ 采用液晶图形汉字显示，操作方便灵活。

⑬ 完善的保护电路，能够防止现场设备误接 AC220V 电源引起的损坏。

⑭ 交流电源输入过压保护，最高可达 AC420V，设备不被损坏。

2）结构特征

TS-XG2000G 消防应急广播设备外形结构示意图如图 2-3-16 所示。

此消防应急广播设备（TS-XG2000T）外形结构示意图如图 2-3-17 所示。

3）安装方法

消防应急广播设备应安装在有人值班的场所，并远离电磁干扰设备。TS-XG2000G 消防应急广播设备采用柜式安装，TS-XG2000T 消防应急广播设备采用琴台式安装。

先将导轨安装在柜体中，再将功率放大器沿导轨安装进柜体，使用 4 个 M5×10 十字槽盘头螺钉（带弹、平垫）将功放面板固定在柜体上。每台 600N 功放占用 3U 面板空间，每台 300N 功放占用 2U 面板空间。

将应急广播控制器使用 4 个 M5×10 十字槽盘头螺钉（带弹、平垫）固定在柜体上。占用 3U 面板空间。

4）接线方法

应急广播控制器经 RJ45 接口的网线与四台智能功率放大器相连，RS485 接口和 PDC 接口分别根据需要接对应的联动控制器，启动 1 和启动 2 分别根据需要接对应的 24V 开

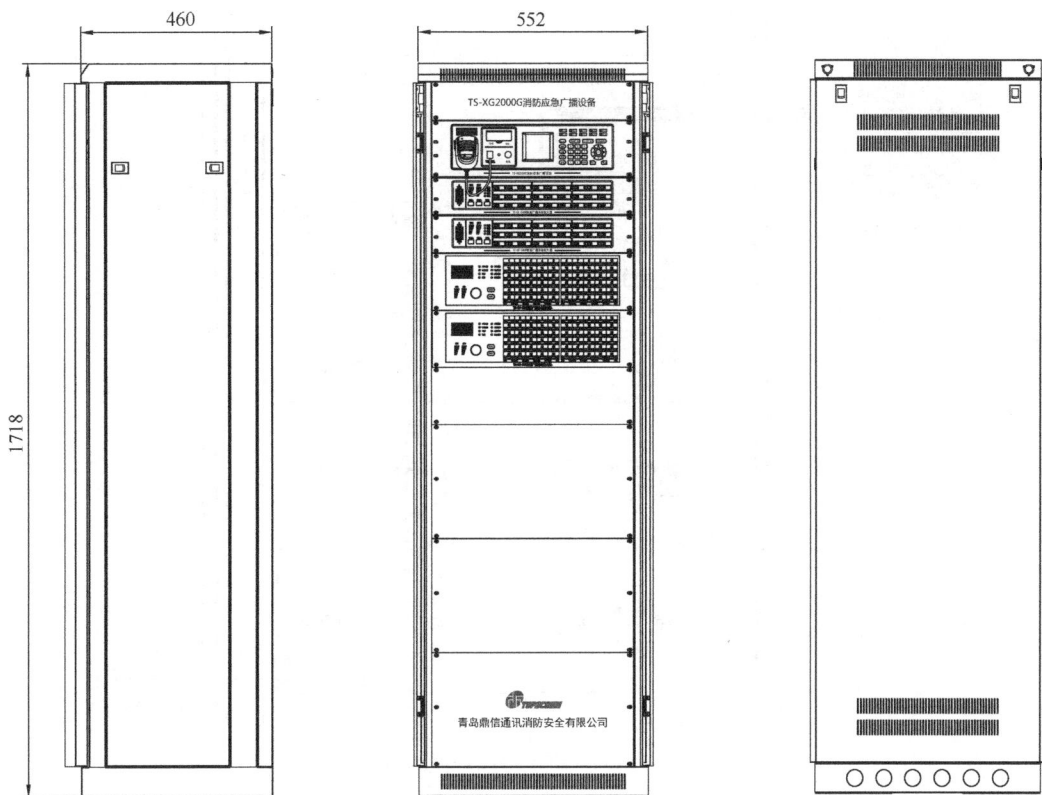

图 2-3-16 柜式应急广播设备外形结构示意图

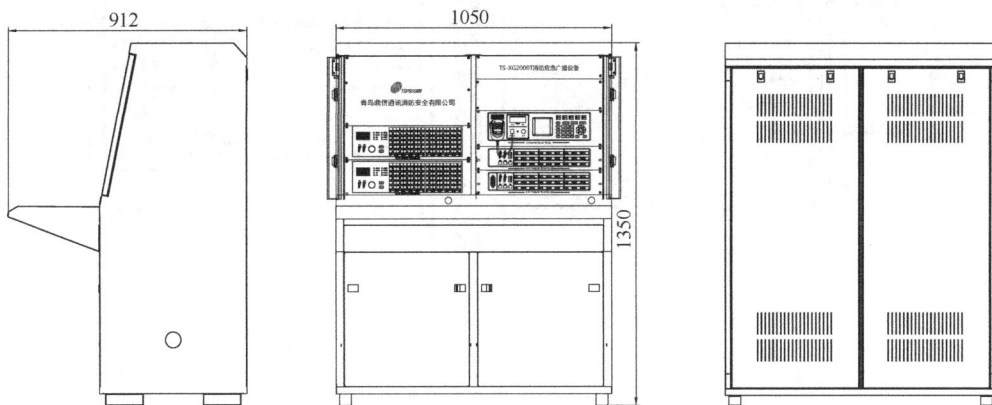

图 2-3-17 台式应急广播设备外形结构示意图

关输出量（联动控制器或输出模块）。某型号柜式消防应急广播设备及某型号台式消防应急广播设备的系统接线示意图分别如图 2-3-18 和图 2-3-19 所示。

5）布线要求

① 布线要符合《火灾自动报警系统施工及验收标准》GB 50166—2019 的要求。

② 不同电压等级、不同类别的线路，不要布在同一穿线管内或线槽中。

③ AC220V 电源线宜选用阻燃耐压 750V 以上的三芯绝缘线。

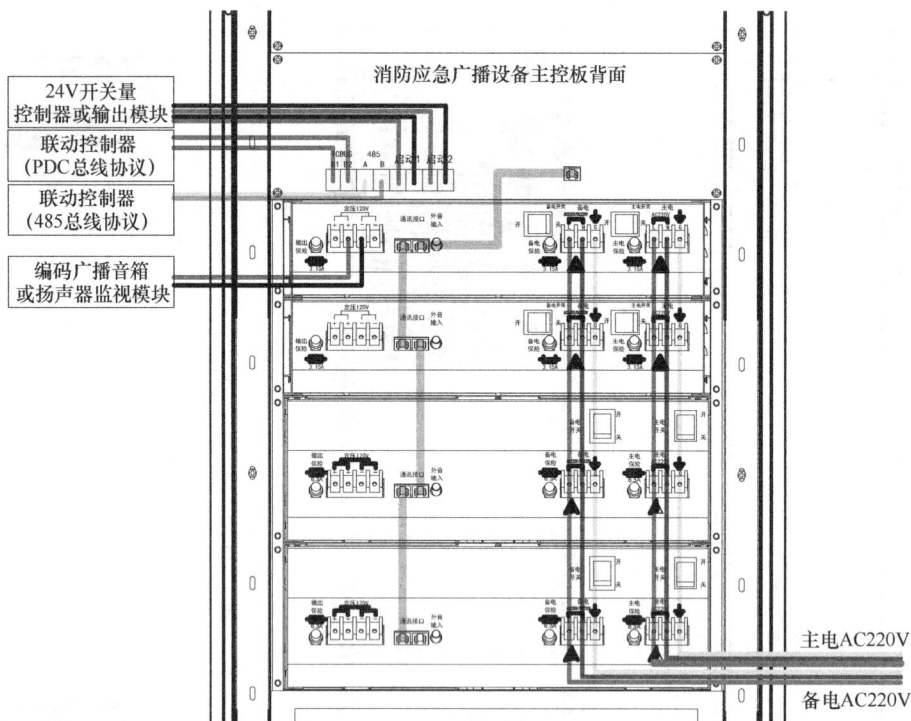

图 2-3-18　柜式系统接线示意图

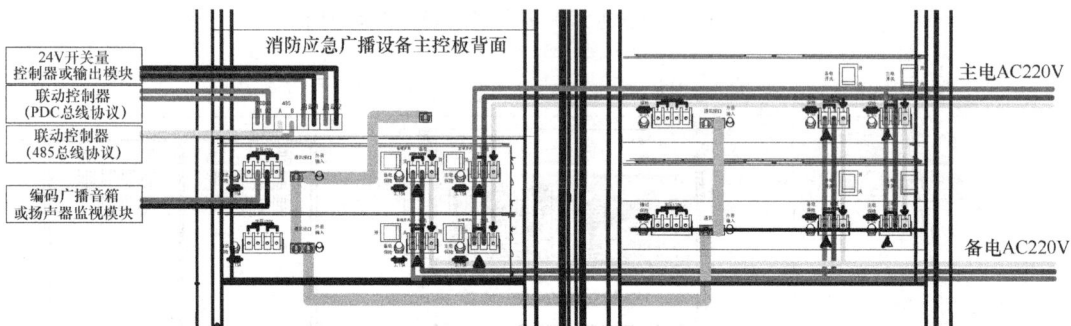

图 2-3-19　台式系统接线示意图

④ 广播线路宜选用阻燃 RVVP-2×1.0mm² 及以上线，耐压≥250V，单独穿金属管或阻燃管敷设。

⑤ 外音宜选用阻燃 RCA 线。

（2）消防广播音箱

1）设备特点

① 独有的两总线连接，广播音箱电源、通信、音频信号共用两线传输，降低布线成本，方便接线。

② 电子编码方式，可以通过 TS-BM-9502 专用电子编码器进行编码，操作简单快捷。

③ 编码广播音箱内置拓展端子，可以实现对非编码广播音箱的拓展，最多拓展 50 个

非编码广播音箱。

④ 完善的保护功能，可以实现对拓展线路短路、断路的检测，并上报控制器。

⑤ 具有吸顶、明装和壁挂三种安装方式，安装简单方便。

⑥ 宽音频响应，灵敏度高。

2）结构特点

广播音箱的外形示意图如图 2-3-20 所示。

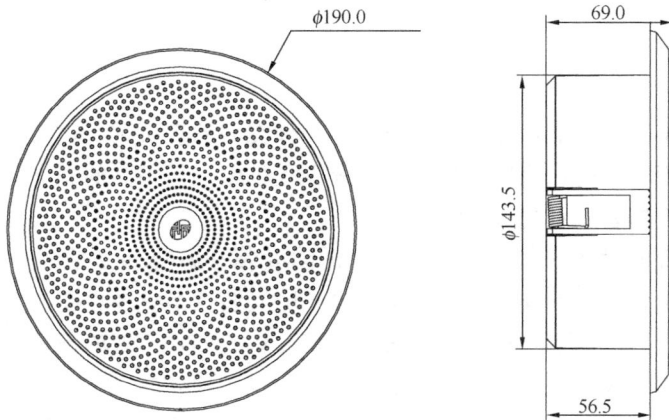

图 2-3-20 广播音箱的外形示意图

编码广播音箱上盖有"M"标识，非编码广播音箱上盖无"M"标识。

3）安装方式

吸顶式安装，安装方式如图 2-3-21 所示：

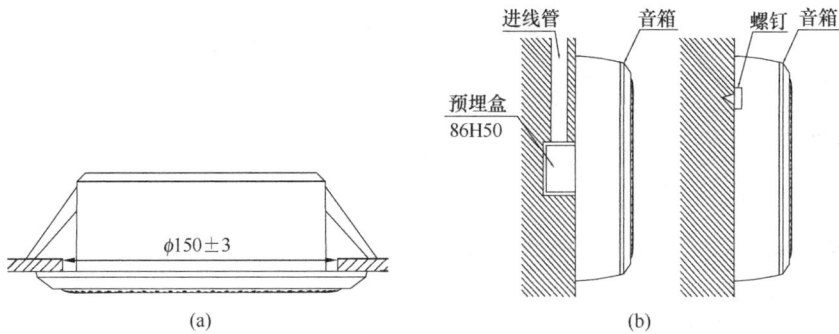

图 2-3-21 吸顶式广播音箱安装示意图

吸顶式安装，安装前需要制作安装孔，安装孔尺寸为 $\phi150\pm3$mm。安装时保证广播音箱前盖牢固，然后将音箱卡扣卡入安装孔内。具体安装示意图如图 2-3-21（a）所示。

明装式和壁挂式安装。明装式安装孔为 B 孔，安装在 86 盒上即可；壁挂式安装孔采用 A、B 任意一种即可（若现场预埋 86 盒，可使用 B 孔进行安装；若没有预埋 86 盒，可使用 A 孔进行安装）。具体安装示意图如图 2-3-21（b）所示。

4）接线方法

编码广播音箱 4P 端子 B1、B2 接口为广播总线接口，与消防应急广播设备广播总线相连接；E1、E2 接口为广播拓展接口，可配接非编码广播音箱，当不接非编码广播音箱时需并接 51kΩ 插件电阻。

非编码广播音箱 2P 端子 E1、E2 接口为广播支线连接端口，可配接在青岛鼎信消防安全有限公司生产的编码音箱拓展接口下使用。同时应在最远端的非编码广播音箱 E1、E2 接口处并接 51kΩ 插件电阻。

5）布线要求

鼎信广播音箱总线宜选用 RVVP-2×1.5mm² 或以上屏蔽线，单独穿金属管或阻燃管敷设。

3. 广播音响系统工程实例

广播音响系统在工程上，并不单纯只存在一种类型的扩声系统，而是几种不同类型的扩声系统互相交织在一起，所以广播音响系统工程难度还是很高的。下面我们举一个工程实例，剖析一下广播音响系统在工程中的应用。

广播音响系统的设备安装一部分是扬声器的安装；另一部分是调音、扩音设备的安装。对于调音、扩音设备的安装来说，这些设备的安装仅是整体设备在扩音室内独立的安装。安装时不涉及其他因素，安装的方法也比较简单。如：声音的处理设备通常装设在一个机柜内，将机柜安装完毕安装就结束了。调音台也是独立的设备安装也就如此。但是扬声器的安装就比较复杂了，因为它的安装要与建筑结构密切配合，要满足建筑声学的要求和声音环境的设计要求。本单元要将扬声器的安装视为重点。管线的安装和敷设请参照前几个单元进行即可。通常在广播音响系统安装前要对设计文件进行和对，设计文件一般包括如下几个内容：①设计说明书；②系统方框图；③管线布置图；④设备布置图；⑤设备表和设计预算。

2.4　大屏幕显示系统认知与安装

2.4.1　概述

目前，电子显示无论在形式、性能还是在发展速度上，都今非昔比，各类电子显示器在各显优势的同时，也处于空前激烈的竞争之中。

2.4.1.1　显示技术

目前平板显示技术分为主动发光显示器和被动发光显示器。前者指显示媒质本身发光而提供可见辐射的显示器件，包括等离子显示器、真空荧光显示器、场发射显示器、电子发光显示器、发光二极管显示器（Light Emitting Diode，LED）和有机发光二极管显示器（Organic Light-Emitting，Diode，OLED）等。后者指本身不发光，而是利用显示媒质被电信号调制后，其光学特性发生变化，对环境光和外加电源发出的光进行调制，在显示屏或银幕上进行显示的器件，包括液晶显示器、电化学显示器、电泳成像显示器、悬浮颗粒显示器、旋转球显示器、微机电系统显示器和电子油墨显示器等。

目前比较成熟且应用广泛的显示技术有液晶显示器 LCD（Liquid Crystal Display）和 LED 显示器。下面将此两种显示原理及特点做一个简单介绍和比较。

一、液晶显示器（LCD）

　　LCD是通过涂布有透明电极的两块基板间所夹液晶厚度 $1\sim10\mu m$ 的液晶盒内分子排列去施加电压后产生双折射率、旋光性、二色性、光散射性等光学性质的变化，而产生显示作用的非主动发光型显示器。目前主要应用在笔记本电脑、监视器、可移动设备、手机、电视机、投影机等产品开发市场，如图2-4-1所示。

图 2-4-1　液晶显示器（LCD）

二、发光二极管显示器（LED）

　　发光二极管显示器为半导体型电子显示器，它通过 PN 结光电变换进行显示，这种复合发出的颜色取决于半导体晶体的带隙。其典型颜色代表为红色、绿色、黄色、蓝色。

　　发光二极管（LED）显示屏作为现代信息显示的重要媒体，在金融证券、体育、机场、交通、商业广告宣传、邮电通信、指挥调度、军事等许多领域得到了广泛应用。随着LED的发展，LED显示屏也经历了单色显示屏，如图2-4-2所示，到全彩色 LED 显示屏（见图2-4-3）普及的过渡，用户可根据应用需求选取不同价位、功能的显示屏。

图 2-4-2　单色 LED 显示屏

2.4.1.2　各种显示技术的特点和优劣

　　各种显示技术应从工作电压和消耗电流、显示对比度、响应时间、辉度和亮度、显示色、存储功能以及工作寿命等方面比较。

　　LCD非常轻薄、低电压、低电耗，功率仅数十毫瓦，但响应时间长（人的视觉可分

图 2-4-3　全彩 LED 显示屏

辨的响应时间约为 50ms，不然有拖尾、重影现象产生）、对比度低、亮度低。因为 LED 是高辉度，所以在户外日光下显示仍绚丽夺目。从图像分辨率比较，LED 相对较差。

2.4.2　LED 简介

1923 年，科学家在研究半导体 SIC 时有杂质的 P-N 结中有光发射，研究出了发光二极管（LED：Light Emitting Diode）。随着电子工业的快速发展，在 20 世纪 60 年代，显示技术得到迅速发展，人们研究出激光显示等离子显示板（PDP）、液晶显示器（LCD）、发光二极管（LED）（图 2-4-4）、电致变色显示、电泳显示等多种技术。显示器的工作原理是接收主机发出的信号还原成光的形式显示出来，随着发展人们需要一种大屏幕的设备，于是有了投影仪，但是其亮度无法在自然光下使用，于是出现了 LED 显示器屏。它具有视角大、亮度高、色彩艳丽的特点。

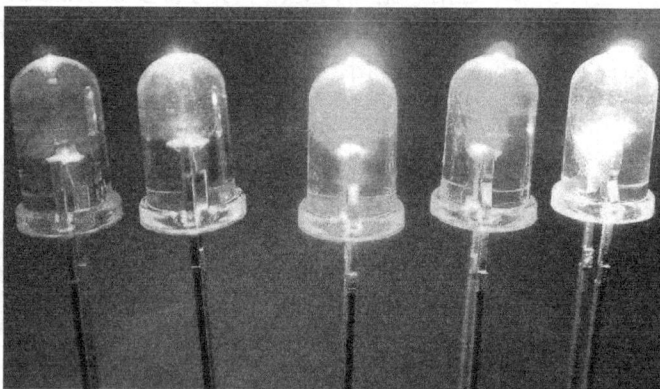

图 2-4-4　发光二极管

2.4.2.1　LED 显示屏特点

LED 的发光颜色和发光效率与制作 LED 的材料和工艺有关，目前广泛使用的有红、绿、蓝三种。由于 LED 工作电压低（仅 1.5～3V），能主动发光且有一定亮度，亮度又能用电压（或电流）调节，本身又耐冲击、抗振动、寿命长（10 万 h），所以在大型的显示

设备中，目前尚无其他的显示方式与 LED
显示方式匹敌。把红色和绿色的 LED 放
在一起作为一个像素制作的显示屏叫双基
色屏或伪彩色屏；把红、绿、蓝三种
LED 管放在一起作为一个像素的显示屏
叫三基色屏或全彩屏。制作室内 LED 屏
的像素尺寸一般是2～10mm，常常采用把
几种能产生不同基色的 LED 管芯封装成
一体，如图 2-4-5，室外 LED 屏的像素尺
寸多为 12～26mm，每个像素由若干个各
种单色 LED 组成，常见的成品称像素筒
或像素模块。LED 显示屏如果想要显示
图像，则需要构成像素的每个 LED 的发

图 2-4-5　三基色屏

光亮度都必须能调节，其调节的精细程度就是显示屏的灰度等级。灰度等级越高，显示的
图像就越细腻，色彩也越丰富，相应的显示控制系统也越复杂。在当前的技术水平下，
256 级灰度的图像，颜色过渡已十分柔和，图像还原效果比较令人满意。

2.4.2.2　LED 显示屏的分类

一、按使用环境分为室内 、室外和半室外

室内屏面积一般在十几平方米以下 ，点密度较高，在非阳光直射或灯光照明环境使
用，观看距离在几米以外，屏体不具备密封防水能力。室外屏面积一般从几平方米到几十
甚至上百平方米，点密度较稀（多为 1000～4000 点/m²），发光亮度在 3000～6000cd/m²
（朝向不同，亮度要求不同 ），可在阳光直射条件下使用，观看距离在几十米以外，屏体
具有良好的防风抗雨及防雷能力。半室外屏介于室外及室内两者之间，具有较高的发光亮
度，可在非阳光直射室外下使用，屏体有一定的密封，一般在屋檐下或橱窗内。

图 2-4-6　双基色屏

二、按颜色分为单色、双基色和三基色

单色是指显示屏只有一种颜色的发光材料，多为单红色，在某些
特殊场合也可用黄绿色。

双基色屏一般由红色和黄绿色发光材料构成，如图 2-4-6 所示。

三基色屏分为全彩色和真彩色，全彩色（full color）由红色，黄绿
色，蓝色构成；真彩色（nature color）由红色，纯绿色，蓝色构成。

三、按控制或使用方式分同步和异步通信

同步方式是指 LED 显示屏的工作方式基本等同于电脑的监视器，它以至少 30 场/s
的更新速率点对应地实时映射电脑监视器上的图像，通常具有多级灰度的颜色显示能力，
可达到多媒体的宣传广告效果。

异步通信方式是指 LED 屏具有存储及自动播放的能力，在 PC 机上编辑好的文字及
无灰度图片通过串口或其他网络接口传入 LED 屏，然后由 LED 屏脱机自动播放，一般没
有多灰度显示能力，主要用于显示文字信息，可以多屏联网。

四、按像素密度或像素直径划分

由于室内屏采用的 LED 点阵模块规格比较统一，如表 2-4-1 所示，所以通常按照模

块的像素直径划分主要有：

　　ϕ3.0mm 62500 像素/m^2；

　　ϕ3.75mm 44000 像素/m^2；

　　ϕ5.0mm 17200 像素/m^2。

　　室外屏的像素直径及像素间距目前没有十分统一的标准，按每平方米像素数量大约有 1024 点、1600 点、2048 点、2500 点、4096 点等多种规格。

LED 显示屏分类
表 2-4-1

分类条件	使用环境		显示颜色			显示性质				图像灰度级				
类别	室内屏	室外屏	单基色显示屏（含伪彩屏）	双基色显示屏	全彩色显示屏（三基色）	图文显示屏	计算机视频显示屏	电视视频显示屏	行情显示屏	16	32	64	128	256

　　注：1. 伪彩色显示屏指 LED 显示屏的不同区域安装不同颜色的单基色 LED 器件构成的 LED 显示屏。

　　　　2. 行情显示屏一般包括证券、利率、期货等用途的 LED 显示屏。

　　　　3. 图像显示有灰度级别，显示字码、图形、表格曲线对灰度没有要求。

2.4.2.3　LED 显示屏应用

　　目前，LED 显示屏的应用涉及社会的许多领域。

　　1. 证券交易、金融信息显示。这一领域的 LED 显示屏占到了国内 LED 显示屏需求量的 50% 以上，目前仍有较大的需求。

　　2. 机场航班动态信息显示。民航机场建设对信息显示的要求非常明确，LED 显示屏是航班信息显示系统 FIDS（Flight information Display system）的首选产品。

　　3. 港口、车站旅客引导信息显示。以 LED 显示为主体的信息系统和广播系统、列车到发显示系统、票务信息系统等共同构成客运枢纽的自动化系统，成为国内火车站和港口技术发展和改造的重要内容。

　　4. 体育场馆信息显示。LED 显示屏作为比赛信息显示和比赛实况播放的主要手段已取代了传统的灯光及 CRT 显示屏，在现代化体育场馆成为必备的比赛设施。

　　5. 道路交通信息显示。智能交通系统（ITS）的兴起，在城市交通、高速公路等领域，LED 显示屏作为可变情报板、限速标志等，得到普遍采用。

　　6. 调度指挥中心信息显示。电力调度、车辆动态跟踪、车辆调度管理等，也在逐步采用高密度的 LED 显示屏。

　　7. 邮政、电信、商场购物中心等服务领域的业务宣传及信息显示。

　　8. 广告媒体新产品。除单一大型户内、户外显示屏作为广告媒体外，集群 LED 显示屏广告系统、列车 LED 显示屏广告发布系统等也已得到采用并正在推广。

　　9. 演出和集会。大型显示屏越来越普遍地用于公共和政治目的的视频直播，如在我国中华人民共和国成立 50 周年大庆、世界各地的新千年庆典等重大节日中，大型显示屏在播放实况和广告信息发布方面发挥了卓越的作用。

　　10. 展览会，LED 显示大屏幕作为展览组织者提供的重要服务内容之一，向参展商提供有偿服务，国外还有一些较大的 LED 大屏幕的专业性租赁公司，也有一些规模较大的制造商提供租赁服务。

2.4.3 LED 大屏幕的基本构成和工作过程

一、LED 大屏幕的基本构成

通常 LED 大屏幕显示系统主要由计算机部分、传输部分、LED 显示屏部分和供电部分组成。计算机部分包括：PC 机、软件和通信卡（DVI 显示卡和同步控制卡）。传输部分包括：五类双绞线或光纤等。显示屏包括显示控制板、显示驱动板（扫描板）、显示板和开关电源，如图 2-4-7 所示。

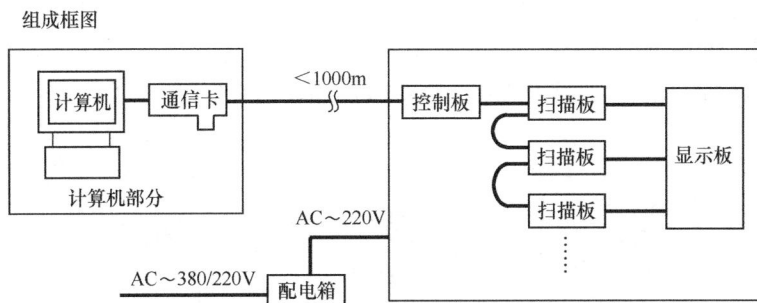

图 2-4-7 LED 显示系统结构组成框图

LED 显示屏可以多屏联网，一台计算机控制多台 LED 显示屏，如图 2-4-8 所示。

图 2-4-8 LED 显示系统联网工作示意图

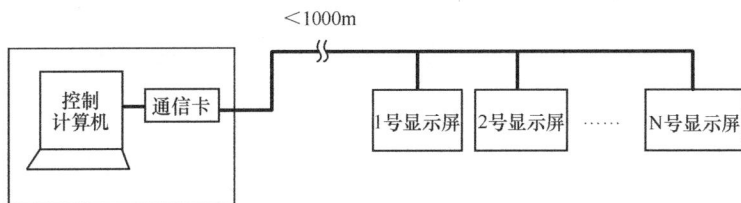

二、工作过程

图像、图片、文字经过计算机编辑处理传送到通信卡，通信卡将信息编码、组帧并经过通信电缆传送至显示屏，显示屏的控制板接收到信号经过解码处理，将解码信号传给扫描板，由扫描板驱动显示模块，如图 2-4-9 所示。

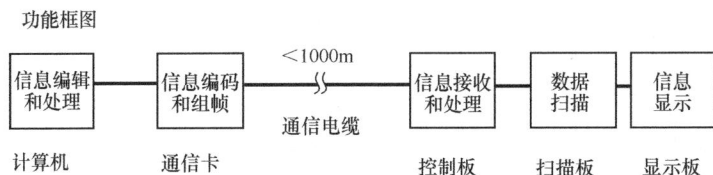

图 2-4-9 LED 显示系统功能框图

三、线缆连接

1. 电源线连接

单色、三色显示屏电源为串接方式。连线应最短连接以减少线路损耗具体连接形式如下：

ϕ5 单色：每三块显示板共用一个 5V20A 电源，不足三块也需要一个电源。

ϕ5 双色：每两块显示板共用一个 5V20A 电源，不足两块也需要一个电源。

ϕ3 单色：每四块显示板共用一个 5V20A 电源，不足四块也需要一个电源。

ϕ3 双色：每两块显示板共用一个 5V20A 电源，不足两块也需要一个电源。

一般情况下，控制板与扫描板共用一个 5V20A 电源，当扫描板超过两块时，超过部分单独使用电源。

2. 信号、通信线连接

单色系统：每一个扫描板可以控制 960 点（长）×64 点（高）显示。

三色系统：每一个扫描板可以控制 960 点（长）×32 点（高）显示，如图 2-4-10 所示。

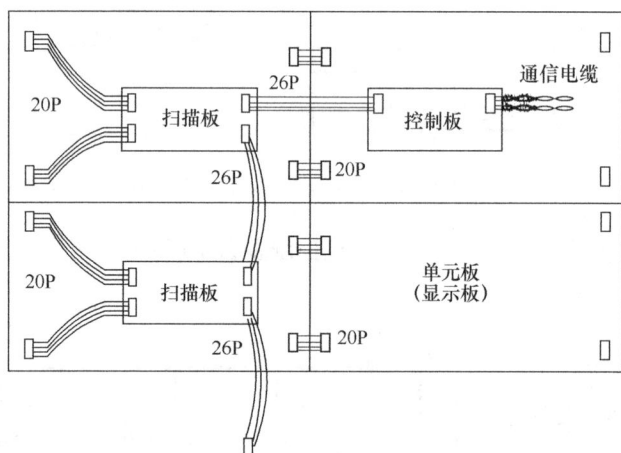

图 2-4-10　通信线、信号线连接方式示意图

通信线为 AT&T 带屏蔽的高速四芯电缆，电缆两端为 DB9 通信头或 RJ-45 通信头，通信电缆两端配接 100Ω 左右匹配电阻，如图 2-4-11 所示。

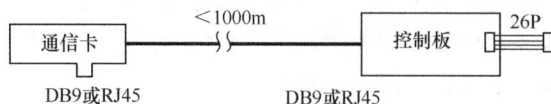

图 2-4-11　通信线连接示意图

四、视频显示系统功能：

1. 直接播放电视节目、录像、影碟及其他视频信号。

2. 电脑图文的多种形式显示。

3. 播出节目的预编排及各种显示方式的自动切换。

4. 电脑三维动画显示。

5. 视频信号的动态压缩实时回放。

6. 视觉效果的自动修正和亮度的自动调整。

系统组成结构如图 2-4-12，系统功能如图 2-4-13 所示。

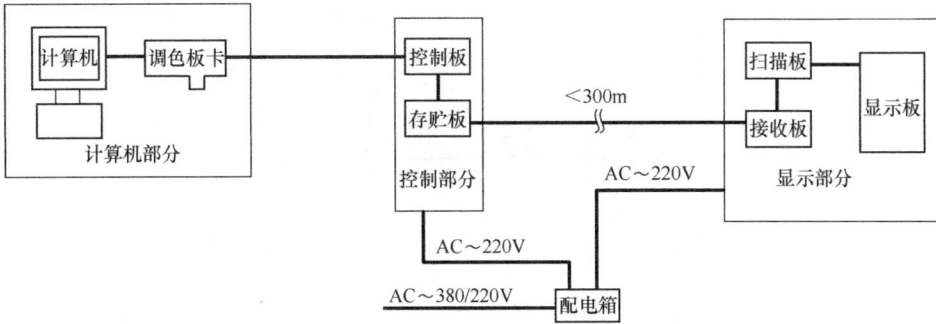

图 2-4-12　计算机视频显示系统结构组成框图

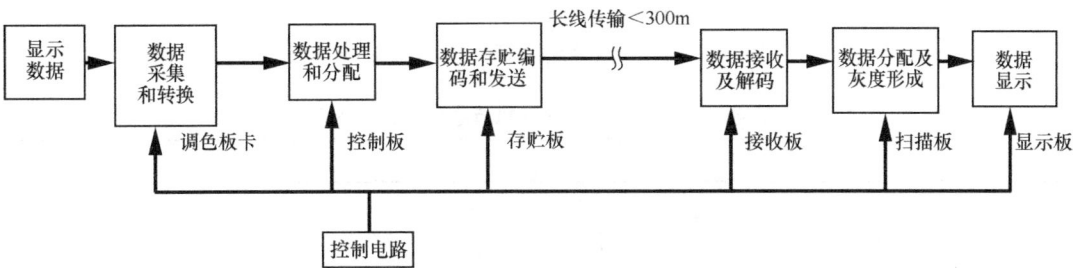

图 2-4-13　计算机视频显示系统功能框图

五、户外 LED 群显系统

1. 系统组成及显示功能

该系统是由一个集中控制发射中心和分布于城镇繁华地段，交通要道等处的多种型号、规格的 LED 显示屏组成，其主要功能可播放国内外新闻、政策信息、天气预报、寻人启事、股市行情、影视动态、体坛新闻、公益宣传等各种社会信息和商业广告，并能迅速覆盖整个城市空间，形成一个多形式、多功能的显示网络。

2. 系统组成框图（图 2-4-14）

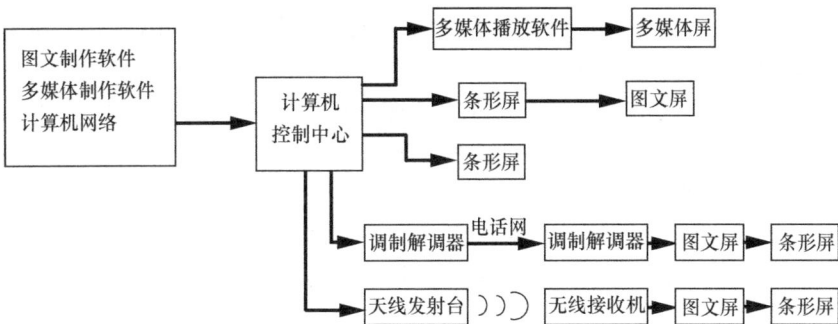

图 2-4-14　户外 LED 群显系统组成框图

六、证券、行情 LED 显示系统

证券、行情 LED 显示系统的结构如图 2-4-15 所示，技术指标如表 2-4-2 所示。

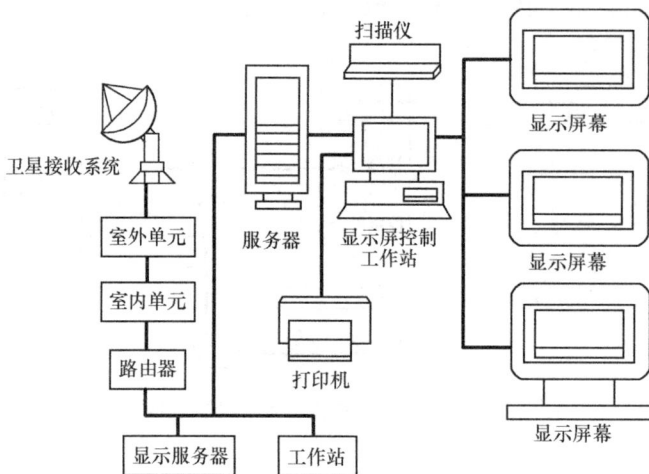

图 2-4-15 证券、行情 LED 显示系统结构图

证券、行情显示系统功能机技术指标设计内容   表 2-4-2

显示功能	技术指标
（1）单色、三色 LED 点阵显示股票名称和其他汉字信息；	（1）点阵规格：ϕ3mm、ϕ5mm；
（2）单色、三色数码管显示证券行情和其他数字信息；	（2）数码管规格：1.7″、1.8″、2.3″；
（3）微机控制，一机多屏；	（3）LED 点阵显示、单元 4 个汉字；
（4）整屏换页显示或上滚显示；	（4）数码管显示：5 位、6 位、7 位、8 位数字；
（5）热股固定显示；	（5）传输速率：57.6K Kbps；
（6）以颜色变化区分上涨和下跌；	（6）功耗：400W/m^2；
（7）坏行锁定不显示数据；	（7）最大显示范围：90 位×31 行；
（8）专用 RS-422 接口	（8）通信距离：不小于 1000m

2.4.4 显示屏安装及线缆敷设

一、安装方式

目前 LED 显示屏安装中最常用的八种安装方式，对于室内显示屏一般采用（a）、（b）、（c）、（d）四种安装方式，户外显示屏八种方式均可采用，如图 2-4-16 所示。

1. 室内显示屏安装

安装基座一般用钢筋混凝土建成，外附装饰材料。悬挂式安装一般显示屏面积较小，且重量不大于 100kg。各式安装支架均要考虑美观和装饰处理。

2. 室外显示屏安装

同样室外安装基座一般用钢筋混凝土建成，外附装饰材料。显示屏的框架，立柱，支撑等根据屏体大小及气候条件，由结构专业设计决定。

二、线缆敷设

由机房到每块屏应敷设两根金属管暗敷设在楼板内或吊顶内或墙内。其中一根穿电源线，管径按容量预留；另一根管穿信号线，管径也按容量预留。电源线应采用 RVV 软护套电源线；信号线应根据实际情况采用超五类双绞线、六类双绞线或光纤等。机房内应设工作接地端子，接地引出线应采用绝缘铜线，并将其引至室外接地极。

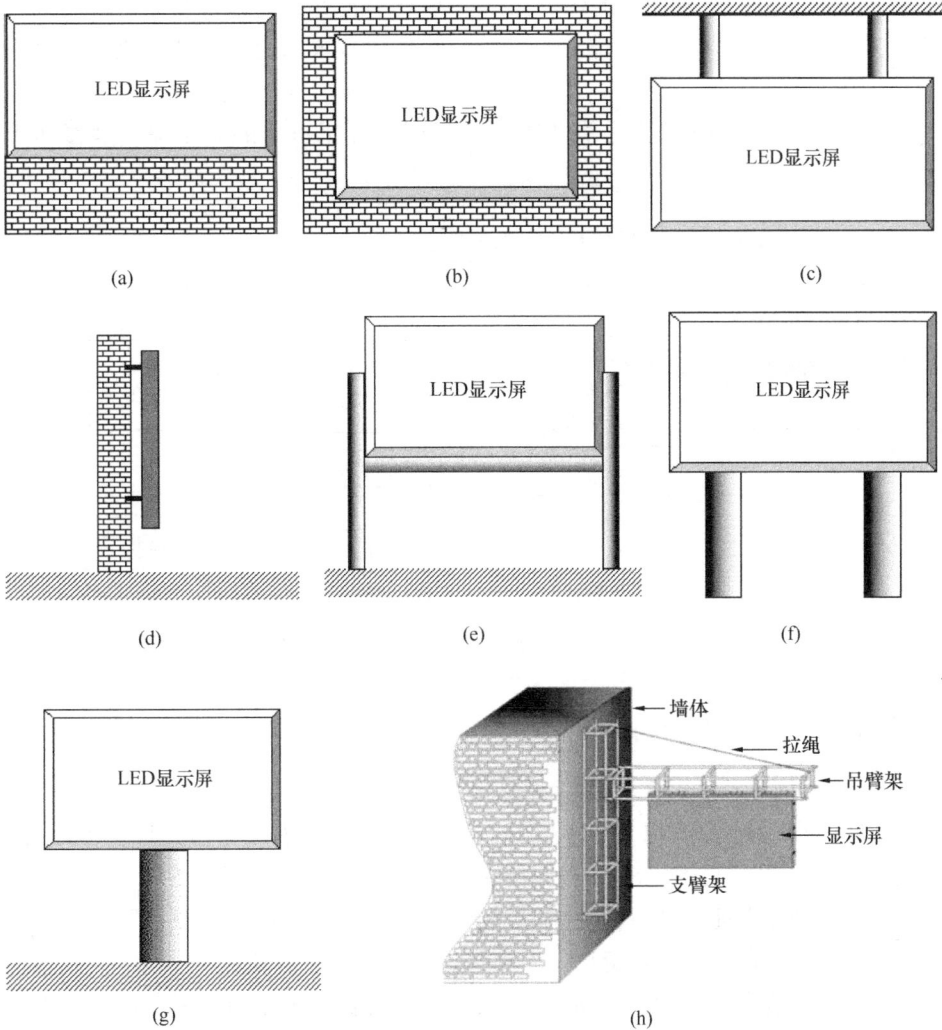

图 2-4-16　几种 LED 显示屏的安装方法

（a）落地基座安装；（b）镶墙式安装；（c）悬挂式安装；（d）贴墙式安装；（e）支架式安装；

（f）双立柱式安装；（g）单双立柱式安装；（h）悬臂式安装方式

2.4.5　控制室内设备布置以及控制室的位置的设置

1. 体育馆（场）类的控制室宜设在显示装置下面或附近，控制室于显示屏的供电室都在一个平面，体育馆的控制室应位于裁判席附近并能观察到显示屏的显示内容，显示屏的供电设备在显示屏室内。体育馆（场）类的控制室离显示屏距离最好在 200m 内，最远不宜超过 400m。

2. 车站、港口类：控制室宜与运营调度室相邻或附近。

3. 金融交易场所：控制室宜与营业室、办公室相邻或附近，也可与电脑室共用房间。

4. 大型体育馆（场）的公共显示装置。应使其加入体育信息计算机网络体系，如暂不具备联网条件，应预留接口。

5. 接待国际、国内重要比赛的体育馆（场）显示装置的计算机存储、控制系统必须采用 UPS 不间断电源供电。一般体育馆（场）的显示装置的控制室计算机和控制系统应配备稳压电源。

6. LED 显示系统控制室环境条件要求应按照计算机机房的基本要求装修布置，如图 2-4-17 所示。

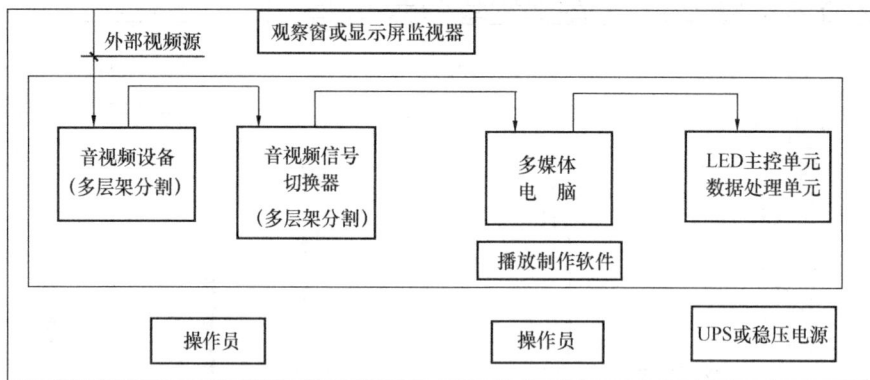

图 2-4-17 LED 显示系统控制室平面布置图

2.4.6 产品案例

一、产品说明

本产品使用自主封装 SMD 2727 灯珠，灯珠内封装红色、绿色、蓝色芯片各一个。2727 灯珠通过表面贴装技术（SMT）焊接在 PCB 板上，产品外观如图 2-4-18 所示。

本产品使用动态节能驱动 IC 芯片和集成的行驱动芯片通过计算机控制；显示视角宽阔，色彩纯正一致协调，亮度稳定均匀，文字、图像、视频清晰。

灯珠、芯片贴装在 PCB 板上，形成单元板，再安装在底壳和面罩上，形成模组。具有防阳光直射、防尘、防水、耐高温等特点，其外形精致美观，坚固耐用。

底壳有用于安装模组的 M4 螺纹孔。可将磁吸磁柱安装在模组上，再装成整屏；或使用螺钉将模组固定在箱体上，再将箱体拼接成整屏。

二、技术参数

技术参数	规格参数
像素间距（mm）	5
像素密度（dot/m²）	40000
像素构成	1R1G1B
LED 封装方式	SMD2727
模组分辨率	64×32
模组规格（mm）	长 320×宽 160 厚 18
模组重量（g）	468±5
推荐最小观看距离	≥5m
模组最大电流（A）	8.1

(a)

(b)

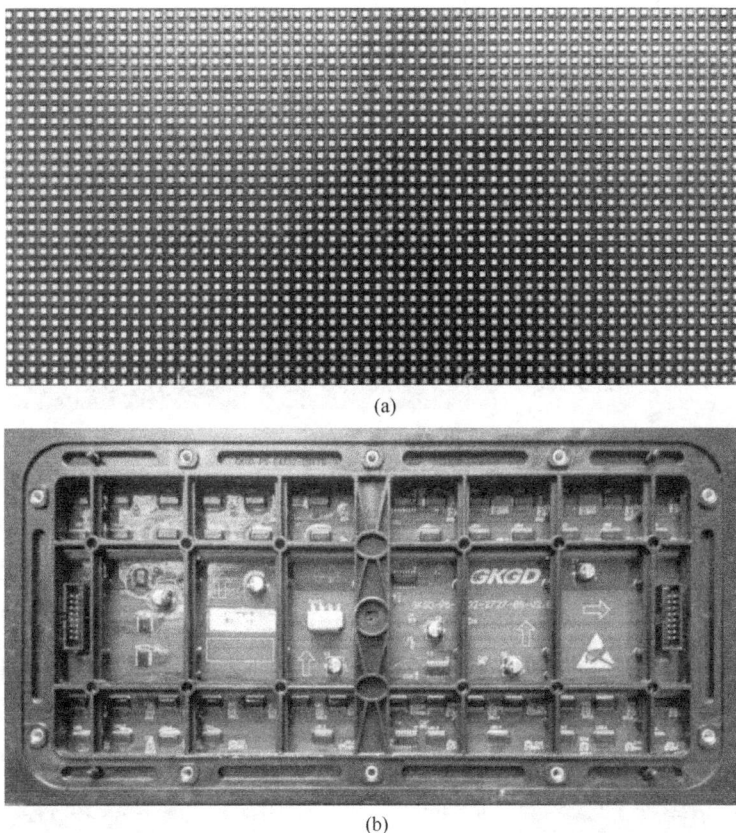

图 2-4-18 LED 显示屏实物图

(a) 正面图片；(b) 背面图片

模组最大功耗（W）	34
视角	$H \geqslant 120° \ V \geqslant 120°$
整屏最大功率（W/m²）	664
整屏平均功率（W/m²）	332
屏幕亮度（cd/m²）	$\geqslant 5500$
扫描驱动方式	1/8 扫描，恒流驱动
工作电压（V）	4.2/5
使用寿命（h）	$\geqslant 100000$
套件材质	PC＋纤

三、模组信号线连接方式

信号排线安装分为横向级联与对开连接两种方式。横向级联是横向模组之间使用排线连接，最右侧模组（正对模组）用长排线与接收卡连接，如图 2-4-19 所示。

对开连接是充分使用接收卡的方式，如图 2-4-20 所示，每一行模组分别使用长排线与接收卡连接，模组较多时，模组还可以继续使用横向级联的方式扩展。与横向级联方式相比，对开方式可提供更高的刷新率，显示效果更好。条件允许的情况下，应采用对开方式连接。

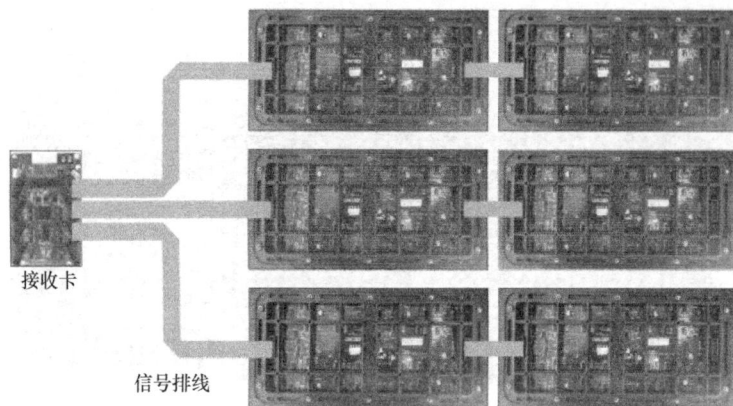

图 2-4-19　模组横向级联

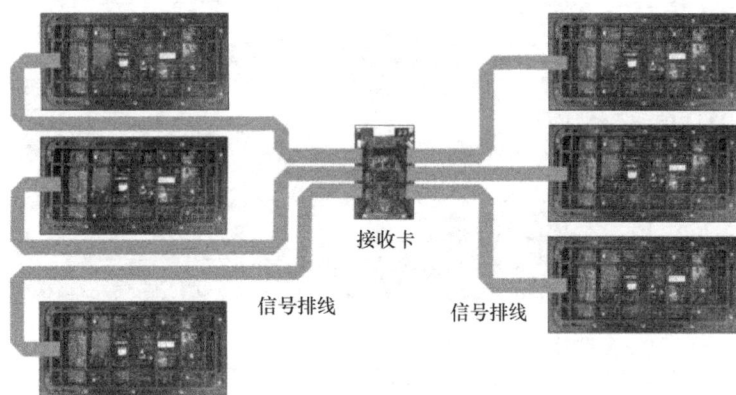

图 2-4-20　模组对开连接

四、电源连接要求

必须使用 LED 显示屏专用开关电源，单个开关电源连接的多个模组的总电流，不可超过电源额定最大输出电流的 80%。连接模组与电源的导线需要使用优质铜导线，并保证模组电源座处电压 U 范围为 $4.0V \leqslant U \leqslant 5.2V$。

连接电源时，必须注意模组电源座与开关电源输出端正负极对应，如果正负极接反模组会被烧毁，甚至发生火灾。

模组不得连接交流 220V，会造成模组立即烧毁。

电源接线时需确保模组插头、插座连接可靠，开关电源电源座接线端螺钉拧紧。插头、插座和螺钉松动会导致接触电阻增大引起烧线或产品损坏问题。

电源输入的接地端必须与合格的接地线连接。不良接地会产生信号异常，显示不稳定，甚至烧屏的问题。

五、整屏验收要求及方法

1. 显示屏亮度验收

将显示屏调成全亮状态，5min 内使用亮度计完成显示屏亮度测量。测量亮度时，要求亮度计光轴垂直于屏体。调整亮度计与显示屏距离，确保让亮度计目镜内黑色圆点或圆圈覆盖 16 个以上像素点，调整焦距使目镜内可清晰看到 LED 灯珠，然后测量并读取亮度数据。

2. 可视角度验收

如图 2-4-21 所示，在屏体左右 120°位置和显示屏下视角 65°位置观看，要求屏体无明显黑斑、无明显暗块现象。

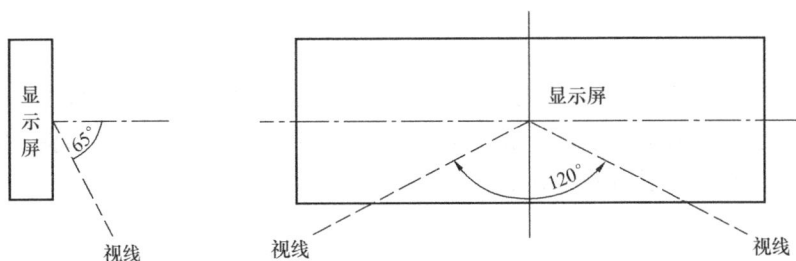

图 2-4-21 屏幕可视角度

3. 接地检查

开关电源外壳、箱体、显示屏外框必须良好接地，要求接地电阻≤10Ω，每半年检查一次接地电阻。

4. 防雷设施检查

要求建筑物有避雷针或避雷设施并可靠接地，要求配电箱有配浪涌保护器，对避雷设施每半年进行一次检查。雷雨天气应避免使用显示屏。

六、防烧屏操作要求

1. 标准操作

整屏断电情况下连接信号排线和电源线，检查连接良好后再给整屏上电，发现显示不良立即整屏断电，整改接线后再整屏上电检验。

2. 带电安装操作

需要带电安装时，必须按以下顺序操作：先接信号输入排线，再接信号输出排线，最后接 4.2V/5V 电源插头。模组必须逐张安装调试，不得连续安装多张显示不正常模组后再调试。

2.5 呼叫信息系统认知与安装

2.5.1 呼叫信号系统基本构成和工作过程

一、呼叫信号系统的分类

呼叫信号，仅指以寻人为目的的声光提示装置。呼叫信号设计，应在满足使用功能的前提下，使系统技术先进、经济合理、安全可靠和便于管理、维修。

呼叫信号系统按照使用功能可以分为：医院呼叫信号系统、旅馆呼叫信号系统、住宅呼叫信号系统、无线呼叫信号系统、其他呼叫信号系统等几大类。

1. 医院呼叫信号系统

可根据医院的规模、标准及医护水平要求，在医院内设护理呼叫信号系统。护理呼叫信号系统，应按护理区及医护责任体系，划分成若干个护理呼叫信号管理单元。各管理单元的信号主控装置应设在医护值班室。

护理呼叫信号应具备下列功能：随时接受患者呼叫，准确显示呼叫患者床位号或房间号；患者呼叫时，医护值班室应有明显的声、光提示，病房门口要有光提示；允许多路同时呼叫，对呼叫者逐一记忆、显示；特护患者应有优先呼叫权；医护人员未作临床处置的患者呼叫，其提示信号应持续保留。

医院门诊区内较大的候诊室等场所宜设候诊呼叫信号。呼叫方式的选取，应保证有效提示和医疗环境的肃静。大型医院、中心医院宜设医护人员寻叫呼应信号。寻叫呼应信号应按下列要求设计：简单明了地显示被寻者代号及寻叫者地址；寻叫显示装置应设在门诊区、病房区、后勤区等场所的易见处；寻叫呼应信号的控制台宜设在电话站内，由值机人员统一管理。

2. 旅馆呼叫信号系统

旅馆及服务要求较高的招待所宜设呼叫信号。呼叫信号应按服务区设置，总服务台应能随时掌握各服务区呼叫及呼叫处理情况；随时接受住客呼叫，准确显示呼叫者房号并给出声、光提示。呼叫信号的系统组成及功能，包括下列基本内容：允许多路同时呼叫，对呼叫者逐一记忆、显示；服务员处理住客呼叫时，提示信号方能解除；睡眠唤醒。可根据具体要求扩展或部分选取上列功能。

3. 住宅（公寓）呼叫信号系统

高层住宅及公寓，根据保安、客访情况，宜设住宅（公寓）呼叫信号系统。住宅（公寓）对讲系统的基本组成可包括：主机、分配器及用户分机。系统应符合下列要求：对讲清晰；拨叫准确、操作简便；主机控制盘对使用者拨出的地址、被访者的态度（"允许""拒绝"）应有明确显示；主机控制盘应设在住宅（公寓）入口门外或门卫值班室附近。住宅（公寓）对讲系统根据保安要求，可扩展下列功能：公寓大门电锁［由住户和门卫控制开启］；摄像监视；环境声监听。

4. 无线呼叫信号系统

大型医院、宾馆、展览馆、体育馆（场）、演出中心、民用航空港等公共建筑，可根据指挥、调度及服务需要，设置无线呼叫系统。无线呼叫系统，按呼叫程式可采取无线播叫和无线对讲两种方式。无线呼叫系统的发射功率、通信频率及呼叫覆盖区域等设计指标，应向当地无线通信管理机构申报，经审批后方可实施设计。

5. 其他呼叫信号系统

营业量较大的电话、邮政营业厅、银行取款处、仓库提货处、监狱监仓等场所，宜设呼叫信号。其呼叫信号的系统组成及功能，应视具体业务要求确定。

二、医院呼叫信号系统的组成

呼叫信号系统基本工作原理大体相同，下面以比较先进的多媒体医院护理呼叫信号系统为例讲述其基本组成及工作过程。整个系统由多媒体主机、呼叫分机、走廊显示屏、门灯等组成，如图 2-5-1 所示。

其中的主要设备包括：

1. 主机

安装于护士站，包括计算机和主控机，可与分机双向呼叫，双工对讲；多功能显示窗

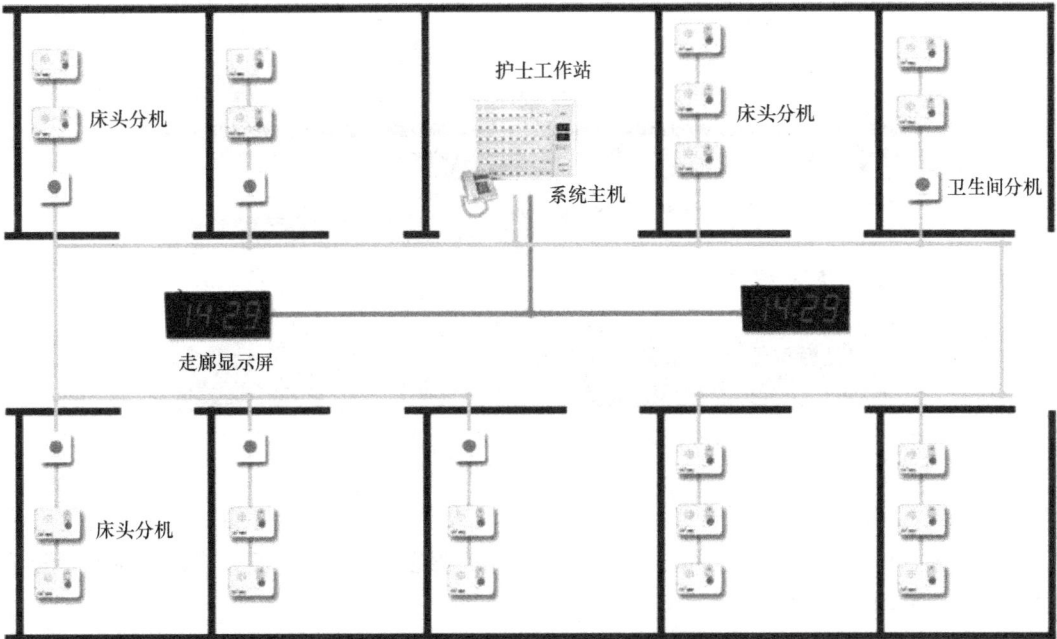

示意：——— 分机总线规格RVS2*0.5
━━━ 显示屏总线规格RVS2*0.5

图 2-5-1 智能多媒体护理通讯呼叫系统联网图

口，可显示呼叫的分机号、呼叫顺序及时间、正在通话的分机号存贮的分机号等，不会遗漏；通过主机可设定分机护理级别，在线给分机编号，调节振铃音乐及音量，设定时间，人工广播，宣教广播等；系统可进行自动检测，便于故障判断，如图 2-5-2 所示。

2. 床头分机

安装在病房床头，可呼叫主机、播放广播，如图 2-5-3、图 2-5-4 所示。

图 2-5-2 呼叫系统主机

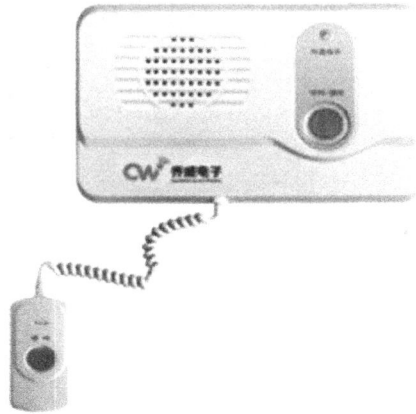

图 2-5-3 床头分机

3. 卫生间分机

安装在卫生间墙壁 86 盒上，距离地面约 40cm 即可。卫生间分机具有完全防水功能，

图 2-5-4　床头分机安装图

大按键设计，可轻松触摸到呼叫按键。呼叫后，有灯光显示，提示呼叫成功，同时护士站主机和走廊显示屏会显示卫生间分机号码。分机带拉绳，可延伸，安装位置偏高也能轻松触发呼叫，如图 2-5-5 所示。

4. 显示屏

悬挂在走廊顶棚上，平时显示时间，当分机或卫生间分机呼叫主机或无人应答进入存储时，显示屏显示分机号码。超薄设计，有单面、双面，四位、六位，带音乐，绿色、红色灯光，悬挂于走廊吊顶，也可壁挂。时钟通过主机自动调整。如图 2-5-6 所示。

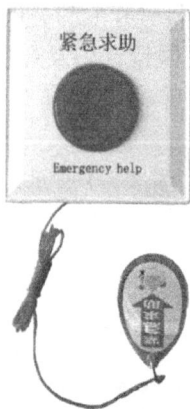

图 2-5-5　卫生间分机　　　　　　图 2-5-6　显示屏

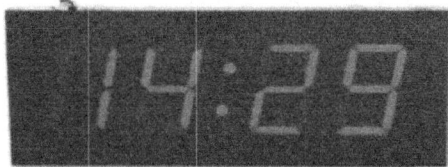

5. 无线中文腕表

可接收床位呼叫信息，并在彩屏上显示出来，自动存储 9 个呼叫号码。来电提醒有震动和音乐两种形式。

可以一键消除所有呼叫存储。

可以对病区进行量化管理，根据护理分工接收相应的呼叫号码，责任到人，如图 2-5-7所示。

6. 门灯

呼叫的提示灯，安装于病房的门口，如图 2-5-8 所示。

图 2-5-7　呼叫腕表　　　　　　　　图 2-5-8　门灯

三、医院呼叫信号系统工作过程

1. 病床呼叫护士站及对讲：当任何一个病床呼叫护士站时，该病房外的门灯闪亮，走廊显示屏显示所呼叫的病床号，主机上相应的病床指示灯闪亮红色，同时主机伴有音乐呼叫声。直至护士按下主机上相应病床开关，音乐声停止，该指示灯转成绿色，病房外的门灯熄灭，走廊显示屏复位，此时护士可和病人相互对讲。此时若再有其他病床呼叫护士站，该病房外的门灯闪亮，走廊显示屏显示所呼叫的病床号，主机上相应的病床指示灯闪亮红色，但无音乐呼叫声，直至护士按下主机上相应的开关时，该病床指示灯转成绿色，病房外的门灯熄灭，走廊显示屏复位，此时护士可和该病人相互对讲。

2. 病床解除呼叫：按一下分机上的解除键，可解除病床对护士站的呼叫。即：该病房外的门灯熄灭，走廊显示屏复位，主机上相应的病床指示灯熄灭，呼叫音乐声停止。

3. 护士站呼叫病床及对讲（一对一）：先按下主机上要呼叫的病床开关，相应的指示灯亮绿色，再按主机上呼叫键，此时分机伴有音乐呼叫声；松开主机上呼叫键，音乐声停止，此时主机可和分机相互对讲。

4. 护士站同时呼叫多路病床及对讲（一对多）：先按下主机上所有要呼叫的病床开关，相应的指示灯都亮绿色，再按主机上呼叫键，此时所有被呼叫的分机伴有音乐呼叫声；松开主机上呼叫键，音乐声停止。此时主机可和所有被呼叫的分机相互对讲。

5. 监听及循环监听：

监听：在主机面板上选定（按下）所要监听的路选开关，方可对分机进行监听。不监听时只需弹起该路选开关。

循环监听：主机待机时，按下第 10 路路选开关，直到听到"嘟"声后，即可进行循环监听（每路 5s）。如需解除循环监听，只需按下主机上任何一路的路选开关即可。

6. 广播功能：在主机后 MUSIC 输入口输入音频信号：全部广播、部分广播。如需听广播，再按一下那些路选分机开关即可。此时若有分机呼入，该路显示灯闪亮红色，并有提示音乐声，如需和该路通话，弹起呼叫键，选中此路即可对讲。

2.5.2　呼叫信号系统的线路敷设

医院、旅馆的呼叫信号装置，应使用 50V 以下安全工作电压。系统连接电缆宜穿钢管保护，一般不宜采用明敷方式。系统采用总线制信号传输方式，这种方式线缆在接呼叫按钮及接主机时都比较方便。从主机到所有分机、显示屏均采用二芯线（RVS2×0.4mm^2 铜芯聚氯乙烯绝缘线）连接，不论正负。分机全部并联在总线上，从主机到分机的线路长度越短，则使用效果越佳。所有连接点要求焊接，并保证焊接良好。其优点是性能可靠稳定，不容易出现信号干扰情况。

2.5.3　呼叫信号系统的设备安装

一、主机安装

取出控制盒，放置于计算机主机旁，如图把线接好（按控制盒后面板的接线说明）。插上控制盒电源，启动计算机。

连接主机的各部件（见图 2-5-9）。

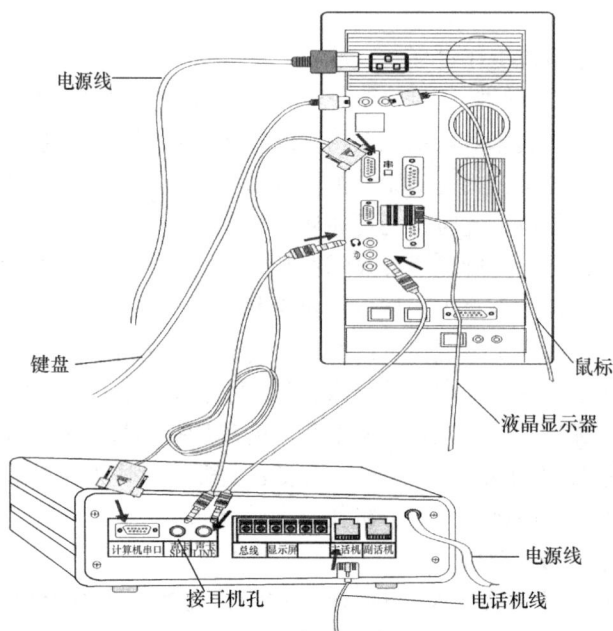

图 2-5-9　主机连接安装

1. 连接鼠标、键盘、液晶显示器的数据线到主机对应接口上；
2. 连接主机电源线、液晶显示器的电源线到接线板上；
3. 连总线。

将布好的总线及显示屏线连接到主机对应插孔。接线时，垂直压下圆形插孔上方的按钮，插入相应的线头，松开按钮，完成接线（见图 2-5-10）。

二、软件设置

将安装盘放入驱动器中，打开光盘找到并运行 Setup. exe 文件，进入软件安装向导。根据向导的提示按"下一步"和"确定"完成软件的安装。

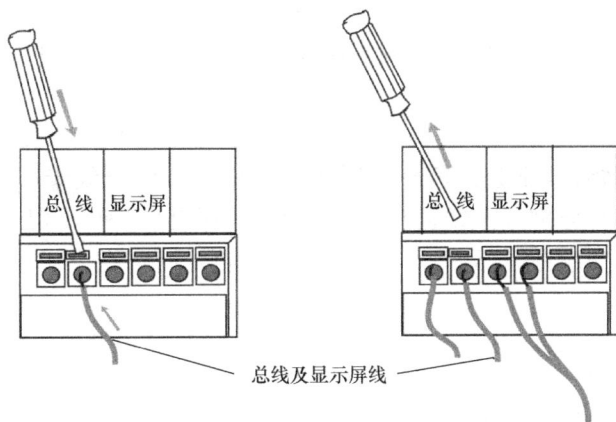

图 2-5-10　总线连接安装

安装完毕以后，可以调出系统设置界面，进行系统设置，如图 2-5-11 所示。

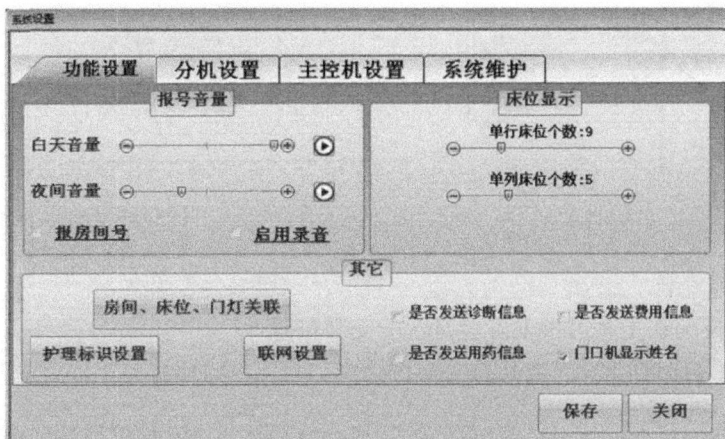

图 2-5-11　系统设置界面

在床位列表界面，主要有病员的床号、姓名、性别等信息，如图 2-5-12 所示。

图 2-5-12　床位列表界面

三、分机安装

供氧铝带定位开孔：在供氧铝带前表面确定位置后开一个规定尺寸的横向方孔，在方孔左右两侧开两个固定孔。

接线：从供氧铝带的方孔内拉出总线，穿过分机地下的线孔引入分机内，如图 2-5-13 所示，将两股线（不分正负）分别塞进卡槽中；将压线卡压在压线槽内的总线上，用螺钉压紧；将分机开关线插头上的线卡卡在分机底座上，压紧；把四芯插头插在线路板上的白色插座内，压紧。用螺钉把分机底壳固定在供氧铝带上，最后把外壳扣在底壳上。

为了方便患者的使用，安装高度为距地 1.3m，在实际安装过程中一般安装在供氧带上，见图 2-5-14。

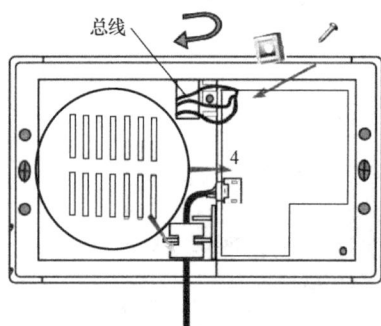

图 2-5-13　分机的安装

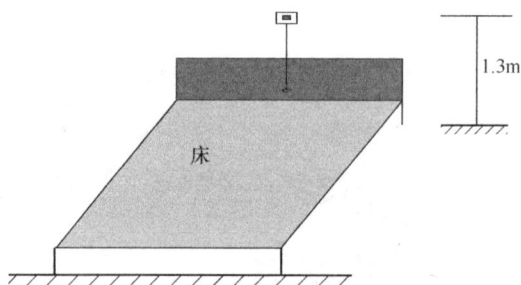

图 2-5-14　呼叫分机的安装位置

四、显示屏安装

1. 按实际情况在走廊吊顶上确定显示屏安装位置

一般采用吊链吊挂方式，如图 2-5-15 所示。

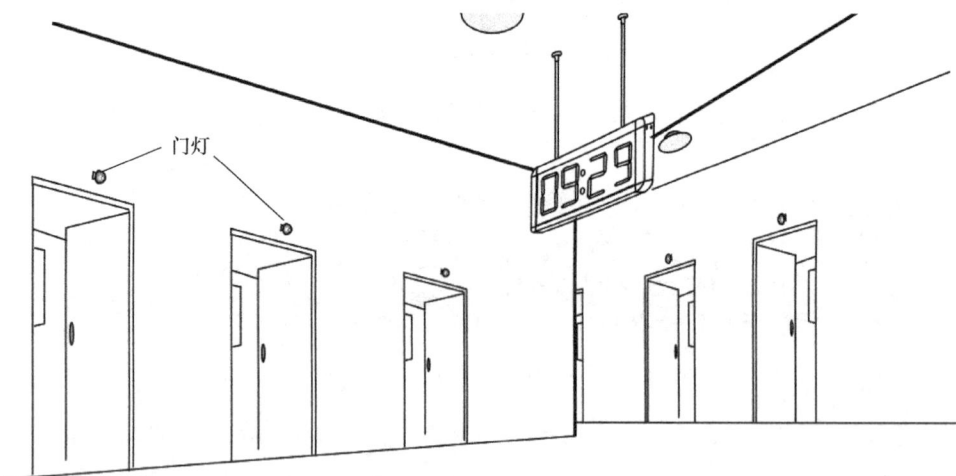

图 2-5-15　走廊显示屏的安装示意图

2. 组装吊链、装饰管及管接头

将两个装饰管接头分别套在吊杆的两头，将吊链和显示屏电线垂直放入吊杆内，打开吊链两头的环儿，分别扣在显示屏和走廊吊顶上已装好的吊链扣上，如图2-5-16所示。

3. 挂起固定

把已安装好吊链、装饰管及装饰管接头的显示屏挂起，调整装饰管及装饰管接头，使装饰管及装饰管接头处于图2-5-17中所示位置，注意装饰

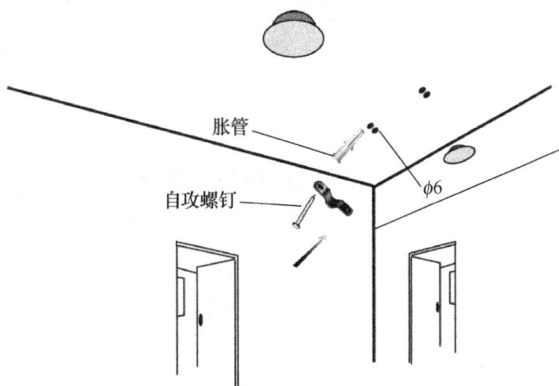

图 2-5-16 走廊显示屏的安装

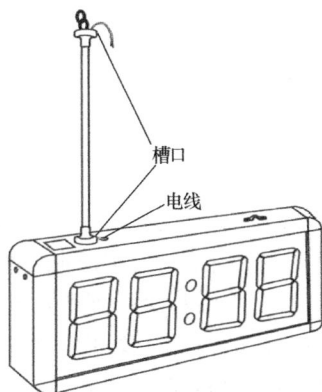

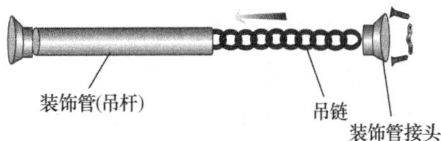

管下面的接头要使槽口对着电线的一侧。最后连接显示屏总线到主机显示屏接线口，如图2-5-17所示。

图 2-5-17 走廊显示屏的固定

五、门灯安装

安装方法同分机的墙体安装，将门灯并联在总线上，安装在病房门的上方适宜的位置。设备外观如图2-5-18所示。

2.5.4 工程设计步骤

工程设计的步骤是按照使用者的要求，满足施工工艺的过程而进行的，下面以医院为例介绍病房智能多媒体呼叫系统设计思路。

1. 设计要求：能够实现患者与医生、护士之间的双向对讲沟通，满足普通医院的护理级别。

2. 系统具备的使用功能：

系统采用总线制；

主机有手柄和免提两种通话方式可选择；

图 2-5-18 门灯

主机可同时显示多路病房的呼叫，并记忆保持；

主机有音乐输入口，具广播功能，可同时对全部或部分分机播放音乐和广播；

病房可呼叫护士站及对讲；

病床可解除呼叫；

护士站呼叫病床及对讲或自动循环监听；

护士站可同时呼叫多路病床及对讲；

有报警输出口，可接警灯；

主机对故障分机自动检测功能；

有 485 通信接口。

3. 布线方式选择、医院是一个洁净的场合，布线一般采用导线穿保护管暗敷设的方式进行。

4. 设备安装方案的确定、系统主机多媒体显示界面和呼叫主机设在护士站内，呼叫分机设在患者的床头和走廊适当的位置。

2.6　时钟系统认知与安装

2.6.1　时钟系统概述

从古至今时间对于人们的日常生活是非常重要的，曾经人们外出打猎，种地耕耘，日出而作，日落而息，现今人们的工作、学习、外出等日常生活，社会中的交通、通信、教育、生产等领域中都离不开一个统一准确的时间，否则，日常生活将会受到严重的影响。

远古时代，人类靠目测太阳的位置来确定时间，随着时代的推移，文明的进步，人类发明了圭表、日晷、水钟、沙漏等用来计量时间，现今社会中时间就是金钱，可见时间的准确与统一是无比重要的。随着科学技术的发展，人们发明了机械钟表、石英钟表、电波钟，以及利用氢原子、铯原子的辐射电磁波控制和校准电子振荡器的原理而发明的原子钟，其准确程度可高达百万分之一秒。随着电子技术、计算机技术、网络技术以及通信技术的发展，采用高性能的振荡源保证走时准确，虽存在一定的积累误差，但可自动校时，再将标准时间信号通过网络自动传输的钟表在我们日常生活中已经普遍存在了，如广泛应用于工厂、学校、医院、行政大楼、宾馆饭店、火车站、地铁、飞机场等各种场所的区域时间控制系统。

对于大规模的建筑而言，我们经常能看到各式各样的建筑钟、花坛钟、塔钟、世界时钟等，它们不仅装饰了我们的环境，又给我们的生活带来了极大方便。下面我们简要介绍一下现代时钟技术与智能建筑的结合。

2.6.2　时钟系统的分类及性能特点

一、大型区域时间控制系统

大型区域时间控制系统集现代电子技术、计算机技术、通信技术于一体的高科技产品。适用于机场、地铁、轻轨、车站、港口、学校、医院、智能化写字楼、高档生活小区等需要提供统一精确时间服务并集中控制时间的场合。自 20 世纪 90 年代至今，该系统在国内外许多大工程中得到成功应用，其中包括国内最大的车站：北京西客站时间系统，中华人民共和国成立以来最大的成套时钟系统出口合同：伊朗地铁及德黑兰郊区电气化铁路时间控制系统，国内最大的航空港——首都机场新航站楼时间系统，国内第一条城市轨道——上海轻轨明珠线时间系统，广州地铁 2 号线时间系统等。

产品性能及特点：

1. 大型区域时间控制系统主要由 GPS/CCTV 标准时间信号接收器、计算机监控单元、中心母钟、二级母钟及子钟等部分组成。

2. 母钟采用模块化结构、双重热备份，主备母钟间可实现自动转换，可负载指针式和数显式等多种类型的子钟，并可提供多路通信接口用于向其他系统提供标准时间信号。所有母钟及子钟都具有自动校时及手动校时功能。

3. 二级母钟具有独立的晶振，既可受制于中心母钟，又可以独立走时。

4. 子钟具有独立的晶振，既可受制于二级母钟又可独立走时，其中指针式子钟机芯具有自动追时功能，获国家专利。

5. 该系统组合灵活、操作简单、便于维修、可靠性高、适用范围广，是一种技术先进的计时系统。

二、舰船子母钟时间系统

舰船子母钟是使用于远洋船只的时间服务系统，对于大型舰船，各种职能单位众多，其时间的准确与统一是非常重要的，它关系到命令的发布与执行的是否准确，以及各种航海、运输信息的发布等，对于军用舰船、潜艇尤为重要。

产品性能及特点：

1. 系统由一只母钟和几十只至上百只子钟通过信号电缆相互连接起来。它能同时提供当地时间和 GMT（某一特定地方时间）。

2. 子钟都由母钟控制运行，除标准时 GMT 或某一特定时间外，其他子钟都保持同步，子钟因其安装使用条件不同，在结构形式上有所不同。

3. 母钟部分采用一主一备自动切换，可接收 GPS 标准时间信号，对子母钟系统进行校准，实现无累积时间误差运行。

4. 系统为保证走时不间断，电源部分采用自动交直流切换电路，交流停电后，自动切换至直流供电，交流电恢复后，自动返回至交流供电方式。

三、建筑塔钟、花坛钟时间系统

该系统适合作为大型建筑、广场等标志性建筑的计时用钟。现今该系统品种多样、技术先进，性能可靠在我们的生活中随处可见，具有代表性的是微机控制塔钟系统，该系统具备了诸多优点，特别适用于建筑物顶端、广场绿地等场所作为显著标志。

产品性能及特点：

1. 准确接收卫星时标信号，实现系统无累积误差运行，报时准确，不漏报、误报，报时区间可任意设置，也可以根据客户的要求设置报时音乐或语音。

2. 系统的照明采用计算机控制，区间可任意调节，照明正确可靠。

3. 交直流供电，停电不停钟，停电后保证整个系统运行 12h 以上。在系统中还采用了先进的时间记忆模块，停电后内部时间照常工作，等电源恢复后，时钟系统继续正常工作。

4. 系统设置双套热备份控制，一套工作有故障，可迅速转至另一套工作，维修不停钟。耗电少，小于 200W/h。

5. 系统寿命长，运行可靠，平均无故障运行时间 30000h 以上。

四、世界时钟

世界时钟及多功能数显钟适用于宾馆、酒店、银行、车站等大型场所的大厅及休闲娱乐场所，可以为公众准确提供时间、日历、商务信息及其他公益信息，它具有造型美观别致、用料考究、信息直观等优点，深受广大用户的喜爱，如今众多机场，车站，宾馆都采用了世界时钟系统。

产品性能及特点：

1. 世界时钟采用数显式、指针式等指示方式，能够接收标准时间信号，采用内部时间计时模块，在停电恢复后，自动显示正确时间，省去调钟的烦恼。

2. 多功能数显钟属于单体钟不需要综合布线，只需留一只 220V 电源插座即可。

五、主从分布式子母钟系统

主从分布式子母钟系统由母钟及若干个电脑子钟（电脑大面钟、数显钟、世界时钟等）构成，母钟通过 RS-485 总线（一路双绞线、半双工通信）定时发出标准时间信号（包括年、月、日、星期、时、分、秒），挂接在总线上的各种电脑子钟接收到时间信号后，先与自己的时间系统的时间进行对比，认为正常后，即进行自动校准，并返回正常信号，否则将返回故障信号，由母钟接收后进行判断处理。母钟带有 RS232 接口，可直接与 IBMPC 及兼容机通信，并可由 PC 机对系统实行监控。

电脑子钟由 220V50Hz 单相交流电供电，子钟内带蓄电池及自动充电路及交直流自动切换电路，并有电池过充过放保护电路。电池满充后，停电 6h 内不停钟。子钟自带时间系统，母钟及线路出现故障，子钟仍能独立运行。母钟每路总线上可直接挂接 512 个子钟。如需扩展，总线上的每个子钟可由一个二级母钟（可内置在子钟钟壳内）代替，每个二级母钟又可挂接 512 个子钟。由此，经二级扩展后，母钟的每路输出可带 20 余万只子钟。一级母钟每路输出总线长度最大为 1200m，二级母钟输出总线距离最大 1200m，如需加长距离，可加中继器。

2.6.3　主从分布式子母钟系统的构成

主从分布式子母钟系统由信号接收单元、中心母钟、子钟、传输通道等组成。系统构成图如图 2-6-1 所示。

一、母钟

1. 由主、备两个母钟组成，两个母钟可以互相切换，主母钟出现故障立即自动切换到备母钟，备母钟全面代替主母钟工作。主母钟恢复正常，备母钟立即切换到主母钟，从而确保系统的安全不间断运行。

2. 母钟产生精确的标准同步时间码，提供给各区子钟控制器。中心母钟设有子钟驱动接口和数字显示器。

3. 母钟通过时间码输出接口，能够给各相关系统提供时间同步信号，接口标准为 RS-422，有些产品也采用 RS-485 总线接口。

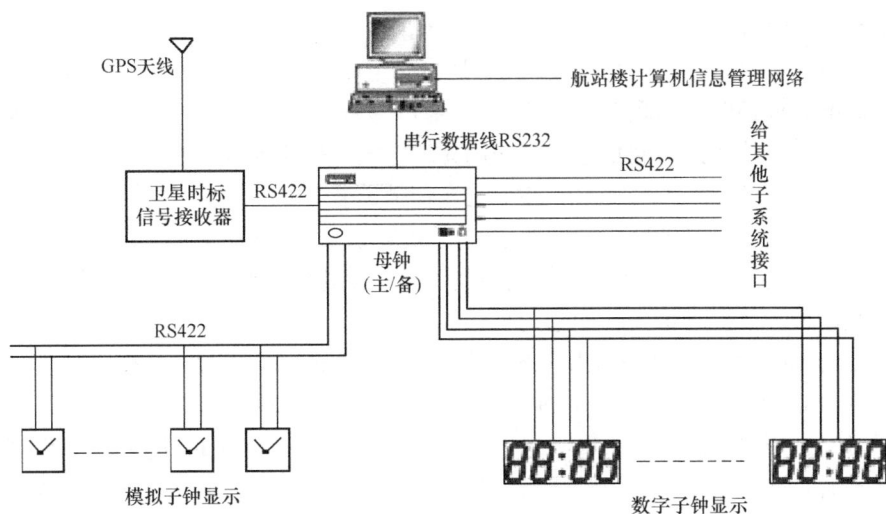

图 2-6-1 主从分布式子母钟系统图

二、子钟

接收母钟发出的时间信号，产生标准时间信号进行时间信息显示，子钟脱离母钟时能够单独运行。其显示方式可为模拟式和数字式两种。

三、传输通道

母钟到子钟之间的传输通道为屏蔽双绞线。接口标准为 RS-422。监控中心计算机与局域网络系统之间的转输通道为超 5 类双绞线，通过 TCP/IP 协议进行通信。

四、计算机信息监控中心

1. 中心级的时钟监测系统为一台高性能计算机加监控软件（包括打印机），通过数据传输通道，实时监测全线时钟系统的运行状态。发现故障立即自动拨传呼通知维管人员，并发出声光报警信息。

2. 在值班室内设本监测系统的声光告警指示器，对本系统的任何故障告警作同步传输，提供给值班室的工作人员。

3. 通过 TCP/IP 协议向局域网络系统提供标准时间信号。

2.6.4 从分布式子母钟系统中的主要设备

一、授时系统

时钟同步也叫"对钟"。要把分布在各地的时钟对准（同步起来），最直观的方法就是搬钟，可用一个标准钟作搬钟，使各地的钟均与标准钟对准。或者使搬钟首先与系统的标准时钟对准，然后将系统中的其他时针与搬钟比对，实现系统其他时钟与系统统一标准时钟同步。

所谓系统中各时钟的同步，并不要求各时钟完全与统一标准时钟对齐。只要求知道各时钟与系统标准时钟在比对时刻的钟差以及比对后它相对标准钟的漂移修正参数即可，无须拨钟。只有当该钟积累钟差较大时才作跳步或闰秒处理。因为要在比对时刻把两种钟面时间对齐，一则需要有精密的相位微步调节器会调节时钟用动源的相位，另外，各种驱动源的漂移规律也各不相同，即使在两种比对时刻时钟完全对齐，比对后也会产生误差，仍需要观测被比对时钟驱动源相对标准钟的漂移规律，故一般不这样做。在导航系统用户设备中，除授时型接收机在定位后需要调整 1PPS 信号前沿出现时刻外（它要求输出秒信号的时刻与标准时钟秒信号出现时刻一致），一般可用数学方法扣除钟差。时间同步的另一种方法是用无线电波传播时间信息。即利用无线电波来传递时间标准。然后由授时型接收机恢复时号与本地钟相应时号比对，扣除它在传播路径上的时延及各种误差因素的影响，实现钟的同步。随着对时钟同步精度要求的不断提高，用无线电波授时的方法，开始用短波授时（毫秒级精度），由于短波传播路径受电离层变化的影响，天波有一次和多次天波，地波传播距离近，使授时精度仅能达到毫秒级。后来发展到用超长波即用奥米伽台授时，其授时精度约 $10\mu s$ 左右，后来又用长波即用罗兰 C 台链兼顾授时，其授时精度可达到微秒，即使罗兰 C 台链组网也难于做到全球覆盖。后来又发展到用卫星钟作搬钟。用超短波传播时号通过用户接收共视某颗卫星，使其授时精度优于搬钟可达到 10ns 精度。看来利用卫星授时是实现全球范围时钟精密同步的好办法，只有利用卫星，才可以在全球范围内用超短波传播时号；用超短波传播时号不仅传递精度高，而且可提高时钟比对精度，通过共视方法，把卫星钟当作搬运钟使用，且能使授时精度高于直接搬钟，直接搬钟难于使两地时钟去共视它。共视可以消除很多系统误差以及随时间慢变化的误差，快变化的随机误差可通过积累平滑消除。

系统利用 GPS 时间精度高信号覆盖广等特点来实现网络时间同步。主要由 GPS 授时系统、时间源、授时服务器、授时终端四部分组成。采用分布式组网，时钟源和授时服务器互为双备份；通过网管实现系统的性能监测，确保系统的安全可靠运行。

1. 时钟源

可提供优于 1ms 的授时精度，每台时钟源直接提供 4 台授时服务器接口。时钟源与授时服务器可采用 RS-232、RS-422 直接传输；也可通过 E1 复用、DDN 等方式实现系统的异地授时。

2. 授时服务器

时间源的标准时间，既实现系统自身的运行状态监测，又通过局域网对网络中的所有授时终端

3. 授时终端

授时终端实现对交换、传输等设备及终端的授时和网络同步。

4. 授时系统

系统利用 GPS 授时精度高和信号覆盖范围广的特点，较好解决了各地市、边远地区的时间同步和高精度授时问题，广泛应用在电信和移动通信网、电力同步网、武警和公安专网的高精度时间网络同步等领域。

5. 系统软件

系统软件支持 WINDOWS8/9/10/NT、UNIX、NETWARE 操作平台，主要包括状态管理、系统维护、安全和配置管理四大功能模块。可方便对告警信息、状态信息的处理，对系统故障、配置和安全的管理。

二、GPS 授时天线

1. GPS 授时天线基本特征（见图 2-6-2）

通用微带 GPS 天线特性：

频率范围：(1575.42±1.023)MHz；

极化：右旋；

增益：26dB（典型）；

驻波：≤1.8；

信噪系数：2.5（典型）；

阻抗：50Ω；

电流：20mA（典型）（5V/DC）；

连接器：BNC/Q9/L16；

工作温度：-30℃～80℃；

GPS 天线（型号）：G501/503；

2. 性能指标

频率范围：(1575±5)MHz；

极化方式：右旋圆极化；

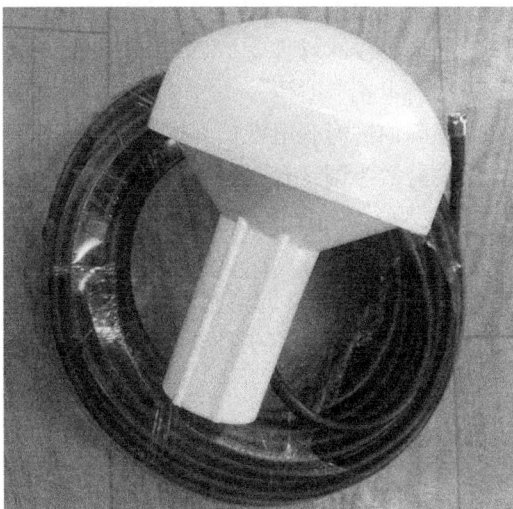

图 2-6-2 GPS 授时天线的外形

天线增益：-3dB 在 10℃，3.5dB MAX；

放大增益：27dB（典型）；

噪声系数：1.5（典型）；

天线功耗：(5±0.5)V/DC@12mA；

天线体积：49mm×49mm×19mm；

重量：115g；

安装方式：磁吸磅；

连接方式：BNC/Q9/SMA+5m 线；

工作温度：-45℃～+85℃；

贮存温度：-50℃～+90℃；

湿度：100%。

三、母钟

母钟（见图 2-6-3）的功能：

图 2-6-3 母钟的正面与背面

1. 支持农历；

2. 双机热备份功能；

3. 支持远程操作维护；

4. 服务器校时软件支持 NTP 协议；

5. 支持电视台时码；

6. 国际内嵌时码电视信号输出，EBULTC 时码输出；

7. 支持数字调音台时码；

8. TC89 时码输出，TC90 时码输出。

GPS 母钟功能特点：

1. 12 通道 GPS 卫星接收，锁定迅速；可设置时区；

2. 可设置延时，用于补偿传输延时，或与 CCTV 时间对齐，范围前后 4s；

3. 1U19″标准机箱，年、月、日、星期、农历、时、分、秒显示；

4. 国标内嵌时码电视信号输出；

5. 输出时间信号包括公历（年、月、日、星期、时、分、秒），农历（月，日）；

6. 内置高稳温补晶振，年漂移小于 1ppm，提供极高的自守时精度；

7. EBU LTC 时码输出；TC89/TC90 时码输出；

8. 输出接口 RS-232 或 RS-422，可用于子钟校时、计算机网络校时，传输距离几百米至几千米（无中继）；

9. 双向 RS-485，支持对子钟的远程管理。

可以提供多种方便灵活的传输方式，包括无线及电力线等，如图 2-6-4 所示。

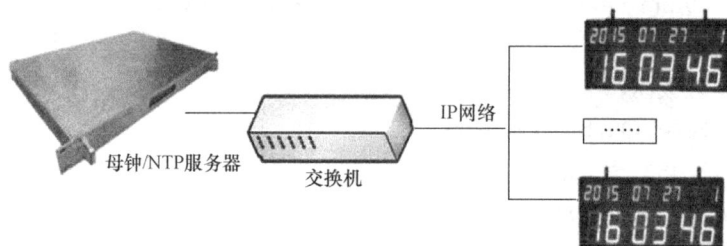

图 2-6-4 时钟系统网络连接示意图

四、子钟

子钟具有独立的晶振，即可受制于母钟又可独立走时，其中指针式子钟机芯具有自动追时功能，该系统组合灵活、操作简单、便于维修、可靠性高、适用范围广，是一种技术先进的计时系统，如图 2-6-5 所示。

图 2-6-5 指针型和数字形子钟的外形

主要性能指标：

1. 供电电源：交流电 220V±20％，50Hz；
2. 自身计时：$1×10^{-8}$；
3. 标准计时精度：±1s/年。

2.6.5 时钟系统识图

时钟系统的图纸有三种类型，时钟的系统图、配线图和安装图，下面分别介绍这三种图纸。

一、时钟的系统图（图 2-6-6）

时钟的系统图主要表示出电源的供应情况，如电压等级和消耗的功率等、母钟组成的主要部件和原理以及和其连接子钟的数量和连接方式。

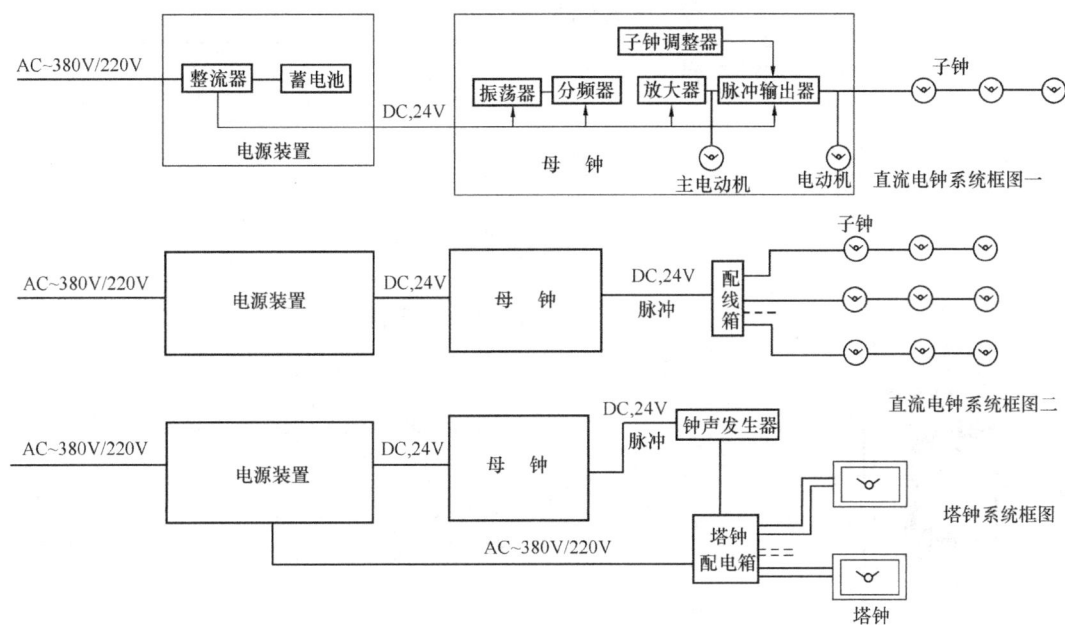

图 2-6-6　直流电钟的系统框图

二、塔钟配线图及时钟视距表范例图

塔钟配线图是一个配线的平面图，它主要表示出子钟和母钟的配线路由、电源供应的配线路由的情况以及所选择的导线型号、穿保护管类别、规格和敷设方式等。

时钟的视距表表示出时钟的直径和可视距离、最佳可视距离的关系，如图 2-6-7 所示。

三、钟安装示意图

时钟的安装方式主要有壁挂式子钟、单面子钟侧装、顶棚子钟安装等，如图 2-6-8～图 2-6-10 所示。

BV-2×1.5SC15至塔钟照明 RVV-5×0.75
PVV-5×1.0SC20至钟机及反控 RVV-4×0.75
BV-4×1.0SC20至电机
钟机
T12(100×100)接线盒，内装X5-0505
接线板加盖，明装在墙上距地1.2m
PVV-24×1.0由钟站引来

时钟视距表

子钟钟面直径 (cm)	最佳视距(m)		可辨视距(m)	
	室内	室外	室内	室外
8~12	3	—	6	—
15	4	—	8	—
20	5	—	10	—
25	6	—	12	—
30	10	—	20	—
40	15	15	30	—
50	25	25	50	—
60	—	40	—	80
70	—	60	—	100
80	—	100	—	150
100	—	140	—	180

塔钟配电箱外形尺寸由钟厂提供

3~380V/220V
配线见电力工程设计图

注：此表摘自《民用建筑电气设计标准》
GB 51348—2019

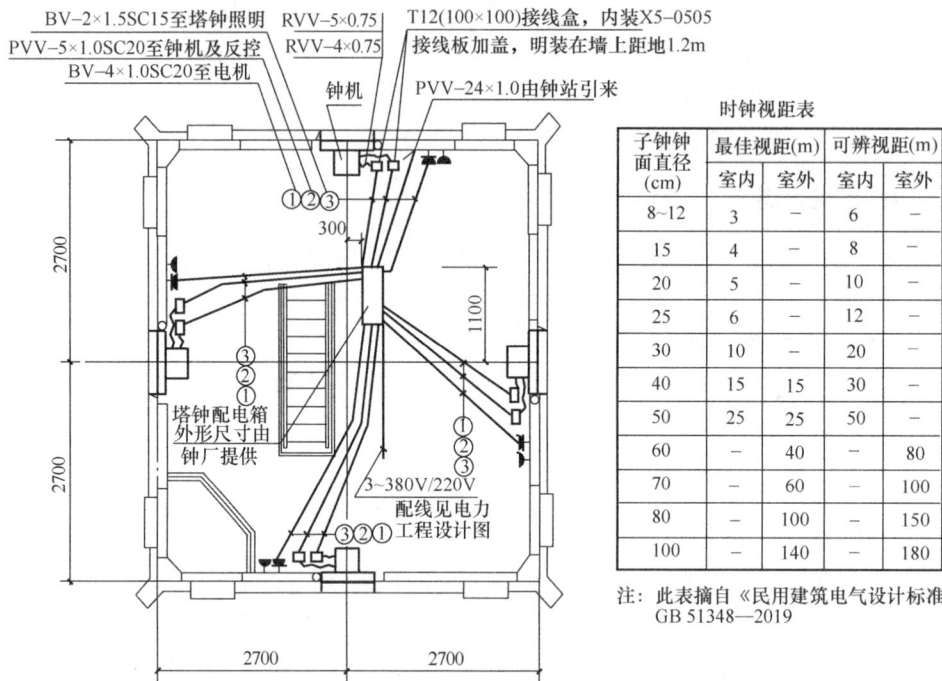

图 2-6-7　塔钟配线平面图和视距表

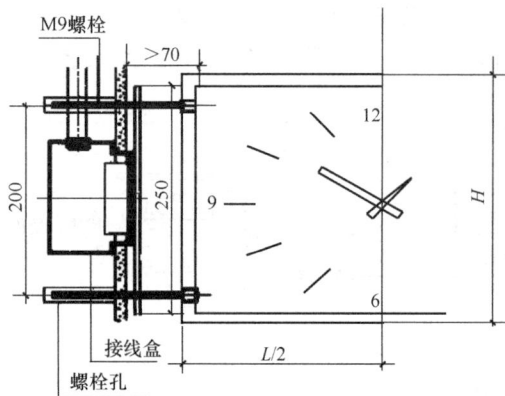

M9螺栓
接线盒
螺栓孔

图 2-6-8　壁挂式子钟安装示意图

2.6.6　产品实例

目前石英钟已非常普及，民用钟所用的石英振荡器的频率稳定度一般优于$\pm 100 \times 10^{-6}$，平均瞬时日差一般为$(\pm 0.1 \sim \pm 2)$s，在一般情况下，其走时精度已可以满足需要。对于要求精度较高的场合，可使用温度补偿石英振荡器[频率稳定度为$(2 \sim 10) \times 10^{-6}$]，恒温石英振荡器［频率稳定度为$(3 \sim 5) \times 10^{-9}$］，原子钟（频率稳定度最高可达$10^{-14}$的数量级）等。一般单体时钟总存在着积累误差，因而在一个系统内不可避免地会出现几个时钟不同步。在一个时间要求统一的系统内，并且这个系统内需要精度较高的时钟，如果全部采用单体的高精度的时钟，并且对每个单独的时钟都采用某种校对方式，如利用 GPS 校准，显然是不经济的。因而，在一些重要部门中，诸如广播电视、铁路民航、电力调度、作战指挥、科学研究、地震监测、卫星发射系统等高精度、高可靠的子母钟系统，目前还是不可缺少的。

一、系统结构

母钟根据所需的精度不同可选用：一般石英振荡器，温度补偿石英振荡器，恒温石英振荡器或原子钟等作为基准时间信号源。

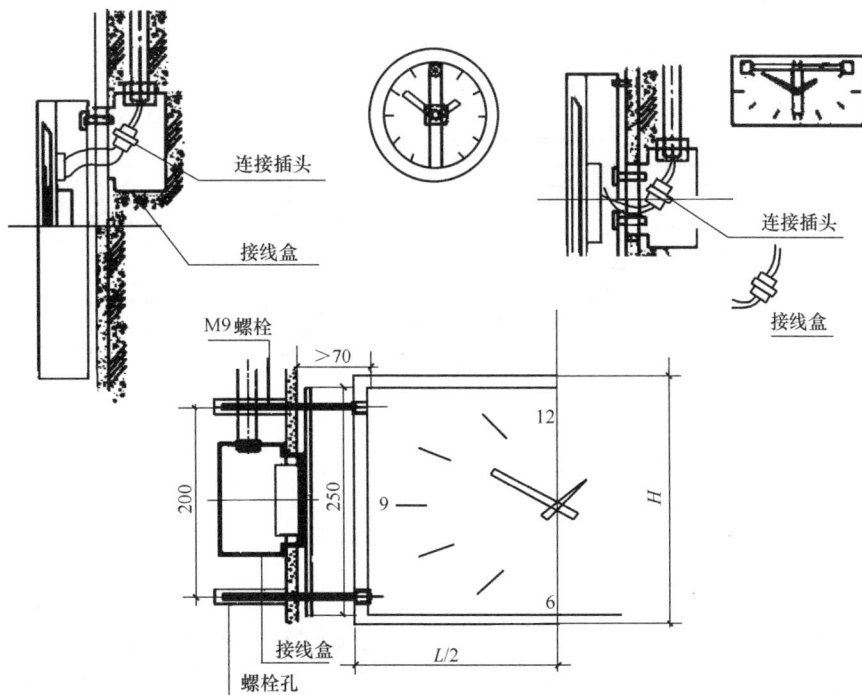

图 2-6-9　单面子钟侧装示意图

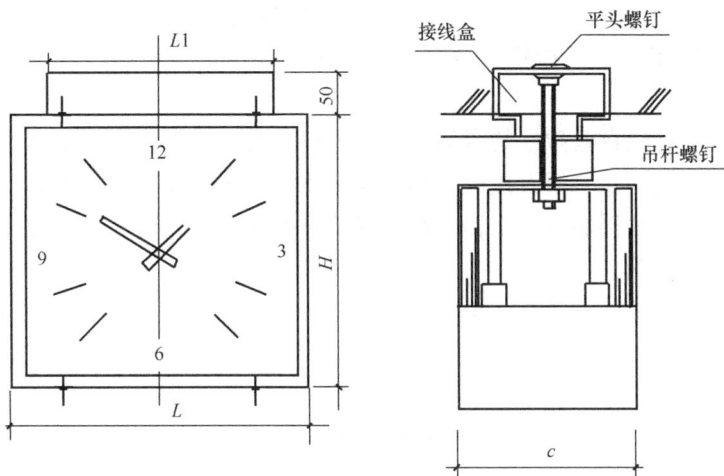

图 2-6-10　顶棚子钟安装示意图

母钟采用 51 系列单片机控制，以实现：①人机接口（LED 数码显示及触摸键盘）控制。②计时。③蓄电池充电检测与控制。④与子钟的串行通信。⑤与监控微机的串行通信。⑥自动校准信号的接收控制。⑦故障报警控制等功能。

如图 2-6-11 所示，母钟通过 RS485 串行总线与子钟实现半双工通信，总线最大长度为 1200m，每加一级中继可延长 1200m。每路总线上可直接挂接 127 个子钟，如用二级母钟代替子钟，即向下再加一层子钟，那么，一级母钟的一路输出可组成总数最大为 16129

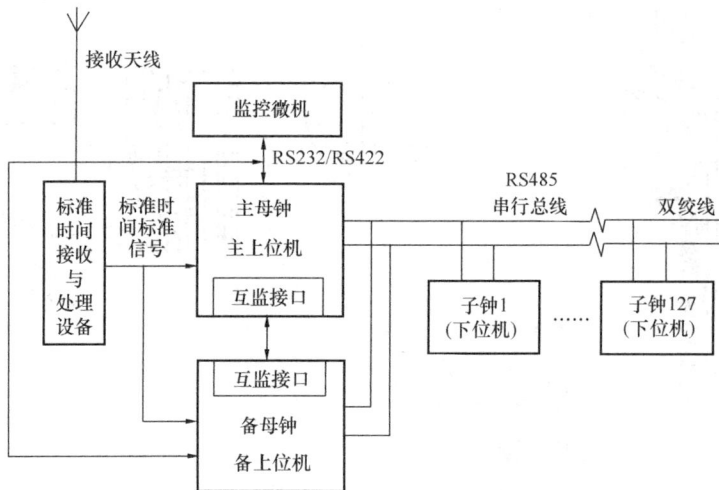

图 2-6-11　时钟系统结构图

个子钟的子母钟系统。

母钟发出的信号为：年、月、日、周、时、分、秒编码及秒时刻脉冲，对于子母钟同步要求很高的场合，秒脉冲是通过硬母钟经硬件编码后绕过单片机直接送到总线上的，由此可保证子母钟的时刻差小于等于 $5\mu s$。

母钟还通过总线查询各子钟，被查询的子钟将自己的各种运行参数（正常、超步、丢步，故障等信息）回馈给母钟。以下各子钟均可以挂接在总线上：①双指针式时钟。②三指针式时钟。③数字钟。④指针，数字混合显示钟。⑤世界时钟。⑥塔钟及其控制器。⑦时间控制器等。

子钟内含单片机及自己独立的时间系统，根据需要可选用不同的振荡源作为自己的基准时间信号源。并利用在总线上接收到母钟发出的秒时刻脉冲，进行校准。当母钟或通信电缆出现故障时，子钟仍能进行工作。在一定的时间内，子钟独立工作时所输出的时刻精度，可以满足使用要求。

以上母钟与子钟构成了基本的子母钟系统。

二、系统监控

标准时间接收与处理设备，可视具体情况选用长波授时台接收处理机、GPS 处理机、电视标准时间信号接收处理机。三者与协调世界时的时刻对比精度分别为优于 $1\mu s$，可达到 $1\mu s$ 和 $5\mu s$。

监控微机的主要作用是利用友好的人机界面接口，对整个系统全面实施监控。凡在母钟上一切操作都可以通过监控微机实现。并且若采用 RS422 串口，监控微机可在远离母钟 1200m 之遥的距离实施监控，便于集中管理。

小结： 随着现代人们生活节奏的加快以及科学技术的进步，人们对时间的概念又有了更加深一步的认识，对时间的要求进一步提高，人们要求生活中的时钟能够达到走时精确、免维修自动校准且统一定时，因此时钟系统已经成为我们生活中密切相关的一个智能化子系统。本单元简要介绍了时钟系统的分类，并以主从式子母钟为例介绍了时钟系统的构成和工作原理以及主要设备。

2.7 会议系统认知与安装

2.7.1 会议系统概述

会议系统有各种不同的功能，最主要的是会议讨论、会议表决和会议同声传译功能。

一、多方会议功能

在一个有多方参加的研讨会、谈判会上，与会人员都需要即席发言，前面讲的厅堂扩声和公共广播系统由于使用话筒数量，以及声音处理设备功能的限制，满足不了人人发言和发言次序控制的要求，电子会议系统解决了与会代表即席发言的需求，如图 2-7-1 所示。

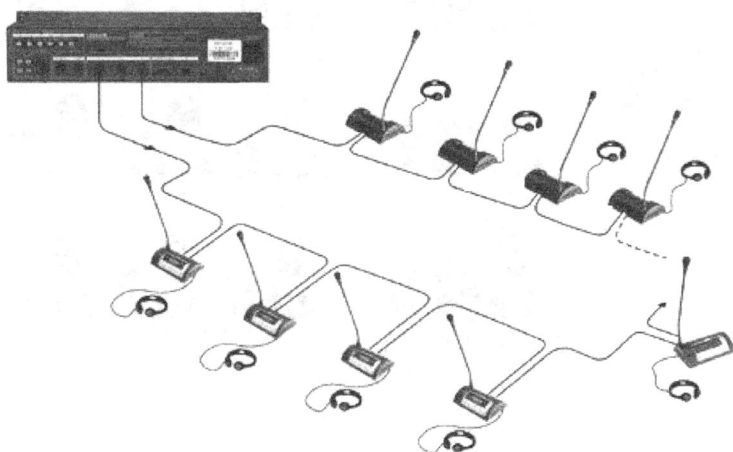

图 2-7-1　多方会议系统

会议系统通常由中央控制单元、主席单元、代表单元等部分组成。主席单元、代表单元都配有话筒和耳机，由中央控制单元完成对话筒实现多种灵活的控制和管理。主席单元除具备代表机的一般功能外，还有优先发言、关断代表单元传声器和中止代表发言的控制功能。代表单元设有电子开关，可根据程序和主席机的允许控制自己的发言话筒。代表单元采用总线连接方式，布线简单，施工方便。

二、会议表决功能

会议表决功能由表决控制系统来完成，是电子会议系统中唯一与音频无关的控制系统。它由安装在主席单元、代表单元的选择按钮、表决控制模块和表决结果显示系统组成。每个表决单元设有三种可能选择的按钮：同意、反对、弃权。

中央控制器装有表决控制程序。由主席单元或工作人员选择和启动表决程序，与会代表按下表决按钮，表决控制模块计算、累计表决结果，送显示系统显示，如图 2-7-2 所示。

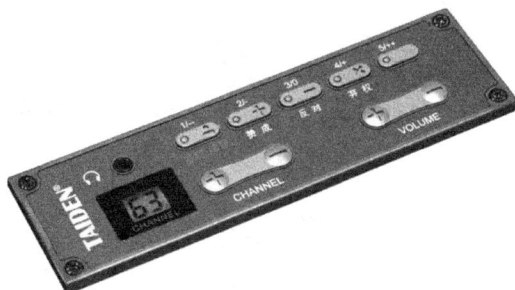

图 2-7-2　会议表决系统表决器

显示系统通常由计算机显示器、主席单元、代表单元上的液晶显示器和供所有代表观看的大型显示器组成。

三、会议同声传译功能

同声传译系统是为了适应国际会议或有不同民族不同语系代表参加的会议翻译系统，发言者的语言（原语）由译员翻译，同时传送给与会者系统，如图 2-7-3 所示。

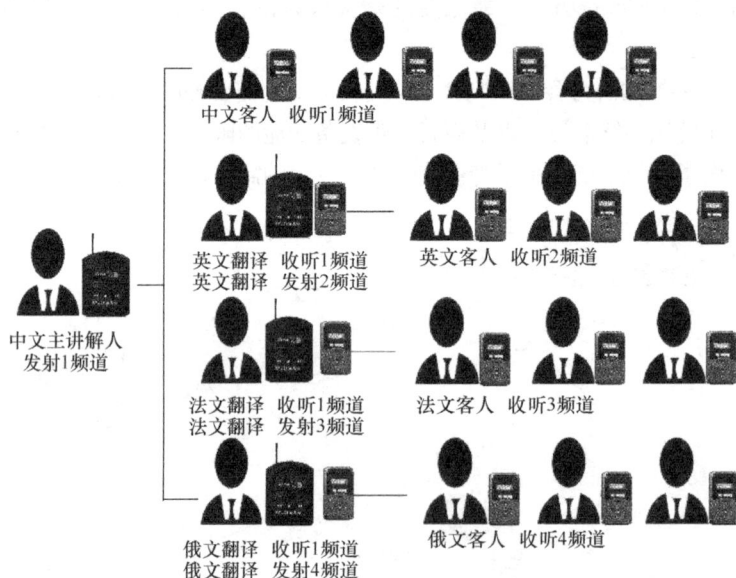

图 2-7-3　同声传译系统

四、视频会议系统

视频会议系统是一种互动式的多媒体通信。它利用图像处理技术、计算机技术及通信技术，进行点与点之间或多点之间双向视频、音频、数据等信息的实时通信，如图 2-7-4 所示。

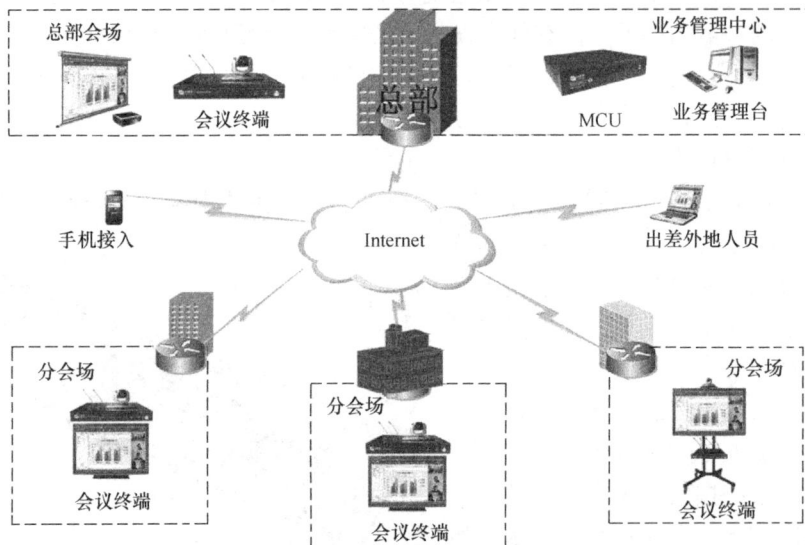

图 2-7-4　视频会议系统

视频会议把相隔两地或多个地点会议室的视频会议设备连接在一起，使各方与会人员有如身临现场一起开会一样，进行面对面的对话。系统还能根据各处与会人员的要求，向与会方提供文件、图片、图表、工程图纸、现场实时声音、图像等服务项目。广泛应用于各类行政会议、科研会议、技术教学、商务谈判等多种事务中。

1. 视频会议系统的特点

（1）缩短与会者之间的距离

传统的电话会议系统，只通过与会者声音进行交流，缺乏现场感，而视频会议系统通过声音与影像同时传送的效果，缩短与会者彼此之间的距离，增强了亲切感，强化与会者之间的沟通。

（2）提高工作效率

远程实时的声音、图像沟通与讨论，提高了人们的工作效率。与会者通过会议提供的文件、图片、现场实时声音和图像资料，实现了资源共享，而实时的声音、图像交换又为及时解决问题提供了简洁的方法。如通过视频会议系统进行现场医学诊疗、现场手术教学，可以使远方的众多与会者身临其境，得到专家的实时指导，提高工作效率。

（3）降低了会议成本

视频会议系统可以与任何地点的任何人一起开会，节省与会者路费、旅馆费，减少旅行出差的意外风险。

2. 视频会议系统的应用范围

系统的应用范围为：远端视频会谈、远程教学、远程会诊、亲友面谈、安全监控、金融证券、顾问咨询等。

视频会议系统按照业务功能可分为：

（1）公用的视频会议系统

公用的视频会议系统是作为一种公共开放的通信业务供各种用户使用。

（2）专用的视频会议系统

专用的视频会议系统是作为本行业或本集团下属单位组成视频会议业务网，当本单位需要使用时，只要将系统设备安装上即可。

公用和专用视频会议系统是由视频会议终端 VCT（Video Conference Terminel）、数字传输网络、多点控制单元 MCU（Multipoint Control Unit）等部分构成，如图 2-7-5 所示。

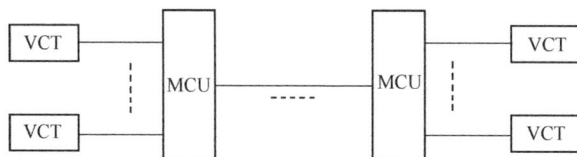

图 2-7-5 视频会议系统框图

（3）桌面视频会议系统

桌面视频会议系统（Desktop Video Conference System）也称台式视频会议系统，是人们利用个人电脑终端（PC 机）来进行人与人之间的多媒体通信，并实现文件、图像、图片和其他数据资源的共享。

2.7.2 会议系统的设计

1. 会议讨论系统宜根据会议厅的规模采用手动控制、半自动控制、全自动控制方式。

（1）手动控制方式

代表单元通过总线连接，当某一代表需要发言时，将代表单元转换开关扳到"发言"位置，代表的话筒即进入工作状态，而其耳机（扬声器）则同时被切断，以减少声反馈干扰。发言者的话音经过放大送入总线。代表发言结束后，将转换开关扳到"收听"位置，此时话筒关闭，同时其扬声器进入工作状态。

（2）半自动控制方式

它利用发言者的声音自动控制单元机的工作状态。当与会代表对代表单元的话筒讲话时，该单元的接收单元（耳机或扬声器）自动关断；讲话停止后，该单元的传声器通道自动关断以减少声反馈干扰。这种自动控制工作方式同样具有主席优先的控制功能。

（3）全自动控制方式

代表单元的与会代表发言由计算机控制。可根据计算机程序或采取申请"排队"次序的原则发言，可采用即席提出"请求"，经主席允许的方式发言。

2. 会议表决系统终端应设有三种可能选择的按钮：同意、反对、弃权，如图 2-7-6 所示。

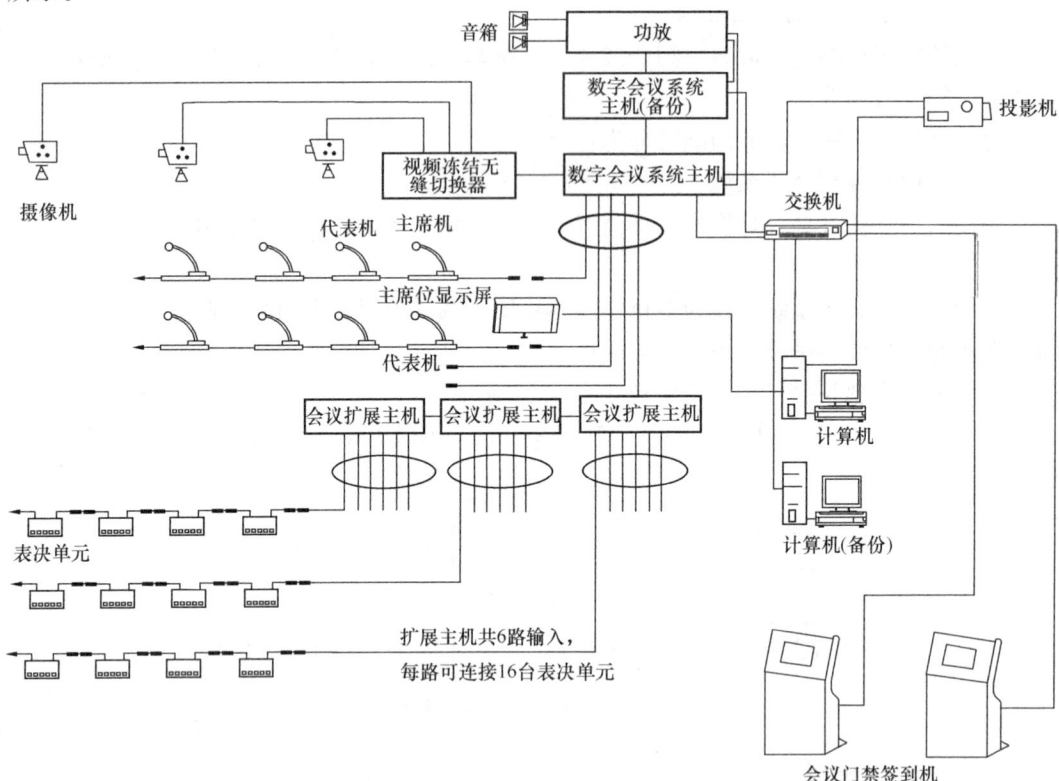

图 2-7-6 会议发言、表决系统图

注：1. 需要有表决功能的会议厅（堂），可将会议签到、发言、表决等功能做成一体。

2. 代表机主席机可根据需求，适用台面或桌面嵌入安装。

3. 同声传译系统的信号输出方式一般分为有线、无线和两者混合方式，无线方式可分为感应天线和红外线两种，如图 2-7-7 所示。

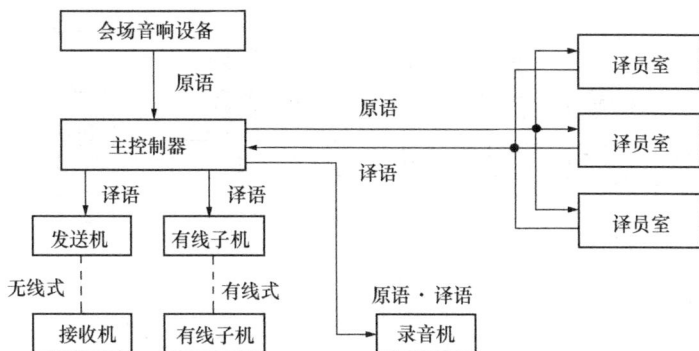

图 2-7-7　同声传译系统基本组成框图

4. 同声传译系统的具体选型宜符合下列规定：

（1）设置固定式座席并有保密要求的场所，宜采用有线式。在听众的座席上应具有耳机插孔、音量调节和分路选择开关的收听盒。

（2）不设固定座席的场所，宜采用无线式。当采用感应式同声传译设备时，在不影响接收效果的前提下，天线宜沿吊顶、装修墙面敷设，亦可在地面下或无抗静电措施的地毯下敷设。

（3）红外辐射器布置安装时应有足够的高度，保证对准听众区的直射红外光畅通无阻，且不宜面对大玻璃门窗安装。

（4）有特殊需要时，宜采用有线和无线混合方式。

5. 同声传译系统有直接翻译和二次翻译两种形式。直接翻译要求译音员懂多种语言，二次翻译译音员仅需懂两种语言即可。

同声传译系统的设备及用房宜根据二次翻译的工作方式设置，同声传译系统应满足语言清晰度的要求，如图 2-7-8 所示。

6. 视频会议。

会议终端设备 VCT 由视频/音频输入接口、视频/音频输出接口、视频编解码器、音频编解码器、附加信息终端设备及系统控制复用设备、网络接口和信令等部分组成。终端设备主要完成视频会议系统的发送和接收任务，如图 2-7-9 所示。

一般情况下，VCT 具有：

（1）3～5 个视频输入接口，接入视频输入设备，包括摄像机、副摄像机、图文摄像机、电脑、电子白板和录像机等；

（2）2～4 个音频输入接口，接入音频输入设备，包括话筒、CD 和卡座等；

（3）3～5 个视频输出接口，接入视频输出设备，包括监视器和大屏幕投影仪等；

（4）1～2 个音频输出接口，接入音频输出设备，包括耳机、扬声器等。

VCT 还内置：

（1）视频编解码器，完成对视频信号编解码功能；

（2）音频编解码器，完成对音频信号编解码功能；

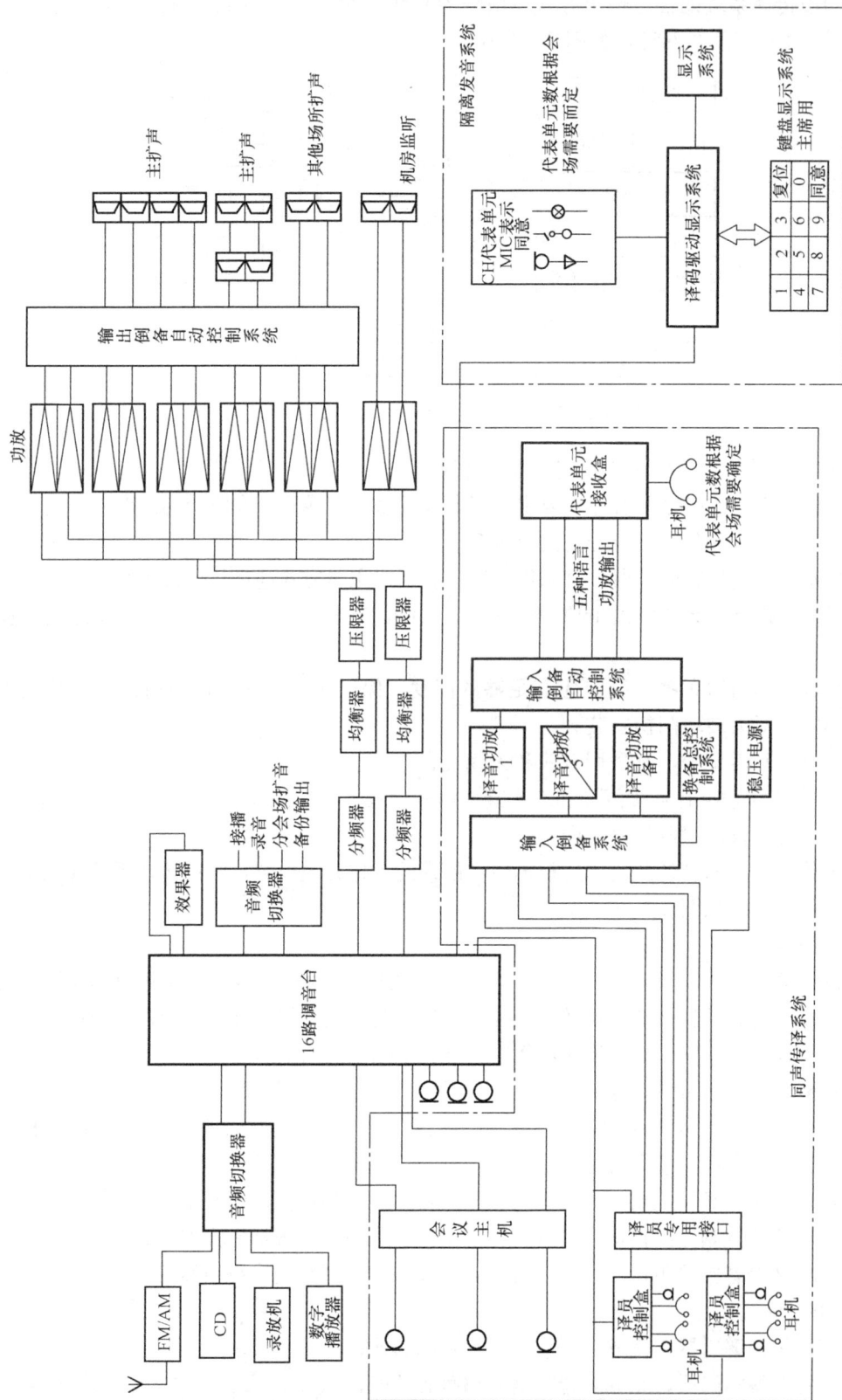

图 2-7-8 会议有线同声传译、扩声系统

注：1. 本系统为 8 路同声传译席发言，适用于 8 种以下不同语言的同声传译。
2. 收听代表单元和即席发言单元的数目根据用户要求而定。

图 2-7-9 视频会议终端设备示意图

（3）控制系统，利用协议的控制信令对系统进行控制；

（4）延时电路，加在音频电路上，用以补偿视频、音频传输时的时间差以完成声音与图像的同步；

（5）复用和解复用电路，将发送的视频、音频、数据和控制信号复合成一个比特流经网络接口往外输送，将接收到的比特流分解为组成它的视频、音频、数据和控制信号；

（6）网络接口，完成 VCT 和网络之间的匹配。

视频会议系统的设计如图 2-7-10～图 2-7-12 所示。

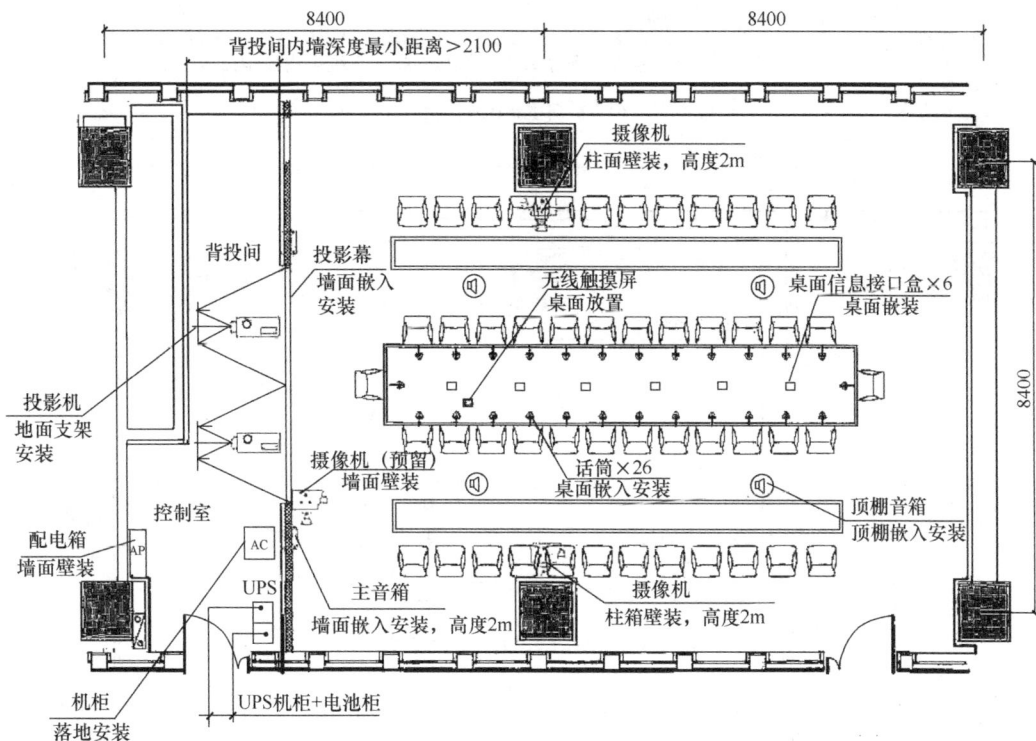

图 2-7-10 视频会议室平面布置图

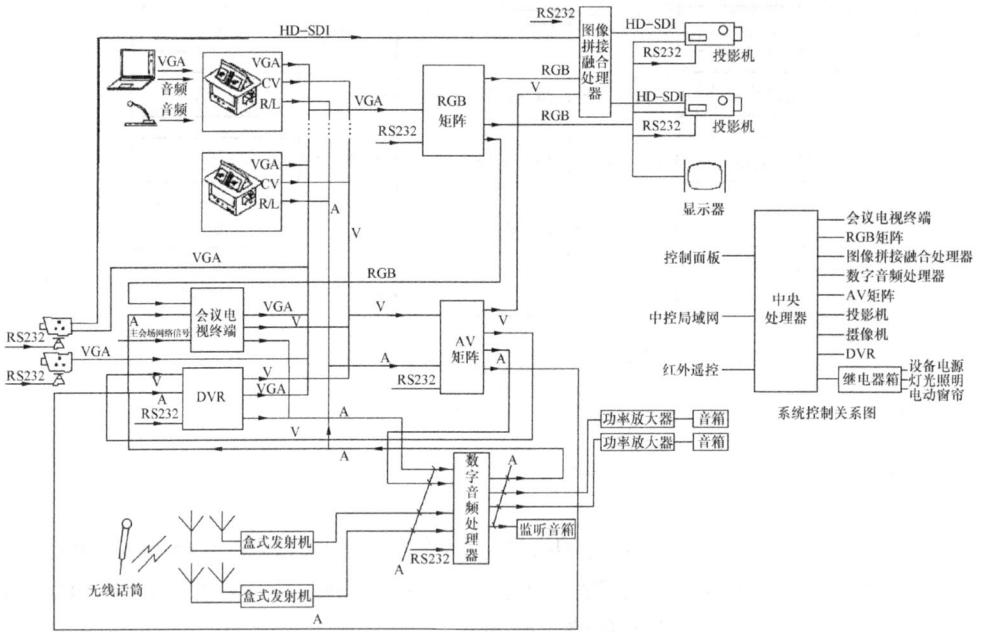

图 2-7-11　视频会议室系统图

注：1. cv（Composite Video）表示复合视频信号接口；V 表示传输复合视频信号的同轴电缆；VGA. RGB，HD-SD 均表示传输相应信号的缆线。

2. 缆线后端插头型号（如前为 GA，后端为 RGB）应与相应的前后级设在接口类型相匹配。

3. 控制关系图中，中央处理器与各受控设备通过 RS232 端口连接，系统可由控制面板控制，红外遥控器通过中央局域网控制。

4. 本方案可以接受来自主会场的信号，但不能向主会场发送信号。

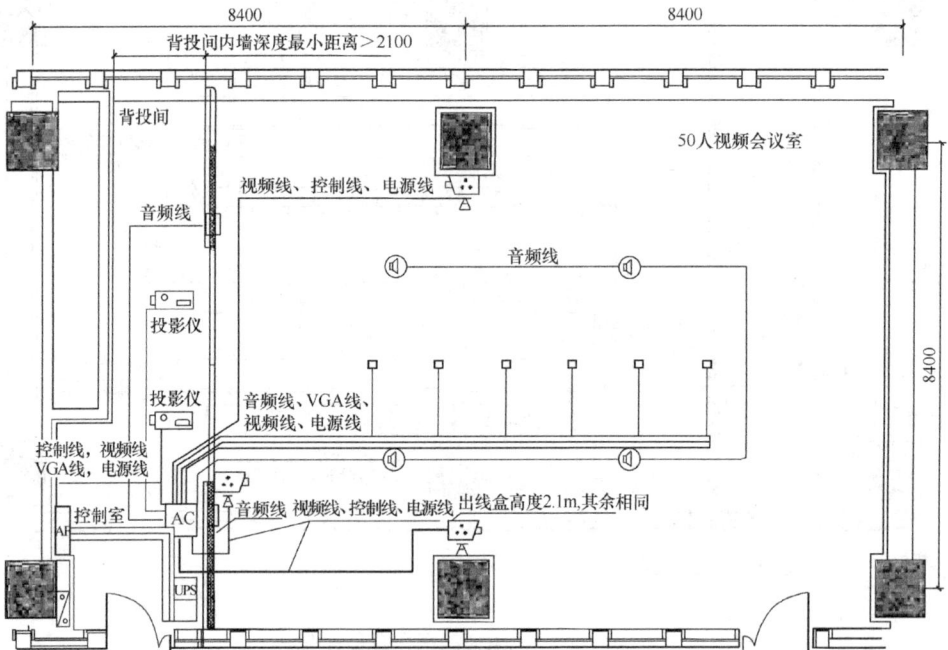

图 2-7-12　视频会议室管线图

注：1. 各种套管，缆线的数量、规格及敷设方式由工程设计确定。

2. 所有含电源线的管路均有一根管为电源线敷设专用，此电源线管路和弱电管路敷设距离应符合规范。

2.8 机房工程认知与安装

2.8.1 机房建设规范的范围

机房建设规范标准给出了数据中心机房的建设要求，包括数据中心机房分级与性能要求，机房位置选择及设备布置、环境要求、建筑与结构、空气调节、电气技术，电磁屏蔽、机房布线、机房监控与安全防范、给水排水、消防的技术要求。如图 2-8-1 所示，为机房工程整体解决方案图。

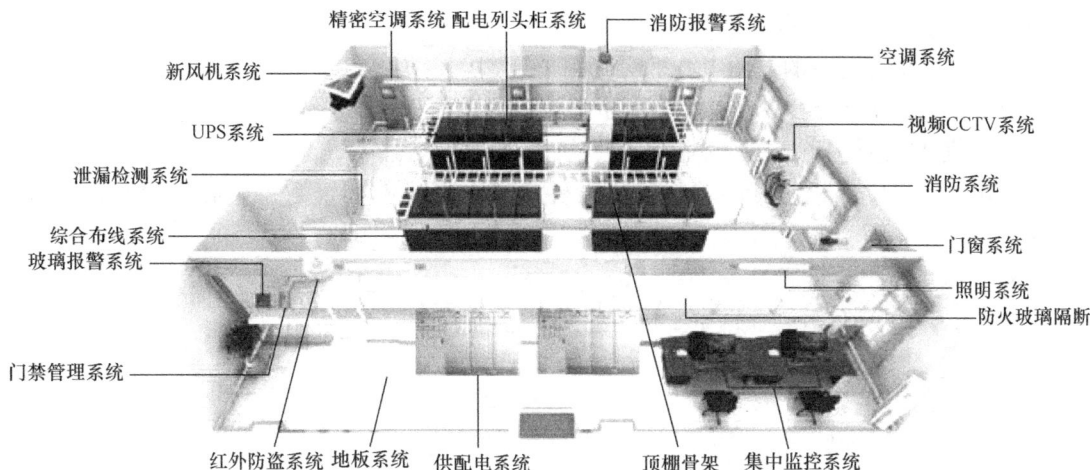

图 2-8-1 机房工程整体解决方案图

2.8.2 数据中心机房分级（图 2-8-2）

基本原理（1）：数据中心的可用性等级

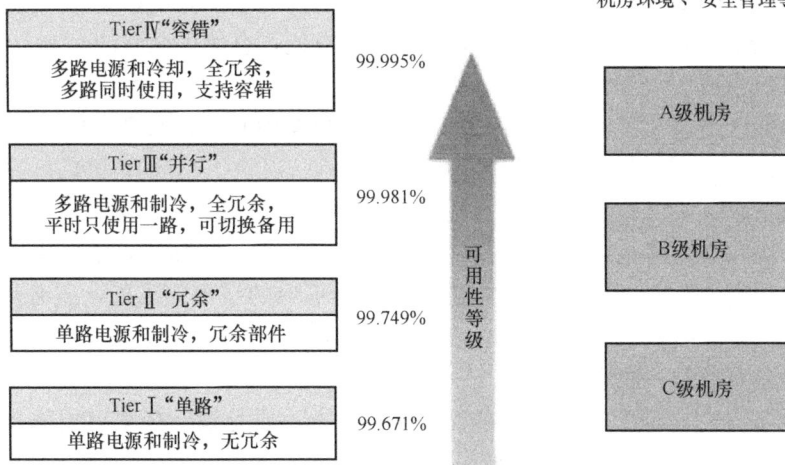

图 2-8-2 数据中心机房分级示意图

根据信息系统使用性质、管理要求及由于场地设备故障导致运行中断对生产、经营和公共秩序造成的损失或影响程度，将数据中心机房划分为 A、B、C 三级。

在异地建立的备份机房，设计时应与主机房等级相同。

同一个机房内的不同部分可根据实际情况，按照不同的标准进行设计。

1. A 级数据中心机房

符合下列情况之一的数据中心机房应为 A 级：

（1）信息系统运行中断将造成重大的经济损失。

（2）信息系统运行中断将对业务、公共秩序造成重大影响。

总部级数据中心机房宜建设成 A 级。

2. B 级数据中心机房

符合下列情况之一的数据中心机房应为 B 级：

（1）信息系统运行中断将造成较大的经济损失。

（2）信息系统运行中断将对业务、公共秩序造成较大影响。

区域级数据中心机房、区域网络中心机房和企事业单位级数据中心机房宜建设成 B 级。

3. C 级数据中心机房

不属于 A 级或 B 级的数据中心机房应为 C 级。

2.8.3　机房位置及设备布置

一、机房选址原则

根据《数据中心设计规范》GB 50174—2017 要求，机房位置选择应符合以下要求：

1. 远离水灾和火灾隐患区域；

2. 远离强振源和强噪声源；

3. 远离产生粉尘、油烟、有害气体以及生产或贮存具有腐蚀性、易燃、易爆物品的工厂、仓库、堆场等；

4. 避开强电磁场干扰；

5. 多层或高层建筑物内的主机房不应选在建筑物的地下底层；

6. 水源充足，电力比较稳定可靠，交通通信方便，自然环境清洁。

二、机房组成

机房功能区组成及其使用面积计算，按照《数据中心设计规范》GB 50174—2017 中的有关规定。

三、设备布置

机房环境除必须满足计算机设备对温度、湿度和空气洁净度，供电电源的质量（电压、频率和稳定性等），接地地线，电磁场和振动等项的技术要求外，还必须满足在机房中工作的人员对照明度、空气的新鲜度和流动速度、噪声的要求，如图 2-8-3 所示。

四、设备布放的一般原则

1. 承重安全：电池组一般需要布放在横梁上方，要是没有横梁就要选择容量小的电池组合地板承重能力大的房间作为机房；

2. 维护方便：要充分考虑设备的安装、维护、运输等因素；

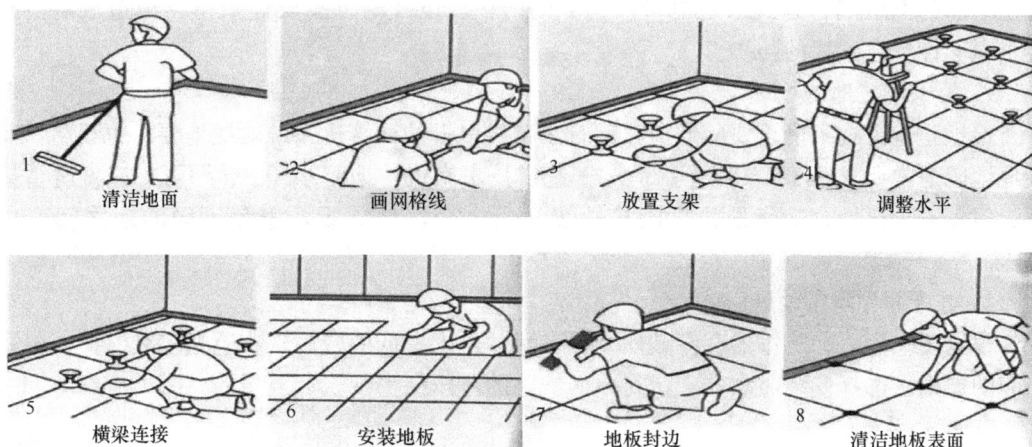

图 2-8-3　机房施工过程

3. 布局美观：设备列要求安装整齐，以方便动力环境监控系统发挥作用；

4. 走线方便：设备布局要考虑走线的方便与路由最短，如图 2-8-4 所示。

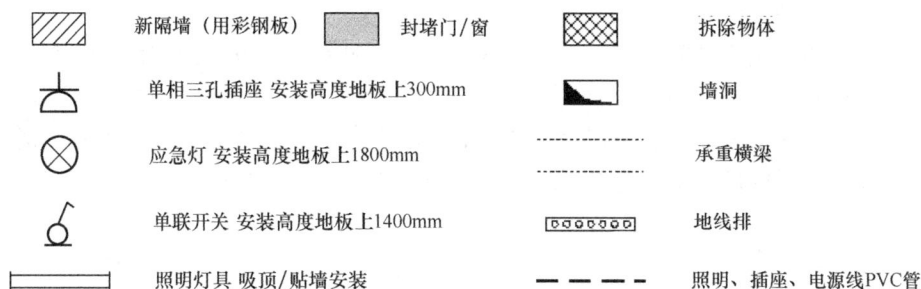

图 2-8-4　机房设施图例

2.8.4　数据中心机房子系统

一、照明系统

1. 机房照明及应急照明系统；

2. 主机房按《数据中心设计规范》GB 50174—2017 要求，照度为 400lx；

3. 电源室及其他辅助功能间照度不小于 300lx；

4. 在机房各处安装了疏散指示灯、安全出口标志灯，照度大于 1lx；

5. 机房内、走廊、楼梯口装有应急备用照明灯，照度不小于 30lx。

二、接地系统

1. 机房接地形式为机房专用直流逻辑地，设一组新的接地极，接地电阻小于 1Ω；

2. 机房配电系统的交流工作地、安全保护地采用建筑物本体综合接地（其电阻小于 4Ω）。

三、防雷系统

大楼沿低压线路进户的传导直击雷是不大可能的。中心机房内设备主要需要进行直接雷击引起的电阻耦合方式（地电位反击）的防护，以及附近高层建筑落雷时造成的电感性、电容性耦合干扰的防护。

1. 等电位接地的处理

接地是避雷技术最重要的环节，而且小型机以上的计算机系统对接地要求也很高，其接地地阻通常要求小于 1Ω 以下。但对于避雷技术来说，地阻小于 4Ω 即可。应将避雷接地、电器安全接地、交流地、直流接地统一为一个接地装置，避免不同的地之间产生反击。

2. 电源部分防雷设计

根据雷电流大、防雷器存在残压及设备耐冲击水平低的特性，应遵循多级保护，层层泻能的原则，选择安装避雷器，进行电源线路的过压保护。

3. 信号系统的防雷设计

机房的数据通信线路有以太网双绞线、DDN 专线、光纤线路以及电话线备份线路，必须对进出机房的所有通信线路进行防雷处理，才能保护机房的安全。

四、空调系统

机房室内环境参数：

夏季：温度 23℃±2℃，相对湿度 50%；

冬季：温度 20℃±2℃，相对湿度 50%；

机房共采用模块化精密空调，采取下送风、上回风的送风方式达到恒温恒湿的目的。

五、监控系统

在公共区域和出入口处、机房内机架间、核心机房、控制中心、动力机房，楼梯与走廊，楼梯等均装有摄像机，进行 7×24h 全方位监控录像。专业人员 24h×365h 机房随时巡视。

六、布线系统

现代的建筑物，其楼内信息传输通道系统（布线系统）已不仅仅要求能支持一般的语音传输，还应能够支持多种计算机网络协议及多种厂商设备的信息互联，可适应各种灵活的、容错的组网方案；同时由于新技术、新产品不断出现，传输线路要能够在若干年里适应发展的需要。因此建立一套能够全面支持各种系统应用如通信网络中心、数据处理中心，本身又具有开放、兼容、可靠性高、实用性强、易于管理、具有先进性、面向未来的综合布线系统，对于现代化建筑是必不可少的。

【练习题】

一、单选题

1. 下列网络设备中属于网络层的设备是（　　　）。

A. 集中器　　　　　　　　　　　　B. 交换机

C. 路由器　　　　　　　　　　　　D. 网桥

2. 以太网采用的通信协议是（　　　）。

A. TCP/IP　　　　　　　　　　　　B. CSMA/CD

C. OSI　　　　　　　　　　　　　　D. ISO

3. （　　　）可以将两个或更多的同类局域网连接在一起进行相互通信。

A. 集中器　　　　　　　　　　　　　B. 交换机

C. 路由器　　　　　　　　　　　　　D. 网桥

二、多选题

1. 计算机网络的按照地理分布范围来分(　　)。

A. 局域网　　　　　　　　　　　　　B. 广域网

C. 以太网　　　　　　　　　　　　　D. 城域网

2. 有线电视系统一般由(　　)组成。

A. 信号源　　　　　　　　　　　　　B. 传输干线

C. 前端设备　　　　　　　　　　　　D. 用户分配网络

3. 广播音响系统广义上包含(　　)。

A. 扩声系统　　　　　　　　　　　　B. 放声系统

C. 会议系统　　　　　　　　　　　　D. 播放系统

4. 会议系统有各种不同的功能，最主要的是(　　)功能。

A. 会议讨论　　　　　　　　　　　　B. 会议同声传译

C. 会议表决　　　　　　　　　　　　D. 会议放声

三、问答题

1. LED 大屏幕显示装置中的显示技术和其他显示技术比较有何特点？

2. LED 大屏幕显示系统的基本构成。

3. LED 大屏幕显示系统的通信线路和信号线路都采用哪种型号的线缆？

4. 呼叫信号系统按照使用功能分为哪几种类型？

5. 呼叫信号系统的核心技术包含哪几个方面的内容？

6. 简述现代时钟都有哪些种类？各种类的应用和特点。

7. 简述主钟是子母钟的系统构成。

8. 简述分配网络中用户终端盒、放大器、分配器和分支器的安装方法。

项目3 智能建筑弱电系统工程管线施工

【学习目标】
- 掌握智能建筑弱电系统工程所用管材；
- 掌握智能建筑弱电系统工程所用线缆；
- 掌握智能建筑弱电系统工程布管工艺要求；
- 掌握智能建筑弱电系统工程穿线工艺要求。

智能楼宇由多个智能化的子系统组成，虽然各子系统功能不同，施工及验收方法也不同，但有不少相同、相近和相似之处，如管线敷设基本上是一样的。

建筑智能化系统工程的管线敷设应符合现行国家标准《电气装置工程施工及验收规范》ZBBZH/GJ 9以及其他国家颁布的规范和规定。系统管线的敷设应按照设计施工图纸的规定进行，管线的型号、规格、材质应符合设计和国家技术标准的规定，并有合格证件。

建筑智能化系统工程的管线敷设根据线路敷设场所，可以分为室外敷设及室内敷设两种。室内管线敷设又可分为明配敷设、暗配敷设、沿线槽桥架敷设等方式。室外管线敷设一般为室外地下穿管、室外地下直埋、室外架空敷设几种。

室内管线明配敷设是指线缆穿在管子、线槽内，敷设于墙壁、顶棚表面的支架上。室内管线暗配敷设是指线缆穿在管子、线槽内，敷设于墙壁、吊顶及楼板等内部或者在混凝土板孔内。

建筑智能化系统工程的管线敷设分配管和穿线两个工序进行，暗配管工序与土建工程同步进行，当土建工程进行到混凝土浇灌、砌筑墙体时，应及时进行暗配管线的预留、预埋。管线暗敷前应按施工图画线、定位，保证管线、出线口的位置正确无误。如果是用钢管进行暗敷设，必须在管与管及管与出线盒（箱）的连接处，焊上接地跨接线，使金属外壳连成一体。暗配管时，保护管应沿最近的路径敷设，并应减少弯曲，力求管路最短，节省材料，降低成本。暗配管时，应有暗配管防堵措施。

室内管线明配敷设时，除了保证管线敷设质量外，还应美观。管线沿建筑物表面横平竖直敷设。系统的配管按其管子的材质可分为钢管配管、塑料管配管，和普利卡金属套管配管等几种。目前广泛使用的还是以钢管为主。智能建筑弱电系统工程的穿线应在土建工程基本完工，墙面、地面抹灰工程完成后进行。

3.1 管 槽 施 工

管线敷设应做到短捷、安全可靠，尽量减少与其他管线的交叉跨越，避开环境条件恶劣的场所，便于施工维护。对安全防范系统的传输线路要注意隐蔽保密。

智能建筑弱电系统工程传输线路采用绝缘导线时，应采取穿金属管、普利卡金属套管、硬质塑料管、硬质 PVC 管或封闭式线槽保护方式布线，优选穿钢管或电线管。布线使用的非金属管材、线槽及其附件应采用不燃或阻燃性材料制成。

3.1.1 管槽分类

一、钢管

暗敷管路系统中常用的钢管为焊接钢管。钢管的规格有多种，以外径（mm）为单位，综合布线工程施工中常用的金属管有：D16、D20、D25、D32、D40、D50、D63、D110 等规格，如图 3-1-1 所示。

室内配管使用的钢管有厚壁钢管和薄壁钢管两类。

厚壁钢管又称焊接钢管、水煤气管。管壁厚度在 2mm 以上，以内径大小称其规格，其代号为"G"。

薄壁铜管又称电线管、黑铁管。管壁厚度在 2mm 以下，其规格以外径大小表示，管子的代号为"DG"。

钢管按其表面质量又分为镀锌钢管和不镀锌钢管（也叫黑色钢管）。配管的管材如果选用不当，易缩短使用年限或造成浪费。

潮湿场所和直埋于地下的暗配管应采用厚壁钢管，建筑物顶棚内 图 3-1-1 钢管实物图 宜采用钢管配线。当利用钢管管壁兼做接地线时，干燥场所的暗配管宜采用薄壁钢管。钢管性能见表 3-1-1。

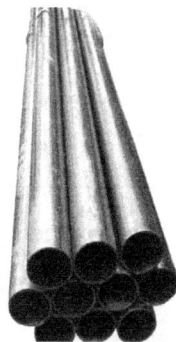

钢管一般物理性能　　　　　　　　　　　　　　　　表 3-1-1

公称口径 (mm)	外径		普通钢管			加厚钢管		
	公称尺寸 (mm)	允许偏差 (mm)	壁厚		理论重量 (kg/m)	壁厚		理论重量 (kg/m)
			公称尺寸 (mm)	允许偏差 (mm)		公称尺寸 (mm)	允许偏差 (mm)	
15	21.3	±0.50	2.75	+12～−15	1.25	3.25	+12～−15	1.45
20	26.8		2.75		1.63	3.50		2.01
25	33.5		3.25		2.42	4.00		2.91
32	42.3		3.25		3.13	4.00		3.78
40	48.0		3.50		3.84	4.25		4.58
50	60	±1%	3.50		4.88	4.50		6.16
65	75.5		3.70		6.64	4.50		7.88
80	88.50		4.00		8.34	4.75		9.81

普利卡金属套管是电线、电缆保护套管的新型材料，属于可挠性金属管，可用于各种场合的明、暗敷设和现浇混凝土内暗敷设。其室内布线适用场所和性能见表 3-1-2 和表 3-1-3。

普利卡金属套管室内布线适用场所 表 3-1-2

配线方法	明 敷 设		暗 敷 设			
			可 维 修		不 可 维 修	
	干燥场所	湿气多或有水蒸气场所	干燥场所	湿气多或有水蒸气场所	干燥场所	湿气多或有水蒸气场所
单层普利卡		×		×	×	×
双层普利卡	√	√	√	√(LV-5，LE-6)	√	√(LV-5，LE-6)
钢制电线管	√	√	√	√		√

普利卡金属套管一般物理性能 表 3-1-3

规格（号）	对应钢管	内径（mm）	外径（mm）	外径公差（mm）	螺距（mm）	每卷长（m）
10	1/4	9.2	13.3	±0.2		50
12	3/8	11.4	16.1	±0.2		50
15	1/2	14.1	19.0	±0.2	1.6±0.2	50
17	3/4	16.6	21.5	±0.2		50
24	1	23.8	28.8	±0.2		25
30		29.3	34.9	±0.2	1.8±0.25	25
38	5/4	37.1	42.9	±0.4		25

图 3-1-2 塑料管实物图

二、塑料管

塑料管是由树脂、稳定剂、润滑剂及添加剂配制挤塑成型。目前按塑料管使用的主要材料，塑料管主要有以下产品：聚氯乙烯管材（PVC-U 管）、高密聚乙烯管材（HDPE 管）、双壁波纹管、子管、铝塑复合管、硅芯管等，如图 3-1-2 所示。

室内配管使用的塑料管有硬质聚氯乙烯管和硬质 PVC 管。其性能见表 3-1-4 和表 3-1-5。

硬质聚氯乙烯管一般物理性能 表 3-1-4

种 类	公称直径		外径	内径	内孔面积	重量（kg/m）	
	mm	in	mm	mm	（mm²）	壁厚	重量（kg/m）
硬聚氯乙烯管	15	5/8	16	13	133	1.5	0.1
	20	3/4	20	17	277	1.5	0.13
	25	1	25	22	380	1.5	0.17
	32	5/4	32	29	660	1.5	0.22
	40	3/2	40	36	1017	2.0	0.36
	50	2	50	46	1661	2.0	0.45

硬质 PVC 管一般物理性能 表 3-1-5

外径（mm）	壁厚（mm）	外径（mm）	壁厚（mm）
16	2.0＋0.4	45	3.0＋0.6
20	2.0＋0.4	50	3.0＋0.6
25	2.0＋0.4	63	3.0＋0.7
32	2.4＋0.5	75	3.0＋0.7
40	3.0＋0.6		

三、线槽

在一般小型工程中，有时采用暗管明槽布线方式及在楼道使用较大的 PVC 线槽代替金属桥架。在楼道墙面安装比较大的塑料线槽，例如宽度 60mm、100mm、150mm 白色 PVC 线槽，如图 3-1-3 所示。

线槽常用器件见图 3-1-4。

图 3-1-3　塑料线槽

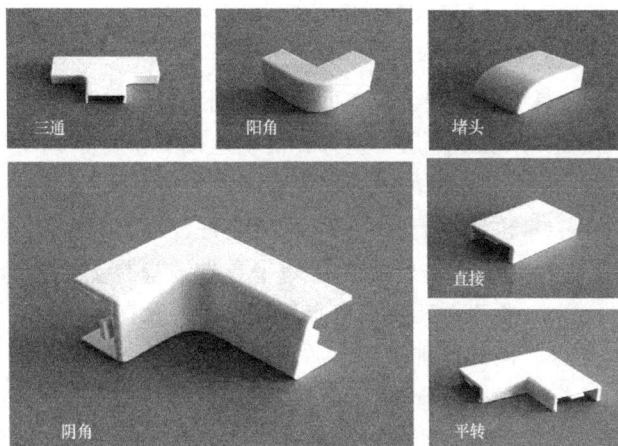

图 3-1-4　线槽常用器件

四、桥架

桥架具有结构简单、造价低、施工方便、配线灵活、安全可靠、安装标准、整齐美观、防尘防火、延长线缆使用寿命、方便扩充电缆和维护检修等特点，且同时能克服埋地静电爆炸、介质腐蚀等问题，因此被广泛应用于建筑群主干管线和建筑物内主干管线的安装施工。

桥架按结构可分为梯级式、托盘式和槽式 3 类，如图 3-1-5 所示。

桥架按制造材料可分为金属材料和非金属材料 2 类。

1. 槽式桥架

槽式桥架是全封闭电缆桥架，也就是通常所说的金属线槽，由槽底和槽盖组成，每根槽一般长度为 2m，槽与槽连接时使用相应尺寸的铁板和螺丝固定。它适用于敷设计算机线缆、通信线缆、热电偶电缆及其他高灵敏系统的控制电缆等，它对屏蔽干扰重腐蚀环境中电缆防护都有较好的效果，适用于室外和需要屏蔽的场所。在综合布线系统中一般使用的金属槽的规格有：50mm ×100mm、100mm ×100mm、100mm ×200mm、100mm × 300mm、200mm ×400mm 等多种规格。

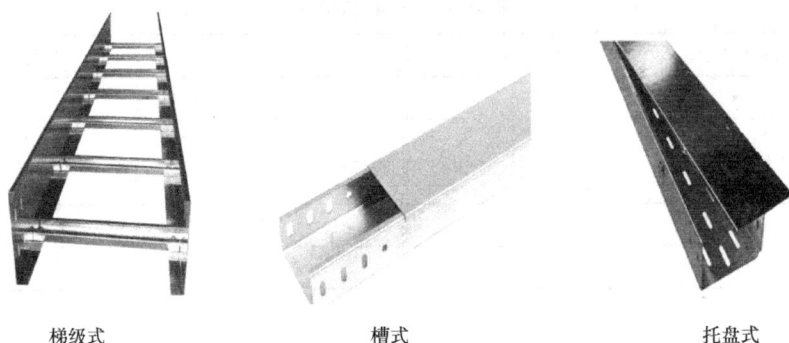

梯级式　　　　　　　　槽式　　　　　　　　托盘式

图 3-1-5　桥架

2. 托盘式桥架

具有重量轻、载荷大、造型美观、结构简单、安装方便、散热透气性好等优点，适用于地下层、吊顶等场所。

3. 梯级式桥架

具有重量轻、成本低、造型别致、通风散热好等特点。它适用于一般直径较大电缆的敷设，以及地下层、垂井、活动地板下和设备间的线缆敷设。

桥架和槽道的安装要求：

1）桥架及槽道的安装位置应符合施工图规定，左右偏差不应超过 50mm；

2）桥架及槽道水平度每平方米偏差不应超过 2mm；

3）垂直桥架及槽道应与地面保持垂直，并无倾斜现象，垂直度偏差不应超过 3mm；

4）两槽道拼接处水平偏差不应超过 2mm；

5）线槽转弯半径不应小于其槽内的线缆最小允许弯曲半径的最大值；

6）吊顶安装应保持垂直，整齐牢固，无歪斜现象；

7）金属桥架及槽道节与节间应接触良好，安装牢固；

8）管道内应无阻挡，道口应无毛刺，并安置牵引线或拉线；

9）为了实现良好的屏蔽效果，金属桥架和槽道接地体应符合设计要求，并保持良好的电气连接。

3.1.2 管槽施工要求

不同系统、不同电压等级、不同电流类别的线路，不应穿在同一管内或线槽的同一槽孔内。导线在管内或线槽内。不应有接头或扭结，导线的接头，应在接线盒内焊接或用端子连接。小截面导线连接时可以绞接，绞接匝数应在五匝以上，然后搪锡，用绝缘胶带包扎。

管路超过下列长度时，应在便于接线处装设接线盒：

（1）管子长度每超过 45m，无弯曲时；

（2）管子长度每超过 30m，有一个弯曲时；

（3）管子长度每超过 20m，有两个弯曲时；

（4）管长长度每超过 12m，有三个弯曲时。

弯制保护管时，应符合下列规定：保护管的弯成角度不应小于90°；保护管的弯曲半径：当穿无铠装的电缆且明敷设时，不应小于保护管外径的6倍；当穿铠装电缆以及埋设于地下与混凝土内时，不应小于保护管外径的10倍。

管内或线槽的穿线，应在建筑抹灰及地面工程结束后进行，在穿线前，应将管内或线槽内的积水及杂物清除干净，管内无铁屑及毛刺，切断口应挫平，管口应刮光。

敷设在多尘或潮湿场所管路的管口和管子连接处，均应作密封处理（加橡胶垫等）。

弱电线路的电缆竖井宜与强电电缆的竖井分别设置，如受条件限制必须合用时，弱电和强电线路应分别布置在竖井两侧。

钢管明敷设时宜采用螺纹连接，管端螺纹长度不应小于管接头的1/2。

钢管暗敷时宜采用套管焊接，管子的对口处应处于套管的中心位置；焊接应牢固，焊口应严密，并作防腐处理。镀锌管及薄壁管应采用螺纹连接。埋入混凝土内的保护管，管外不应涂漆。

钢管暗敷应选最短途径敷设，埋入墙或混凝土内时，离表面的净距离不应小于30mm。

暗敷的保护管引出地面时，管口宜高出地面200mm；当从地下引入落地式仪表盘（箱）时，宜高出盘（箱）内地面50mm。

接线盒和分线箱均应密封，分线箱应标明编号。钢管入盒时，盒外侧应套锁母，内侧应装护口。在吊顶内敷设时，盒内外侧均应套锁母。

管线经过建筑物变形缝（包括沉降缝、伸缩缝、抗震缝等）处，应采取补偿措施；导线跨越变形缝的两侧应固定，并留有适当余量，如图3-1-6所示。

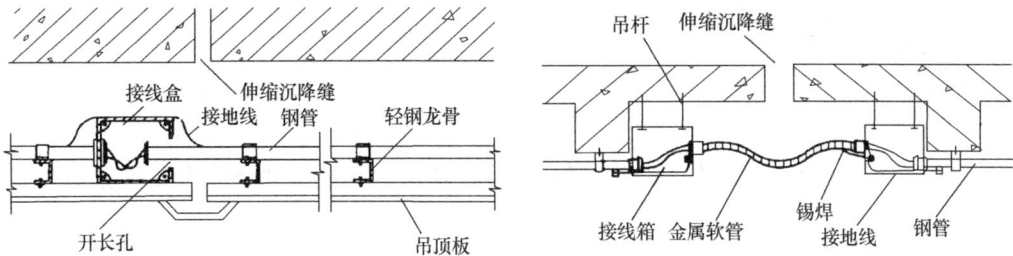

图 3-1-6　管线经过建筑物变形缝时处理方法

过路箱一般作暗配线时电缆管线的转接或接续用，箱内不应有其他管线穿过。

分线箱（盒）暗设时，一般应预留墙洞。墙洞大小应接分线箱尺寸留有一定余量，即墙洞上、下边尺寸增加20~30mm，左、右边尺寸增加10~20mm。分线箱（盒）安装高度应满足底边距地、距顶0.3m，为了确保用电安全，室内管线与其他管道最小距离为：

（1）平行敷设

	管内穿线	明敷导线
燃气管	0.1m	1m
乙炔管	0.1m	1m
氧气管	0.1m	0.5m

蒸汽管	1m/0.5m	1m/0.5m（电线管在上面/电线管在下面）
暖水管	0.3m/0.2m	0.3m/0.2m

（2）交叉敷设

	管内穿线	明敷导线
燃气管	0.1m	0.3m
乙炔管	0.1m	0.5m
氧气管	0.1m	0.3m
蒸汽管	0.3m	0.3m
暖水管	0.1m	0.1m

建筑物内横向布放的暗管管径不宜大于 G25，顶棚里或墙内水平、垂直敷设管路的管径不宜大于 G40。

在户外和潮湿场所敷设的保护管，引入分线箱或仪表盘（箱）时，宜从底部进入。

敷设在电缆沟道内的保护管，不应紧靠沟壁。

在吊顶内敷设各类管路和线槽时，应采用单独的卡具吊装或用支撑物固定。

线槽应平整，内部光洁、无毛刺，加工尺寸准确。线槽采用螺栓连接或固定时，宜用平滑的半圆头螺栓，螺母应在线槽的外侧，固定应牢固。

线槽的安装应横平竖直，排列整齐，其上部与顶棚（或楼板）之间应留有便于操作的空间。垂直排列的线槽拐弯时，其弯曲弧度应一致。

线槽的直线段应每隔 1.0～1.5m 设置吊点或支点，吊装线槽的吊杆直径，不应小于 6mm。在下列部位也应设置吊点或支点：

（1）线槽接头处；

（2）距接线盒 0.2m 处；

（3）线槽走向改变或转角处。

线槽安装在工艺管道上时，宜在工艺管道的侧面或上方（高温管道，不应在其上方）。

线槽拐直角弯时，宜用专用弯头，如图 3-1-7 所示。其最小的弯曲半径不应小于槽内最粗电缆外径的 10 倍。

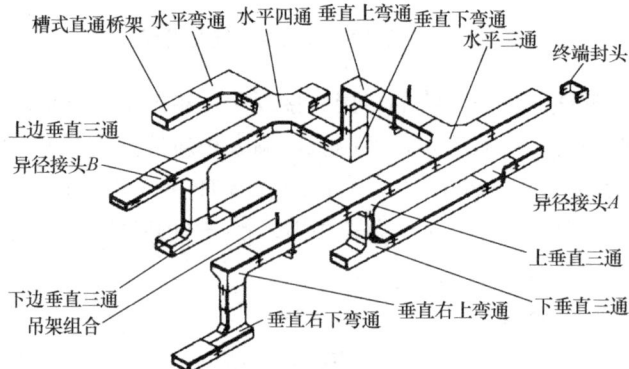

图 3-1-7　线槽组合结构图

3.2 线 缆 敷 设

3.2.1 线缆分类（表 3-2-1）

常用的智能建筑弱电系统线缆表   表 3-2-1

序号	线缆名称	产品说明	图 片
1	75Ω SYV 系列实心聚乙烯绝缘	通常用于电视监控系统的视频传输，适合视频图像传输	PE Insulation PE绝缘 PVC Jacket PVC被覆 copper braid铜线编织 Aluminum mylar铝箔麦拉 Copper conductor铜芯导体
2	75Ω SYWV 系列物理发泡聚乙烯绝缘	通常用于卫星电视传输以及有线电视传输等，适合射频传输	Double tinned copper braid shielded 双层镀锡线编织 PVC Jacket PVC被覆 Aluminum mylar铝箔麦拉 PE insulation PE绝缘 Copper conductor铜芯导体 视频线（物理发泡）
3	RG-58-96 号-镀锡铜编织	通常用于弱电视频图像传输或 HFC 网络等	Tinned copper braid shield 镀锡铜编织 PVC Jacket PVC 被覆 PE Insulation PE 绝缘 Tinned copper conductor 镀锡铜芯导体 视频线（RG-58）
4	AVVR 或 RVV 护套线	通常用于弱电电源供电	Copper conductor铜芯导体 SR-PVC Insulation SR-PVC绝缘 PVC Jacket PV被覆 护套线

续表

序号	线缆名称	产品说明	图 片
5	AVVR 或 RVV圆形双绞护套线	通常用于弱电电源供电	SR-PVC Insulation SR-PVC绝缘 PVC Jacket PVC被覆 Copper conductor铜芯导体 护套线
6	扁形无护套软电线或电缆 AVRB	通常用于背景音乐和公共广播,也可做弱电供电电源线	Copper conductor铜芯导体 PVC Jacket PVC被覆 红黑线
7	绞型双芯电源线 (AVRS 或 RVS)	通常用于公共广播系统/背景音乐系统布线,消防系统布线	Copper conductor铜芯导体 PVC Jacket PVC被覆 红黄双绞
8	金银线(音箱线)	用于功放机输出至音箱的接线	See-through PVC Jacket 透明PVC被覆 Copper conductor铜芯导体 金银线
9	铜芯聚氯乙烯绝缘安装用电缆	用于弱电供电电源线,一般适合做供电电流较大的主干电源供电	PVC Jacket PVC被覆 Copper conductor铜芯导体 单芯线
10	铜芯聚氯乙烯绝缘聚氯乙烯护套线	通常用于弱电系统中供电电源线	Copper conductor铜芯导体 SR-PVC Insulation SR-PVC绝缘 PVC Jacket PVC被覆 护套线

续表

序号	线缆名称	产品说明	图 片
11	铜芯聚氯乙烯绝缘屏蔽聚氯乙烯护套线	带屏蔽形，通常用于弱电信号控制及信号传输，可防止干扰。有多芯可供选择，例如：RVVP2＊线径，RVVP3＊线径，RVVP5＊线径……	Copper conductor铜芯导体 PVC Jacket PVC被覆 Tinned copper braid shiesld 镀锡铜线编织 Aluminum mylar铝箔麦拉 SR-PVC Insulation SR-PVC绝缘
12	网线、网络线	计算机网络线，有5类，6类，7类之分，有屏蔽与不屏蔽之分	cat.6 UTP　　cat.5e UTP
13	4×1/0.5 电话线	适用于室内外电话安装用线	PE Insulation PE绝缘 PVC Jacket PVC被覆 Copper conductor铜芯导体 四芯电话线
14	2×1/0.5 电话线	适用于室内外电话安装用线	PP Insulation PP绝缘 PVC Jacket PVC被覆 Copper conductor铜芯导体

续表

序号	线缆名称	产品说明	图　片
15	AV 线（音视频线）	用于音响设备，家用影视设备音频和视频信号连接	
16	咪线（话筒线）	连接话筒与功放机	
17	大对数通信电缆	通常用于室外通信主接线箱	
18	小对数通信电缆	通常用于室外通信分接线箱/或建筑物内楼层分线箱，一般支持数十户	
19	电梯电缆	用于随电梯行走的电视监控专用线材，内含视频线、电源线、钢丝	

序号	线缆名称	产品说明	图　片
20	光纤	用于网络通信及视频监控等要求传输频带宽、传输容量比较大的场合	
21	光缆	用于网络通信及视频监控等要求传输频带宽、传输容量非常大的场合	

3.2.2　线缆施工要求

穿线工作应在土建工程基本完工，墙面、地面抹灰工程完成后进行。

智能建筑弱电系统工程中常用的线缆有耐压 300V/500V 聚氯乙烯绝缘的铜芯线，同轴电缆、双绞线、光纤。聚氯乙烯绝缘的铜芯线型号、名称、规格见表 3-2-2。

聚氯乙烯绝缘的铜芯线型号、名称、规格　　　　　表 3-2-2

型号	名称	芯数	标称截面 （mm²）
RV	铜芯聚氯乙烯绝缘连接软电缆（电线）	1	1.5～70
RVB	铜芯聚氯乙烯绝缘平行连接软电线	2	0.3～1
RVS	铜芯聚氯乙烯绝缘绞型连接软电线	2	0.3～1.5
RVV	铜芯聚氯乙烯绝缘聚氯乙烯护套圆形连接软电缆	2～3	0.75～2.5
RVVB	铜芯聚氯乙烯绝缘聚氯乙烯护套平行连接软电线	2～5	0.5～1

型号	名称	芯数	标称截面（mm²）
RVVP	铜芯聚氯乙烯绝缘聚氯乙烯护套圆形屏蔽连接软电缆	2～5	0.5～1.5
RV105	铜芯耐热 105℃ 聚氯乙烯绝缘连接软电线	1	0.5～6
BV	铜芯聚氯乙烯绝缘电缆（电线）	1	1.5～400
BVR	铜芯聚氯乙烯绝缘软电缆（电线）	1	2.5～70
BVV	铜芯聚氯乙烯绝缘聚氯乙烯护套圆形电缆	1～5	1.5～35
BVVB	铜芯聚氯乙烯绝缘聚氯乙烯护套平行电缆	2～3	0.75～10

穿管绝缘导线或电缆的总截面积不应超过管内截面积的 40%。敷设于封闭或线槽内的绝缘导线或电缆的总截面积不应大于线槽的净截面积的 50%，参考图 3-2-1 和图 3-2-2。

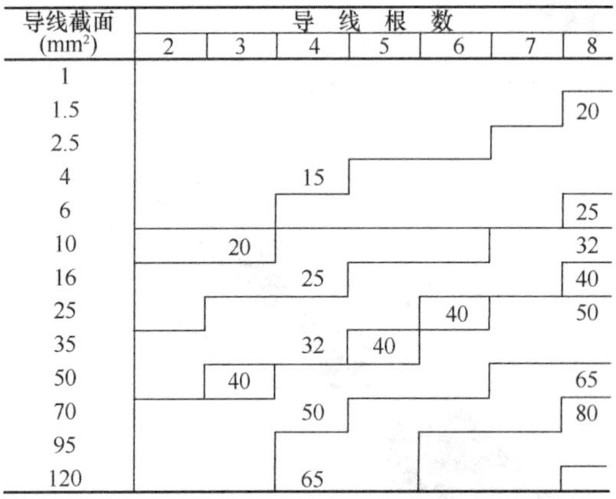

图 3-2-1　BV 线穿钢管管径选择表

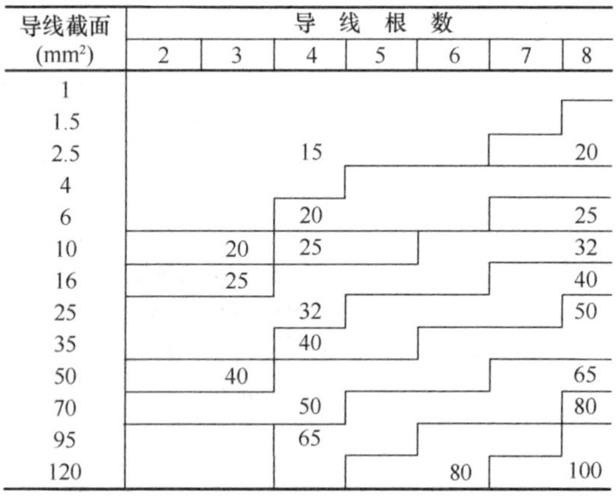

图 3-2-2　BV 线穿硬塑料管管径选择表

多芯电缆的弯曲半径，不应小于其外径的 6 倍。

信号电缆（线）与电力电缆（线）交叉敷设时，宜成直角；当平行敷设时，其相互间的距离应符合设计规定。

电缆沿支架或在线槽内敷设时应在下列各处固定牢固：

（1）当电缆倾斜坡度超过 45°或垂直排列时，在每一个支架上。

（2）当电缆倾斜坡度不超过 45°且水平排列时，在每隔 1～2 个支架上。

（3）在线路拐弯处和补偿裕度两侧以及保护管两端的第一、二两个支架上。

（4）在引入各表盘（箱）前 300～400mm 处。

（5）在引入接线盒及分线箱前 150～300mm 处。

室外电缆线路的路径选择应以现有地形、地貌、建筑设施为依据，并按以下原则确定：

（1）线路宜短直，安全稳定，施工、维修方便。

（2）线路宜避开易使电缆受机械或化学损伤的路段，减少与其他管线等障碍物的交叉。

（3）视频与射频信号的传输宜用特性阻抗为 75Ω 的同轴电缆，必要时也可选用光缆。

（4）具有可供利用的架空线路时，可同杆架空敷设，但同电力线（1kV 以下）的间距不应小于 1.5m，同广播线间距不应小于 1m，同通信线的间距不应小于 0.6m。

（5）架空电缆时，同轴电缆不能承受大的拉力，要用钢丝绳把同轴电缆吊起来，方法与电话电缆的施工方法相似。室外电线杆的理论一般按间距 40m 考虑，杆长 6m，杆埋深 1m。室外电缆进入室内时，预埋钢管要做防雨水处理。

（6）需要钢索布线时，钢索布线最大跨度不要超过 30m，如超过 30m 时应在中间加支持点或采用地下敷设的方式。跨距大于 20m 时，用直径 4.6～6mm 的钢绞线。跨距 20m 以下时，可用三条直径 4mm 的镀锌铁丝绞合。

3.2.3 室内线缆穿线方法

一、水平牵引方法

建筑物内的各种暗敷的管路和槽道已安装完成，因此线缆要敷设在管路或槽道内就必须使用线缆牵引技术。为了方便线缆牵引，在安装各种管路或槽道时已内置了一根拉绳（一般为钢绳），使用拉绳可以方便地将线缆从管道的一端牵引到另一端。

根据施工过程中敷设的电缆类型，可以使用三种牵引技术，即牵引 4 对双绞线电缆、牵引单根 25 对双绞线电缆、牵引多根 25 对或更多对线电缆。

1. 牵引 4 对双绞线电缆

主要方法是使用电工胶布将多根双绞线电缆与拉绳绑紧，使用拉绳均匀用力缓慢牵引电缆。具体操作步骤如下：

（1）将多根双绞线电缆的末端缠绕在电工胶布上，如图 3-2-3 所示。

（2）在电缆缠绕端绑扎好拉绳，然后牵引拉绳，如图 3-2-4 所示。

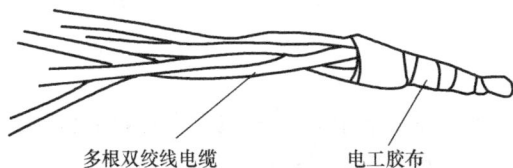

图 3-2-3　用电工胶布缠绕多根双绞线电缆的末端　　图 3-2-4　将双绞线电缆与拉绳绑扎固定

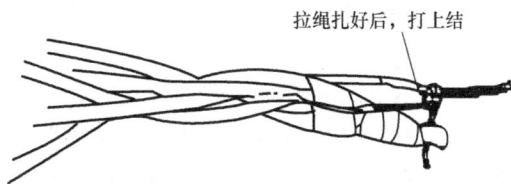

4 对双绞线电缆的另一种牵引方法也是经常使用的，具体步骤如下：

（1）剥除双绞线电缆的外表皮，并整理为两扎裸露金属导体，如图 3-2-5 所示。

（2）将金属导体编织成一个环，拉绳绑扎在金属环上，然后牵引拉绳，如图 3-2-6 所示。

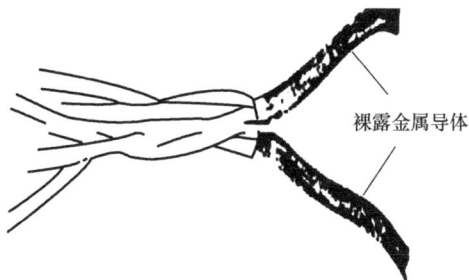

图 3-2-5　剥除电缆外表皮得到裸露金属导体　　图 3-2-6　编织成金属环以供拉绳牵引

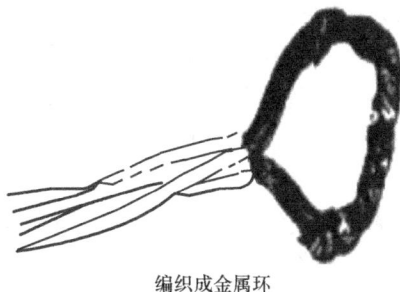

2. 牵引单根 25 对双绞线电缆

主要方法是将电缆末端编制成一个环，然后绑扎好拉绳后，牵引电缆，具体的操作步骤如下所示：

（1）将电缆末端与电缆自身打结成一个闭合的环。

（2）用电工胶布加固，以形成一个坚固的环。

（3）在缆环上固定好拉绳，用拉绳牵引电缆。

3. 牵引多根 25 对双绞线电缆或更多线对的电缆

主要操作方法是将线缆外表皮剥除后，将线缆末端与拉绳绞合固定，然后通过拉绳牵引电缆，具体操作步骤如下：

（1）将线缆外表皮剥除后，将线对均匀分为两组线缆。

（2）将两组线缆交叉地穿过接线环。

（3）将两组线缆缠纽在自身电缆上，加固与接线环的连接。

（4）在线缆缠纽部分紧密缠绕多层电工胶布，以进一步加固电缆与接线环的连接。

二、竖直牵引方法

主干线缆在竖井中敷设干线一般有两种方式：向下垂放电缆和向上牵引电缆。相比而言，向下垂放电缆比向上牵引电缆要容易些。

1. 向下垂放电缆

如果干线电缆经由垂直孔洞向下垂直布放，则具体操作步骤如下：

（1）首先把线缆卷轴搬放到建筑物的最高层；

（2）在离楼层的垂直孔洞处 3～4m 处安装好线缆卷轴，并从卷轴顶部馈线；

（3）在线缆卷轴处安排所需的布线施工人员，每层上要安排一个工人以便引寻下垂的线缆；

（4）开始旋转卷轴，将线缆从卷轴上拉出；

（5）将拉出的线缆引导进竖井中的孔洞。在此之前先在孔洞中安放一个塑料的套状保护物，以防止孔洞不光滑的边缘擦破线缆的外皮，如图 3-2-7 所示；

（6）慢慢地从卷轴上放缆并进入孔洞向下垂放，注意不要快速地放缆；

（7）继续向下垂放线缆，直到下一层布线工人能将线缆引到下一个孔洞；

（8）按前面的步骤，继续慢慢地向下垂放线缆，并将线缆引入各层的孔洞。

如果干线电缆经由一个大孔垂直向下布设，就无法使用塑料保护套，最好使用一个滑车轮，通过它来下垂布线，具体操作如下：

（1）在大孔的中心上方安装上一个滑轮车，如图 3-2-8 所示；

（2）将线缆从卷轴拉出并绕在滑轮车上；

（3）按上面所介绍的方法牵引线缆穿过每层的大孔，当线缆到达目的地时，把每层上的线缆绕成卷放在架子上固定起来，等待以后的端接。

2. 向上牵引电缆

向上牵引线缆可借用电动牵引绞车将干线电缆从底层向上牵引到顶层，如图 3-2-9 所示。具体的操作步骤如下：

（1）先往绞车上穿一条拉绳；

（2）启动绞车，并往下垂放一条拉绳，拉绳向下垂放直到安放线缆的底层；

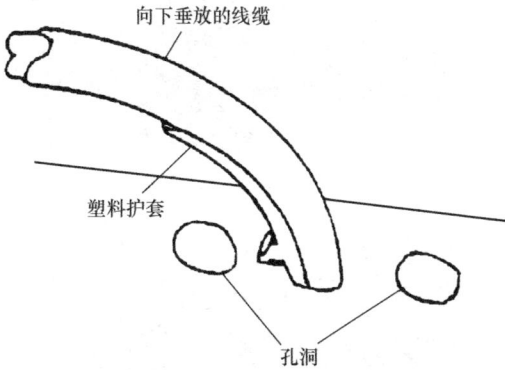

图 3-2-7 在孔洞中安放塑料保护套

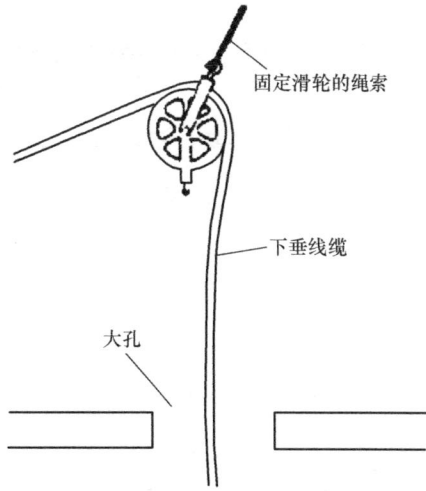

图 3-2-8 在大孔上方安装滑轮车

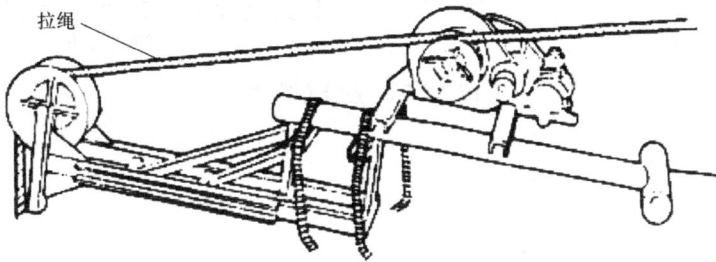

图 3-2-9 电动牵引绞车向上牵引线缆

（3）将线缆与拉绳牢固地绑扎在一起；

（4）启动绞车，慢慢地将线缆通过各层的孔洞向上牵引；

（5）线缆的末端到达顶层时，停止绞车；

（6）在地板孔边沿上用夹具将线缆固定好；

（7）当所有连接制作好之后，从绞车上释放线缆的末端。

3.2.4 室外布线方法

要实现建筑物与建筑物之间的线缆敷设，线缆敷设距离较远通常使用架空布线法、直埋布线法、地下管道布线法、隧道布线法等，如图 3-2-10 所示。

一、架空布线法

架空布线法要求用电线杆将线缆在建筑物之间悬空架设，一般是先架设钢丝绳，然后在钢丝绳上挂放线缆，如图 3-2-11 所示。

1. 架空布线法的施工注意事项：

（1）安装光缆时需格外谨慎，链接每条光缆时都要熔接。

（2）光纤不能拉得太紧，也不能形成直角，较长距离的光缆敷设最重要的是选择一条合适的路径。

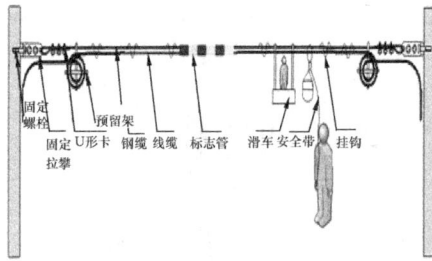

架空布线法

直埋布线法

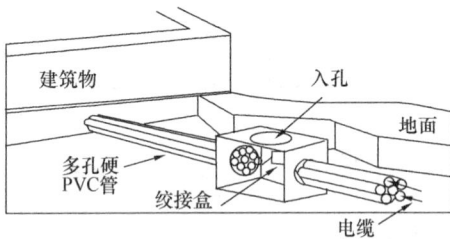

地下管道布线法

隧道布线法

图 3-2-10　室外布线法

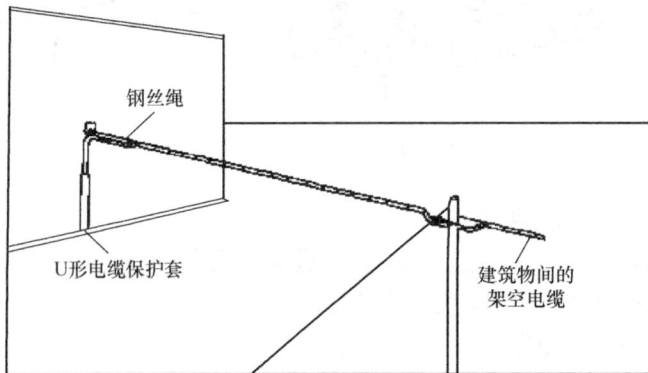

图 3-2-11　架空布线法

（3）必须要有很完备的设计和施工图纸，以便施工和今后检查方便可靠。

（4）施工中要时刻注意不要使光缆受到重压或被坚硬的物体扎伤。

（5）光缆转弯时，其转弯半径要大于光缆自身直径的 20 倍。

（6）架空时，光缆引入线缆处需加导引装置进行保护，并避免光缆拖地，光缆牵引时注意减小摩擦力，每个杆上要预留伸缩的光缆。

（7）要注意光缆中金属物体的可靠接地。特别是在山区、高电压电网区和多雷电地区一般要每公里有三个接地点。

2. 架空布线法施工步骤：

（1）设电线杆：电线杆以距离 30～50m 的间隔距离为宜；

（2）选择吊线：根据所挂缆线重量、杆挡距离、所在地区的气象负荷及其未来发展情况等因素选择吊线；

（3）安装吊线：在同一杆路上架设有明线和电缆时，吊线夹板至末层线担穿钉的距离不得小于45cm，并不得在线担中间穿插。在同一电杆上装设两层吊线时，两吊线间距离为40cm；

（4）吊线终结：吊线沿架空电缆的路由布放，要形成始端、终端、交叉和分歧；

（5）收紧吊线：收紧吊线的方法根据吊线张力、工作地点和工具配备等情况而定；

（6）安装线缆：挂电缆挂钩时，要求距离均匀整齐，挂钩的间隔距离为50cm，电杆两旁的挂钩应距吊线夹板中心各25cm，挂钩必须卡紧在吊线上，托板不得脱落，如图3-2-12、图3-2-13所示。

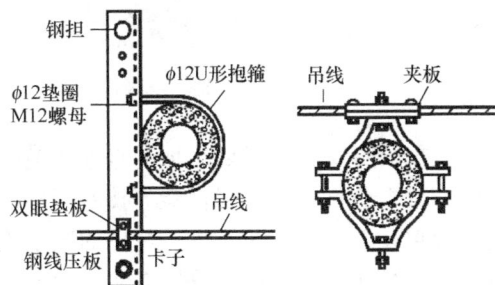

图 3-2-12 安装吊线   图 3-2-13 安装线缆

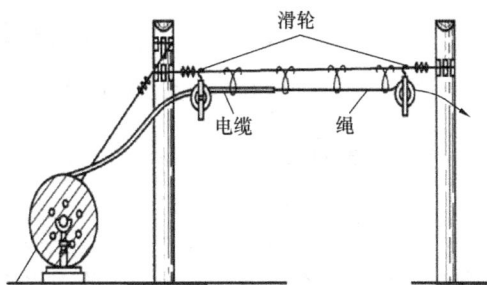

二、直埋布线法

直埋布线法就是在地面挖沟，然后将缆线直接埋在沟内，通常应埋在距地面0.6m以下的地方，如图3-2-14所示。

1. 直埋布线法的施工注意事项

（1）直埋光缆沟深度要按照标准进行挖掘。

（2）不能挖沟的地方可以架空或钻孔预埋管道敷设。

（3）沟底应保证平缓坚固，需要时可预填一部分沙子、水泥或支撑物。

（4）敷设时可用人工或机械牵引，但要注意导向和润滑，直埋布线现场施工，如图3-2-15所示。

（5）敷设完成后，应尽快回土覆盖并夯实。

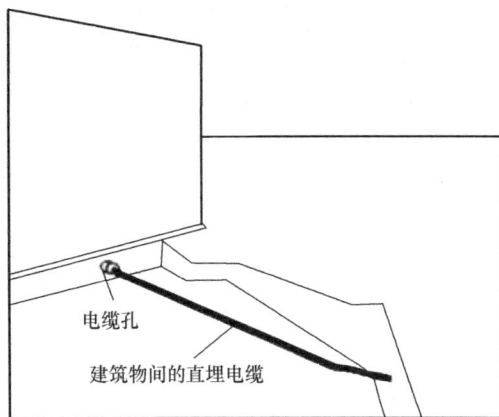

图 3-2-14 直埋布线法

2. 直埋布线法施工步骤

（1）准备工作：对用于施工项目的线缆进行详细检查，其型号、电压、规格等应与施工图设计相符；线缆外观应无扭曲、坏损及漏油、渗油现象。

（2）挖掘线缆沟槽：在挖掘沟槽和接头坑位时，线缆沟槽的中心线应与设计路由的中心线一致，允许有左右偏差，但不得大于10cm，挖沟现场如图3-2-16所示。

图 3-2-15 直埋布线现场施工

机械挖沟

人工挖沟

图 3-2-16 挖沟现场

（3）直埋电缆的敷设：在敷设直埋电缆时，应根据设计文件对已到工地的直埋线缆的型号、规格和长度，进行核查和检验，必要时应检测其电气性能和绝缘性能等技术指标。

（4）电缆沟槽的回填：电缆敷设完毕，应请建设单位、监理单位及施工单位的质量检查部门共同进行隐蔽工程验收，验收合格后方可覆盖、填土。填土时应分层夯实，覆土要高出地面 150～200mm，以防松土沉陷。

三、地下管道布线法

管道布线法是指油管道组成的地下系统，一根或多根管道通过基础墙进入建筑物内部，把建筑群的各个建筑物连接在一起。管道一般为 0.8～1.2m，或符合当地规定的深度。管道布线法，如图 3-2-17 所示。

1. 管道布线法的施工注意事项

（1）施工前应核对管道占用情况，清洗、安放塑料子管，同时放入牵引线。管道布线法现场施工，如图 3-2-18 所示。

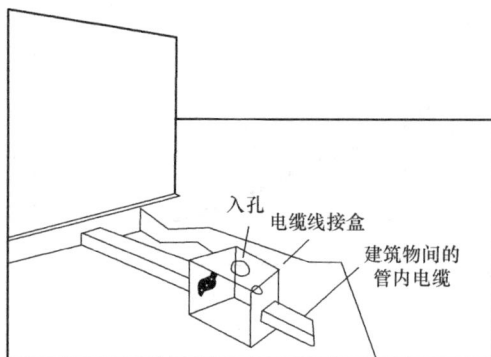

入孔
电缆线接盒
建筑物间的
管内电缆

图 3-2-17 管道布线法

图 3-2-18 管道布线法现场施工

（2）计算好布放长度，一定要有足够的预留长度。

（3）一次布放长度不要太长（一般 2km），布线时应从中间开始向两边牵引。

（4）布缆牵引力一般不大于 120kg，而且应牵引光缆的加强芯部分，并做好光缆头部的防水加强处理。

（5）光缆引入和引出处需加顺引装置，不可直接拖地。

（6）管道光缆也要注意可靠接地。

2. 管道布线法施工步骤

（1）准备工作：施工前对运到工地和电缆进行核实，核实的主要内容是电缆型号、规格、每盘电缆的长度等。

（2）清刷和试通选用的管孔：在敷设管道电缆前，必须根据设计规定选用管孔，进行清刷和试通。

（3）缆线敷设：在管道中敷设线缆时，最重要的是选好牵引方式，根据管道和缆线情况可选择用人或机器来牵引敷设线缆。

（4）管道封堵：线缆在管道中敷设完毕后，要对穿线管道进行封堵。

四、隧道内布线法

在建筑物之间通常有地下通道，利用这些通道来敷设电缆不仅成本低，而且可以利用原有的安全设施。如建筑结构较好，且内部安装的其他管线不会对通信系统线路产生危害，则可以考虑对该设施进行布线，隧道内布法如图 3-2-19 所示。

1. 隧道内布法的施工注意事项

（1）电缆隧道的净高不应低于 1.90m，有困难时局部地段可适当降低。

（2）电缆隧道内应有照明，其电压不应超过 36V，否则应采取安全措施。

（3）隧道内应采取通风措施，一般为自然通风。

（4）缆沟在进入建筑物处应设防火墙。电缆隧道进入建筑物处，以及在变电所围墙处，应设带门的防火墙。此门应采用非燃烧材料或难燃烧材料制作，并应装锁。

（5）其他管线不得横穿电缆隧道。电缆隧道和其他地下管线交叉时，应尽可能避免隧道局部下降。隧道内布现场施工，如图 3-2-20 所示。

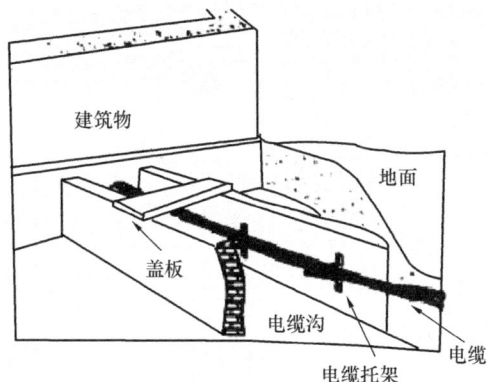

图 3-2-19 隧道内布法

图 3-2-20 隧道内布法现场施工

2. 隧道内布法施工步骤

（1）施工准备：施工前对电缆进行详细检查；规格、型号、截面、电压等级均要符合设计要求。

（2）电缆展放：质检人员会同驻地监理检查隐蔽工程金属制电缆支架防腐处理及安装

质量。电缆采用汽车拖动放线架敷设，敷设速度控制在 15m/min。室外电缆放线，如图 3-2-21所示。

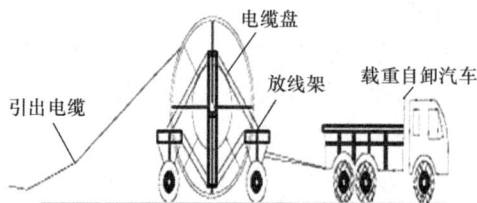

图 3-2-21　室外电缆放线

（3）电缆接续：电缆接续工作人员采取培训、考核，合格者上岗作业，并严格按照制作工艺规程进行施工。

（4）挂标志牌：沿支架、穿管敷设的电缆在其两端、保护管的进出端挂标志牌，没有封闭在电缆保护管内的多路电缆，每隔 25m 提供一个标志牌。

【练习题】

一、单选题

1.（　　）又称焊接钢管、水煤气管。管壁厚度在 2mm 以上，以内径大小称呼其规格，其代号为 "G"。

A. 薄壁铜管　　　　　B. 厚壁钢管　　　　　C. 电线管　　　　　D. 黑铁管

2. 铜芯聚氯乙烯绝缘聚氯乙烯护套圆形连接软电缆是（　　）。

A. RVV　　　　　B. RVS　　　　　C. RVB　　　　　D. RV

3. 穿管绝缘导线或电缆的总截面积不应超过管内截面积的（　　）。

A. 40%　　　　　B. 45%　　　　　C. 50%　　　　　D. 60%

二、多选题

1. 建筑智能化系统工程的管线敷设根据线路敷设场所，可以分为（　　）。

A. 室外敷设　　　　　B. 明敷　　　　　C. 暗敷　　　　　D. 室内敷设

2. 室内配管使用的钢管有（　　）。

A. 厚壁钢管　　　　　B. PVC 管　　　　　C. 薄壁钢管　　　　　D. HDPE 管

3. 桥架按结构可分为（　　）。

A. 金属式　　　　　B. 梯级式　　　　　C. 托盘式　　　　　D. 槽式

三、问答题

1. 管槽施工的注意事项。

2. 线缆施工的注意事项。

项目4 智能建筑弱电系统工程造价

【学习目标】
- 掌握智能建筑弱电系统工程造价的组成;
- 掌握智能建筑弱电系统工程造价的计算方法;
- 掌握智能建筑弱电系统安装工程的计算规则;
- 掌握智能建筑弱电系统工程施工图预算编制。

工程造价是指构成项目在建设期预计或实际支出的建设费用,在项目建设中尤为重要。近几年来,我国科技水平不断提高,出现了许多智能化工程,在这些智能化工程给人们的生活带来便利的同时,工程造价方面会不断地暴露出来缺乏专业的智能化造价管理人员、智能化工程计价不规范等问题。可见智能化工程造价的在整个智能化工程中越来越重要。

4.1 建筑弱电工程预算认知

4.1.1 基本建设与工程造价

一、基本建设概述

基本建设是指建设单位利用国家预算拨款、国内外贷款、自筹基金及其他专项资金进行投资,以扩大生产能力、改善工作和生活条件为主要目标的新建、扩建、改建等建设经济活动。

1. 基本建设的内容

(1) 建筑安装工程。包括各种土木建筑、矿井开凿、水利工程建筑、生产、动力、运输、实验等各种需要安装的机械设备的装配,以及与设备相连的工作台等装设工程。

(2) 设备购置。即购置设备、工具和器具等。

(3) 勘察、设计、科学研究实验、征地、拆迁、试运转、生产职工培训和建设单位管理工作等。

2. 基本建设的特点

基本建设是社会扩大再生产,加速四个现代化的重要手段,有其特殊性,是按照自己的内在规律来实现它的固定资产增值的。它具有如下特点:

(1) 它是一种消耗大、周期长的经济活动,在建设期只投入而不产出。由于基本建设的工程整体性强,构造复杂,形体庞大,建设周期长,人力、物力、财力投入大,因此整个建设过程必须有计划按步骤有序进行。亦即按基本建设程序运行,任何形式的中断、跨越、违序都意味着浪费和损失。

（2）它是一项涉及多学科的经济技术活动，具有很强的综合性。在工程建设过程中，需要国民经济很多部门提供产品、条件和服务才能建成，建成后还需要大量的外部条件才能充分发挥其预期效益。

（3）建设单位（业主）要介入整个建设过程。从项目建议、立项及方案确定、工程发包、工程质量进度、投资控制、设计管理、竣工验收、直到投产达标，建设单位都要承担直接责任，这种买方直接介入生产全过程的期货交易形式，与其他商品"一手交钱，一手交货"的交易形式完全不同。

（4）建设项目空间的不变性。建设工程都固定在选定的地点，建成后一般不再移动，项目的固定性直接影响生产的布局，若选址不当，将长期背包袱。

（5）组织建设的复杂性。工程多数是在露天作业，受季节、地址、气候影响，对建设条件、建设资源也要适时适量调配组织，因而使得组织、规划、建设工作非常复杂。

3. 基本建设的分类

基本建设的类型主要包括：

（1）按建设的性质分为新建项目、扩建项目、改建项目、迁建项目和恢复项目。

新建项目：是从无到有、平地起家的建设项目。

扩建和改建项目：是在原有企业、事业、行政单位的基础上，扩大产品的生产能力或增加新的产品生产能力，以及对原有设备和工程进行全面技术改造的项目。

迁建项目：是原有企业、事业单位由于各种原因，经有关部门批准搬迁到另地建设的项目。

恢复项目：是指对由于自然、战争或其他人为灾害等原因而遭到毁坏的固定资产进行重建的项目。

（2）按建设的经济用途分为生产性基本建设和非生产性基本建设。生产性基本建设是用于物质生产和直接为物质生产服务项目的建设，包括工业建设、建筑业和地质资源勘探事业建设和农林水利建设；非生产性基本建设是用于人民物质和文化生活项目的建设，包括住宅、学校、医院、托儿所、影剧院以及国家行政机关和金融保险业的建设等。

基本建设是形成固定资产的生产活动。固定资产是指在其有效使用期内重复使用而不改变其实物形态的主要劳动资料，它是人们生产和活动的必要物质条件。是一个物质资料生产的动态过程，这个过程概括起来，就是将一定的物资、材料、机器设备通过购置、建造和安装等活动把它转化为固定资产，形成新的生产能力或使用效益的建设工作。

（3）按建设规模分类：按建设规模和总投资的大小，可分为大型、中型、小型建设项目。

（4）按建设阶段分类：预备项目、筹建项目、施工项目、建成投资项目、收尾项目。

（5）按行业性质和特点划分：竞争性项目、基础性项目、公益性项目等。

4. 基本建设作用

基本建设是促进社会生产发展和提高人民生活水平的重要手段。它为国民经济各部门新增固定资产和生产能力，对有计划地建立新兴产业部门，调整原有经济结构，合理分布生产力，采用先进技术改造国民经济，加速生产发展速度，以及为社会提供住宅和科研、文教卫生设施以及城市基础设施，为改善人民物质文化生活等方面，都具有重要意义。基本建设工程建设周期长，要在较长的时间内占用和消耗大量的生产资料、生活资料和劳动力。因此，在社会主义经济建设中，要十分重视合理确定建设规模，选择投资方向，讲求效果，以充分发挥基本建设应有的积极作用。

二、工程造价概述

工程造价的直意就是工程的建造价格。工程计价的三要素：量、价、费。

1. 工程造价的含义

（1）第一种含义

工程造价是指进行某项工程建设花费的全部费用，即该工程项目有计划地进行固定资产再生产、形成相应无形资产和铺底流动资金的一次性费用总和。显然，这一含义是从投资者——业主的角度来定义的。投资者选定一个项目后，就要通过项目评估进行决策，然后进行设计招标、工程招标，直到竣工验收等一系列投资管理活动。在投资活动中所支付的全部费用形成了固定资产和无形资产。所有这些开支就构成了工程造价。从这个意义上说，工程造价就是工程投资费用，建设项目工程造价就是建设项目固定资产投资。

（2）第二种含义

工程造价是指工程价格，即为建成一项工程，预计或实际在土地市场、设备市场、技术劳务市场等交易活动中所形成的建筑安装工程的价格和建设工程总价格。显然，工程造价的第二种含义是以社会主义商品经济和市场经济为前提。它以工程这种特定的商品形成作为交换对象，通过招投标、承发包或其他交易形成，在进行多次性预估的基础上，最终由市场形成的价格。通常是把工程造价的第二种含义认定为工程承发包价格。

所谓工程造价的两种含义是以不同角度把握同一事物的本质。以建设工程的投资者来说工程造价就是项目投资，是"购买"项目付出的价格，同时也是投资者在作为市场供给主体时"出售"项目时定价的基础；对于承包商来说，工程造价是他们作为市场供给主体出售商品和劳务的价格的总和，或是特指范围的工程造价，如建筑安装工程造价。

2. 工程造价的职能

（1）评价职能

工程造价是评价总投资和分项投资合理性和投资效益的主要依据之一。在评价土地价格、建筑安装产品和设备价格的合理性时，就必须利用工程造价资料，在评价建设项目偿贷能力、获利能力和宏观效益时，也可依据工程造价。工程造价也是评价建筑安装企业管理水平和经营成果的重要依据。

（2）调控职能

国家对建设规模、结构进行宏观调控是在任何条件下都不可或缺的，对政府投资项目进行直接调控和管理也是必需的。这些都要用工程造价为经济杠杆，对工程建设中的物资消耗水平、建设规模、投资方向等进行调控和管理。

（3）预测职能

无论投资者或是建筑商都要对拟建工程进行预先测算。投资者预先测算工程造价不仅可以作为项目决策依据，同时也是筹集资金、控制造价的依据。承包商对工程造价的预算，既为投标决策提供依据，也为投标报价和成本管理提供依据。

（4）控制职能

工程造价的控制职能表现在两方面：一方面是它对投资的控制，即在投资的各个阶段，根据对造价的多次性预算和评估，对造价进行全过程多层次的控制；另一方面，是对以承包商为代表的商品和劳务供应企业的成本控制。

3. 工程造价的具体形式

按工程不同的建设阶段，工程造价具有不同的形式：

（1）投资估算

投资估算是指在投资决策过程中，建设单位或建设单位委托的咨询机构根据现有的资料，采用一定的方法，对建设项目未来发生的全部费用进行预测和估算。

（2）设计概算

设计概算是指在初步设计阶段，在投资估算的控制下，由设计单位根据初步设计或扩大设计图纸及说明、概预算定额、设备材料价格等资料，编制确定的建设项目从筹建到竣工交付生产或使用所需全部费用的经济文件。

（3）修正概算

在技术设计阶段，随着对建设规模、结构性质、设备类型等方面进行修改、变动，初步设计概算也做相应调整，即为修正概算。

（4）施工图预算

施工图预算是指在施工图设计完成后，工程开工前，根据预算定额、费用文件计算确定建设费用的经济文件。

（5）工程结算

工程结算是指承包方按照合同约定，向建设单位办理已完工程价款的清算文件。

（6）竣工决算

建设工程竣工决算是由建设单位编制的反映建设项目实际造价文件和投资效果的文件，是竣工验收报告的重要组成部分，是基本建设项目经济效果的全面反映，是核定新增固定资产价值，办理其交付使用的依据。

三、建设工程造价的组成和建筑电气安装工程造价计价方法

1. 建设工程造价的组成

建设工程造价，一般是由以下五部分组成：建筑工程费用、设备安装工程费用、设备购置费用、工器具及生产家具购置费用、其他费用。具体见表 4-1-1 所示。

建设工程造价的组成　　　　　　　　　　　表 4-1-1

建设项目总造价	建设项目概算费用	建筑安装工程费	直接费	
			间接费	
			利润	
			税金	
		设备工器具购置费		
		工程建设其他费		
		预备费	基本预备费	
			涨价预备费	
	建设期贷款利息、固定资产投资方向调节税（已暂停征收）			
	建成投产后所需的铺底流动资金			

(1) 建筑工程费用

包括各类房屋建筑工程和列入房屋建筑工程预算的供水、供暖、卫生、通风、煤气等设备费用及其装设、油饰工程的费用,列入建筑工程预算的各种管道、电力、电信和电缆导线敷设工程的费用;设备基础、支柱、工作台、烟囱、水塔、水池、灰塔等建筑工程以及各种炉窑的砌筑工程和金属结构工程的费用;为施工而进行的场地平整,工程和水文地质勘察,原有建筑物和障碍物的拆除以及施工临时用水、电、气、路和完工后的场地清理,环境绿化、美化等工作的费用;矿井开凿、井巷延伸、露天矿剥离,石油、天然气钻井,修建铁路、公路、桥梁、水库、堤坝、灌渠及防洪等工程的费用。

(2) 安装工程费

生产、动力、起重、运输、传动和医疗、实验等各种需要安装的机械设备的装配费用,与设备相连的工作台、梯子、栏杆等设施的工程费用,附属于被安装设备的管线敷设工程费用,以及被安装设备的绝缘、防腐、保温、油漆等工作的材料费和安装费;为测定安装工程质量,对单台设备进行单机试运转、对系统设备进行系统联动无负荷试运转工作的调试费。

(3) 设备工器具购置费

设备工器具购置费,是指为工程项目购置或自制达到固定资产标准的设备和新建、扩建工程项目配置的首批工器具,以及生产家具所需的费用,设备及工器具购置费由设备购置费和工器具及生产家具购置费组成。

(4) 工程建设其他费

工程建设其他费包括土地使用费、与项目建设有关的其他费用和与未来企业生产经营有关的其他费用。

(5) 预备费

预备费包括基本预备费和涨价预备费。

1) 基本预备费

基本预备费是指在项目实施中可能发生难以预料的支出,需要预先预留的费用,又称不可预见费。主要指设计变更及施工过程中可能增加工程量的费用。

基本预备费=(设备及工器具购置费+建筑安装工程费+工程建设其他费)×基本预备费率。

2) 涨价预备费

涨价预备费是指工程项目在建设期内由于物价上涨、汇率变化等因素影响而需要增加的费用。

(6) 建设期利息

建设期利息是指工程项目在建设期间内发生并计入固定资产的利息。建设期利息应按借款要求和条件计算。国内银行借款按现行贷款计算,国外贷款利息按协议书或贷款意向书确定的利率按复利计算。

2. 建筑电气安装工程造价计价方法

电气安装工程造价计价的形式和方法有多种,但就其计价的基本过程和原理是相同的。如果仅仅是从工程费的计价角度出发,工程造价的计价可总结为按照分部分项工程单价→单位工程造价→单项工程造价→建设项目总造价的顺序来完成。

影响工程造价的主要因素有两个：即基本构成要素的单位价格和基本构成要素的实物工程数量。工程实物量可以通过工程量计算规则和设计图纸计算得出，它直接反映工程项目的规模和内容。

（1）单位价格的两种形式

对基本子项的单位价格分析，可以有以下两种形式：

1）直接费单价：单位价格＝Σ（分部分项工程的资源要素消耗量×资源要素的价格），它是工程计价的重要依据，资源要素的价格应该是市场价格。

资源要素消耗量对于发包人而言反映的是社会平均生产力水平，对于承包人而言反映的是该企业技术与管理水平。

2）综合单价：按照《建设工程工程量清单计价规范》GB 50500—2013 的规定，综合单价是完成工程量清单中一个规定计量单位项目所需的人工费、材料费、机械使用费、管理费和利润，并考虑风险因素组成。

不同的单价形式就形成了不同的计价方法，即定额计价法和工程量清单计价法。

（2）计价方法

1）定额计价法（直接费单价）

定额计价法是指根据招标文件，按国家建设行政主管部门发布的建设工程预算定额的"工程量计算规则"，同时参照省级建设行政主管部门发布的人工工日单价、机械台班单价、材料以及设备价格信息及同期市场价格，直接计算出直接工程费，再按规定的计算方法计算间接费、利润、税金，汇总确定建筑安装工程造价。

2）工程量清单计价法（综合单价）

综合单价法是指建设工程工程量计价中包含完成该单位工程量（此处"单位"指"每一"）所需全部或大部分费用的计价方法。

综合单价法的分部分项单价为全费用单价，全费用单价经综合计算后生成，其内容包括直接工程费、间接费、利润和风险因素。各分项工程量乘以综合单价合计后再计入规费和税金生成建安工程造价。

对于同一工程而言，不同的计价方法就使我们在工程量的计算过程中应遵循不同的计算规则，即定额计价采用定额工程量计算规则，工程量清单计价应采用工程量清单计价工程量计算规则。因此，不同的工程量计算规则，就形成了不同的工程量（定额工程量和清单工程量）。

四、建设工程项目和安装工程类别划分有关规定

1. 建设工程项目的组成

根据实物形态和组成，建设工程一般可划分为建设项目、单项工程、单位工程、分部工程和分项工程五个层次。

（1）建设项目

建设项目是一个建设单位在一个或几个建设区域内，根据上级下达的计划任务书和批准的总体设计和总概算书，经济上实行独立核算，行政上具有独立的组织形式，严格按基建程序实施的基本建设工程。一般指符合国家总体建设规划，能独立发挥生产功能或满足生活需要，其项目建议书经准立项和可行性研究报告经批准的建设任务。如工业建设中的一座工厂、一个矿山，民用建设中的一个居民区、一幢住宅、一所学校等均为一个建设

项目。

（2）单项工程

单项工程是指具有独立的设计文件，竣工后可以独立发挥生产能力或效益的工程，也称为工程项目。单项工程是建设工程项目的组成部分。一个工程项目由一个或多个单项工程组成。

如某工厂建设项目中的生产车间、办公楼、住宅等即可成为单项工程；某学校建设项目中的教学楼、食堂、宿舍等也可称为单项工程。它是基建项目的组成部分。

（3）单位工程

单位工程具有独立的设计文件，具备独立施工条件并能形成独立使用功能，但竣工后不能独立发挥生产能力或工程效益的工程，是构成单项工程的组成部分。

如房屋建筑中的电气照明工程、供热通风工程、给水排水工程、土建工程、工业管道安装工程等。

（4）分部工程

分部工程是单位工程的组成部分，分部工程一般是按单位工程的结构形式、工程部位、构件性质、使用材料、设备种类等的不同而划分的工程项目。

如电气照明工程作为一个单位工程，它由控制设备及低压电器、电缆、防雷及接地装置、配管配线、照明器具等分部工程组成。

（5）分项工程

分项工程是分部工程的组成部分，是施工图预算中最基本的计算单位，它又是概预算定额的基本计量单位，故也称为工程定额子目或工程细目，它是按照不同的施工方法、不同材料的不同规格等确定的。

如电气配管作为一个分部工程，它由电线管敷设、钢管敷设、套管敷设、塑料管敷设、软管敷设等分项工程组成。

2. 建设工程项目的组成示例

（1）工业建设项目的划分与组成（图 4-1-1）。

（2）民用建设项目的划分与组成（图 4-1-2）。

3. 安装工程类别划分有关规定

在计算电气安装工程造价时，涉及工程类别不同，取费标准就不同，直接影响工程预算价格的准确性。

（1）安装工程以单位工程划分工程类别；

（2）安装工程中，有不同工程类别时，按最高的类别确定单位工程类别；

（3）附属于各类型工程的各设备的配管、电气、金属构件以及刷油、绝热、防腐工程，不单独划分类别、归所属工程类别；

（4）附属于各类建筑工程的设备、电气、弱电、空调、给水排水、燃气安装工程，按其所属的建筑工程类别确定其相应的类别；

（5）管道的分类标准参照《工业金属管道工程施工规范》GB 50235—2010 进行施工及验收。

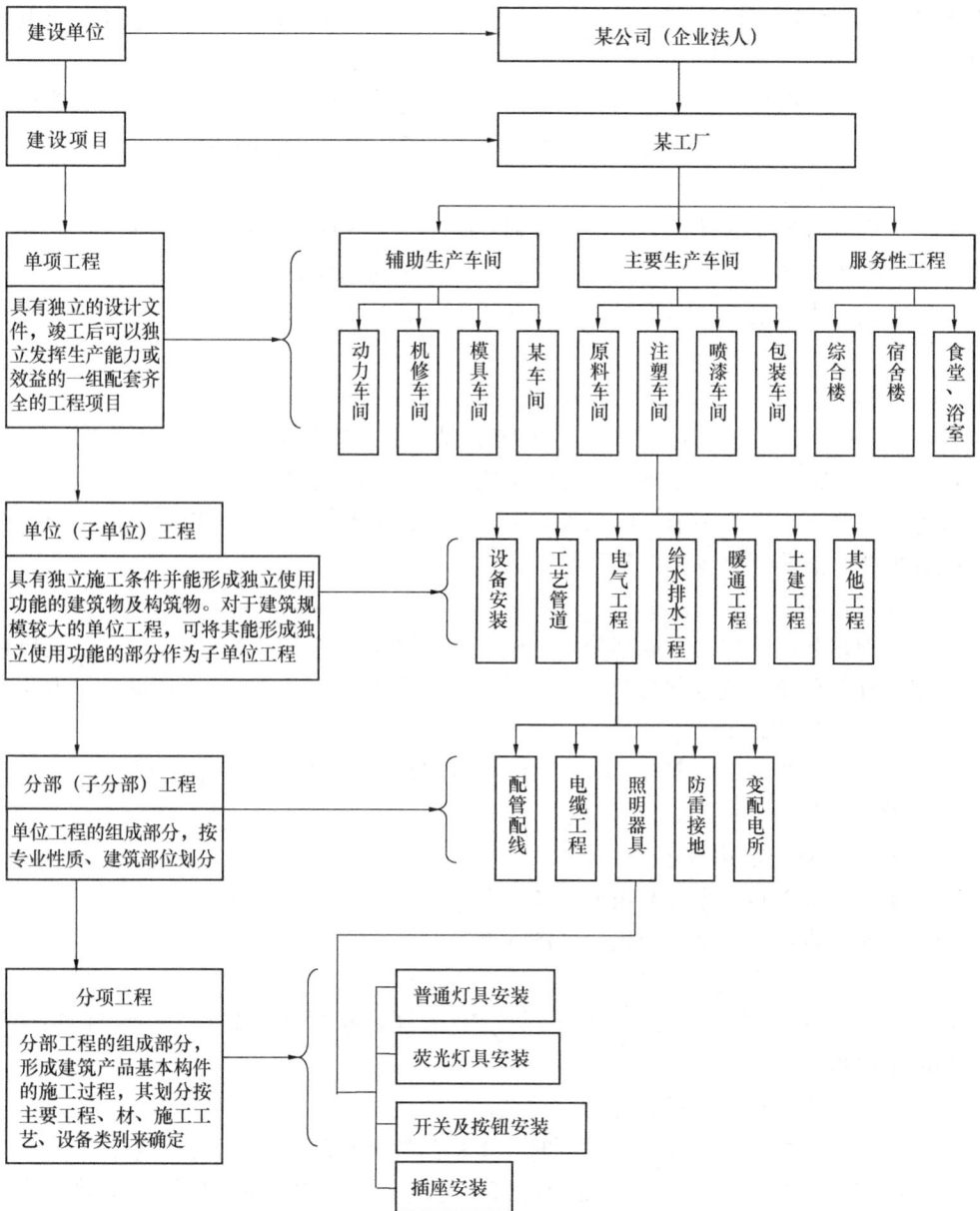

图 4-1-1　工业建设项目的划分与组成

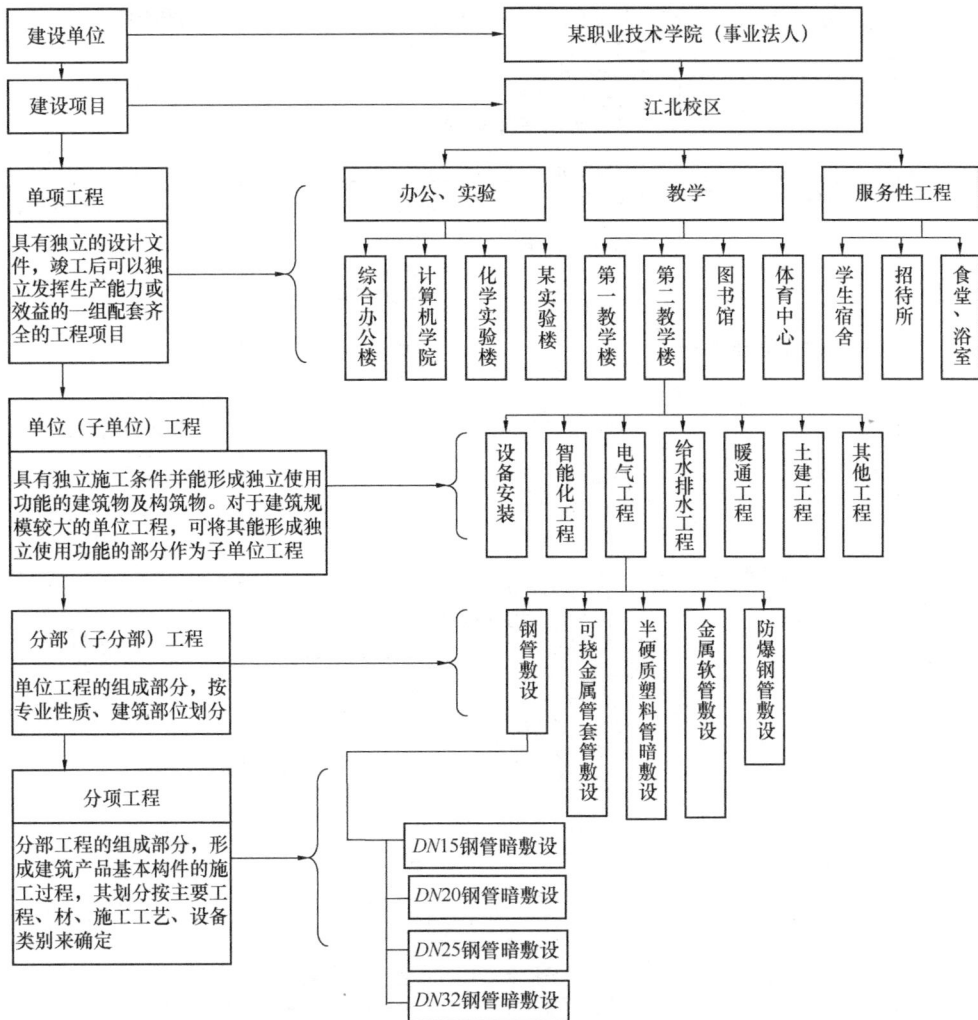

图 4-1-2 民用建设项目的划分与组成

4.2 建筑安装工程费用定额

4.2.1 建筑安装工程费用项目组成

按照住房和城乡建设部、财政部关于印发《建筑安装工程费用项目组成》的通知（建标〔2013〕44号）的规定，建筑安装工程费用项目组成由以下两大类别构成。

一、按费用构成要素划分

建筑安装工程费按照费用构成要素划分：由人工费、材料（包含工程设备，下同）费、施工机具使用费、企业管理费、利润、规费和税金组成。其中人工费、材料费、施工机具使用费、企业管理费和利润包含在分部分项工程费、措施项目费、其他项目费中（见图 4-2-1）。

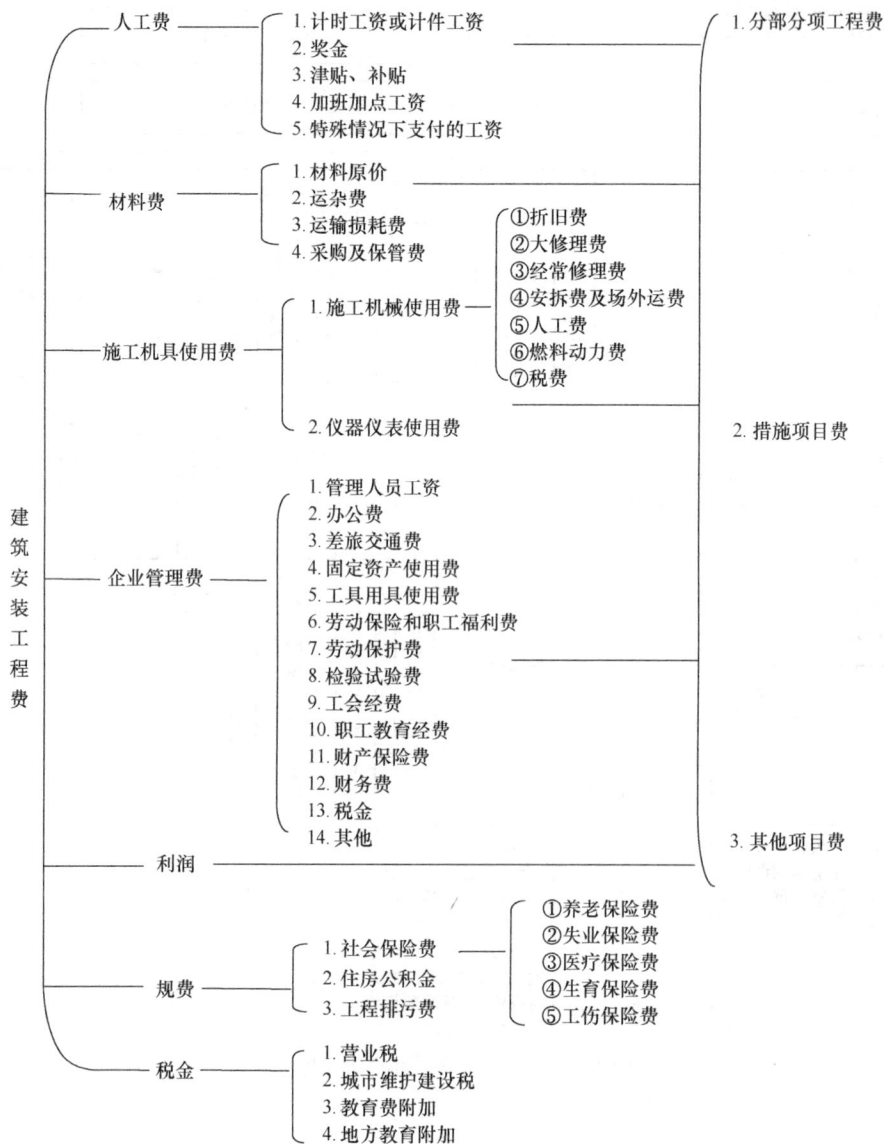

图4-2-1 按费用构成要素划分

1. 人工费内容包括：

（1）计时工资或计件工资：是指按计时工资标准和工作时间或对已做工作按计件单价支付给个人的劳动报酬。

（2）奖金：是指对超额劳动和增收节支支付给个人的劳动报酬。如节约奖、劳动竞赛奖等。

（3）津贴补贴：是指为了补偿职工特殊或额外的劳动消耗和因其他特殊原因支付给个人的津贴，以及为了保证职工工资水平不受物价影响支付给个人的物价补贴。如流动施工津贴、特殊地区施工津贴、高温（寒）作业临时津贴、高空津贴等。

（4）加班加点工资：是指按规定支付的在法定节假日工作的加班工资和在法定日工作

时间外延时工作的加点工资。

（5）特殊情况下支付的工资：是指根据国家法律、法规和政策规定，因病、工伤、产假、计划生育假、婚丧假、事假、探亲假、定期休假、停工学习、执行国家或社会义务等原因按计时工资标准或计时工资标准的一定比例支付的工资。

2. 材料费：是指施工过程中耗费的原材料、辅助材料、构配件、零件、半成品或成品、工程设备的费用。内容包括：

（1）材料原价：是指材料、工程设备的出厂价格或商家供应价格。

（2）运杂费：是指材料、工程设备自来源地运至工地仓库或指定堆放地点所发生的全部费用。

（3）运输损耗费：是指材料在运输装卸过程中不可避免的损耗。

（4）采购及保管费：是指为组织采购、供应和保管材料、工程设备的过程中所需要的各项费用。包括采购费、仓储费、工地保管费、仓储损耗。

工程设备是指构成或计划构成永久工程一部分的机电设备、金属结构设备、仪器装置及其他类似的设备和装置。

3. 施工机具使用费：是指施工作业所发生的施工机械、仪器仪表使用费或其租赁费。

（1）施工机械使用费：以施工机械台班耗用量乘以施工机械台班单价表示，施工机械台班单价应由下列七项费用组成：

1）折旧费：指施工机械在规定的使用年限内，陆续收回其原值的费用。

2）大修理费：指施工机械按规定的大修理间隔台班进行必要的大修理，以恢复其正常功能所需的费用。

3）经常修理费：指施工机械除大修理以外的各级保养和临时故障排除所需的费用。包括为保障机械正常运转所需替换设备与随机配备工具附具的摊销和维护费用，机械运转中日常保养所需润滑与擦拭的材料费用及机械停滞期间的维护和保养费用等。

4）安拆费及场外运费：安拆费指施工机械（大型机械除外）在现场进行安装与拆卸所需的人工、材料、机械和试运转费用以及机械辅助设施的折旧、搭设、拆除等费用；场外运费指施工机械整体或分体自停放地点运至施工现场或由一施工地点运至另一施工地点的运输、装卸、辅助材料及架线等费用。

5）人工费：指机上司机（司炉）和其他操作人员的人工费。

6）燃料动力费：指施工机械在运转作业中所消耗的各种燃料及水、电等。

7）税费：指施工机械按照国家规定应缴纳的车船使用税、保险费及年检费等。

（2）仪器仪表使用费：是指工程施工所需使用的仪器仪表的摊销及维修费用。

4. 企业管理费：是指建筑安装企业组织施工生产和经营管理所需的费用。内容包括：

（1）管理人员工资：是指按规定支付给管理人员的计时工资、奖金、津贴补贴、加班加点工资及特殊情况下支付的工资等。

（2）办公费：是指企业管理办公用的文具、纸张、账表、印刷、邮电、书报、办公软件、现场监控、会议、水电、烧水和集体取暖降温（包括现场临时宿舍取暖降温）等费用。

（3）差旅交通费：是指职工因公出差、调动工作的差旅费、住勤补助费、市内交通费和误餐补助费、职工探亲路费、劳动力招募费、职工退休、退职一次性路费、工伤人员就医路费、工地转移费以及管理部门使用的交通工具的油料、燃料等费用。

（4）固定资产使用费：是指管理和试验部门及附属生产单位使用的属于固定资产的房屋、设备、仪器等的折旧、大修、维修或租赁费。

（5）工具用具使用费：是指企业施工生产和管理使用的不属于固定资产的工具、器具、家具、交通工具和检验、试验、测绘、消防用具等的购置、维修和摊销费。

（6）劳动保险和职工福利费：是指由企业支付的职工退职金、按规定支付给离休干部的经费，集体福利费、夏季防暑降温、冬季取暖补贴、上下班交通补贴等。

（7）劳动保护费：是企业按规定发放的劳动保护用品的支出。如工作服、手套、防暑降温饮料以及在有碍身体健康的环境中施工的保健费用等。

（8）检验试验费：是指施工企业按照有关标准规定，对建筑以及材料、构件和建筑安装物进行一般鉴定、检查所发生的费用，包括自设试验室进行试验所耗用的材料等费用。不包括新结构、新材料的试验费，对构件做破坏性试验及其他特殊要求检验试验的费用和建设单位委托检测机构进行检测的费用，对此类检测发生的费用，由建设单位在工程建设其他费用中列支。但对施工企业提供的具有合格证明的材料检测不合格的，该检测费用由施工企业支付。

（9）工会经费：是指企业按《工会法》规定的全部职工工资总额比例计提的工会经费。

（10）职工教育经费：是指按职工工资总额的规定比例计提，企业为职工进行专业技术和职业技能培训，专业技术人员继续教育、职工职业技能鉴定、职业资格认定以及根据需要对职工进行各类文化教育所发生的费用。

（11）财产保险费：是指施工管理用财产、车辆等的保险费用。

（12）财务费：是指企业为施工生产筹集资金或提供预付款担保、履约担保、职工工资支付担保等所发生的各种费用。

（13）税金：是指企业按规定缴纳的房产税、车船使用税、土地使用税、印花税等。

（14）其他：包括技术转让费、技术开发费、投标费、业务招待费、绿化费、广告费、公证费、法律顾问费、审计费、咨询费、保险费等。

5. 利润：是指施工企业完成所承包工程获得的盈利。

6. 规费：是指按国家法律、法规规定，由省级政府和省级有关权力部门规定必须缴纳或计取的费用。包括：

（1）社会保险费：

1）养老保险费：是指企业按照规定标准为职工缴纳的基本养老保险费。

2）失业保险费：是指企业按照规定标准为职工缴纳的失业保险费。

3）医疗保险费：是指企业按照规定标准为职工缴纳的基本医疗保险费。

4）生育保险费：是指企业按照规定标准为职工缴纳的生育保险费。

5）工伤保险费：是指企业按照规定标准为职工缴纳的工伤保险费。

（2）住房公积金：是指企业按规定标准为职工缴纳的住房公积金。

（3）工程排污费：是指按规定缴纳的施工现场工程排污费。

其他应列而未列入的规费，按实际发生计取。

7. 税金：是指国家税法规定的应计入建筑安装工程造价内的营业税、城市维护建设税、教育费附加以及地方教育附加。

二、按造价形成划分

建筑安装工程费按照工程造价形成由分部分项工程费、措施项目费、其他项目费、规费、税金组成，分部分项工程费、措施项目费、其他项目费包含人工费、材料费、施工机具使用费、企业管理费和利润（见图 4-2-2）。

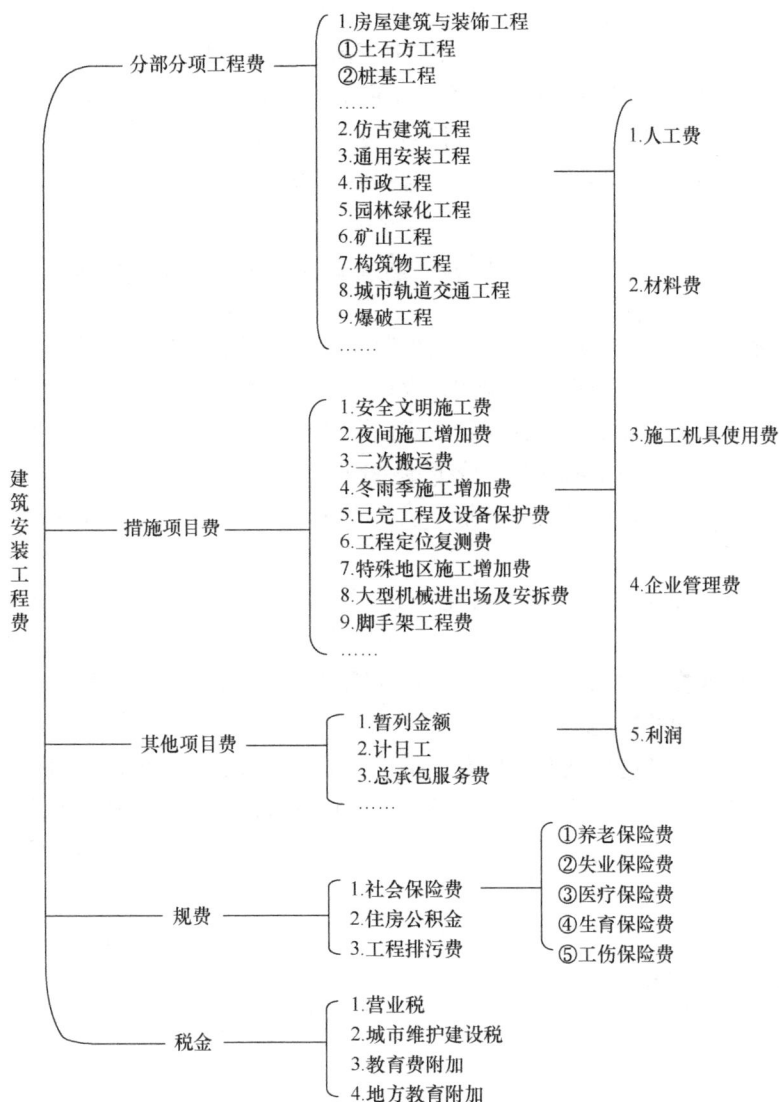

图 4-2-2　按造价形成划分

1. 分部分项工程费：是指各专业工程的分部分项工程应予列支的各项费用。

（1）专业工程：是指按现行国家计量规范划分的房屋建筑与装饰工程、仿古建筑工程、通用安装工程、市政工程、园林绿化工程、矿山工程、构筑物工程、城市轨道交通工程、爆破工程等各类工程。

（2）分部分项工程：指按现行国家计量规范对各专业工程划分的项目。如房屋建筑与装饰工程划分的土石方工程、地基处理与桩基工程、砌筑工程、钢筋及钢筋混凝土工程等。

2. 措施项目费：是指为完成建设工程施工，发生于该工程施工前和施工过程中的技术、生活、安全、环境保护等方面的费用。内容包括：

（1）安全文明施工费：

1）环境保护费：是指施工现场为达到环保部门要求所需要的各项费用。

2）文明施工费：是指施工现场文明施工所需要的各项费用。

3）安全施工费：是指施工现场安全施工所需要的各项费用。

4）临时设施费：是指施工企业为进行建设工程施工所必须搭设的生活和生产用的临时建筑物、构筑物和其他临时设施费用。包括临时设施的搭设、维修、拆除、清理费或摊销费等。

（2）夜间施工增加费：是指因夜间施工所发生的夜班补助费、夜间施工降效、夜间施工照明设备摊销及照明用电等费用。

（3）二次搬运费：是指因施工场地条件限制而发生的材料、构配件、半成品等一次运输不能到达堆放地点，必须进行二次或多次搬运所发生的费用。

（4）冬雨季施工增加费：是指在冬季或雨季施工需增加的临时设施的费用、防滑及排除雨雪的费用、人工及施工机械效率降低等费用。

（5）已完工程及设备保护费：是指竣工验收前，对已完工程及设备采取的必要保护措施所发生的费用。

（6）工程定位复测费：是指工程施工过程中进行全部施工测量放线和复测工作的费用。

（7）特殊地区施工增加费：是指工程在沙漠或其边缘地区、高海拔、高寒、原始森林等特殊地区施工增加的费用。

（8）大型机械设备进出场及安拆费：是指机械整体或分体自停放场地运至施工现场或由一个施工地点运至另一个施工地点，所发生的机械进出场运输及转移费用及机械在施工现场进行安装、拆卸所需的人工费、材料费、机械费、试运转费和安装所需的辅助设施的费用。

（9）脚手架工程费：是指施工需要的各种脚手架搭、拆、运输费用以及脚手架购置费的摊销（或租赁）费用。

措施项目及其包含的内容详见各类专业工程的现行国家或行业计量规范。

3. 其他项目费：

（1）暂列金额：是指建设单位在工程量清单中暂定并包括在工程合同价款中的一笔款项，用于施工合同签订时尚未确定或者不可预见的所需材料、工程设备、服务的采购。施工中可能发生的工程变更、合同约定调整因素出现时的工程价款调整以及发生的索赔、现场签证确认等的费用。

（2）计日工：是指在施工过程中，施工企业完成建设单位提出的施工图纸以外的零星项目或工作所需的费用。

（3）总承包服务费：是指总承包人为配合、协调建设单位进行的专业工程发包，对建设单位自行采购的材料、工程设备等进行保管以及施工现场管理、竣工资料汇总整理等服务所需的费用。

4. 规费：定义同上。

5. 税金：定义同上。

三、建筑安装工程各项费用标准

为贯彻落实《建设工程工程量清单计价规范》GB 50500—2013（简称 2013 计价规范）、《房屋建筑与装饰工程工程量计算规范》GB 50854—2013 等 9 本工程量计算规范（简称 2013 计量规范）及《建筑安装工程费用项目组成》（建标〔2013〕44 号），结合黑龙江省实际情况，特做如下规定：

1. 各项费用标准

（1）安全文明施工费（表 4-2-1）

安全文明施工费（单位：%）   表 4-2-1

工程项目	建筑 装饰	通用设 备安装	市政 园林绿化	轨道 交通	单独承包 装饰工程
计算基础	工程量清单计价的工程：分部分项工程费＋单价措施项目费－工程设备金额 定额计价的工程：分部分项工程费＋单价措施项目费＋企业管理费＋利润＋人、材、机价差－工程设备金额				
安全文明 施工费	2.46	2.00	2.00	2.20	2.00
脚手架费	按计价定额项目计算				

注：1. 垂直防护架、垂直封闭防护、水平防护架按工程实际情况计算，计入脚手架费。

2. 工程造价（合同价款）在 200 万元以内（包括 200 万元）的各类工程，其安全文明施工费按相应工程安全文明施工费标准的 50％计算，其中脚手架费按 100％计算。

3. 安全文明施工费标准中，基本费率按 60％计算，现场评价费率按 40％计算。

4. 安全文明施工费的其他事项按《黑龙江省建设工程安全文明施工费使用管理办法》（黑建发〔2010〕11 号）执行。

（2）其他措施项目费（表 4-2-2）

其他措施项目费（单位：%）   表 4-2-2

工程项目	建筑 装饰	通用设备 安装	市政	园林 绿化	轨道 交通	单独承包 装饰工程
计算基础	计 费 人 工 费					
夜间施工费	0.18	0.08	0.11	0.08	0.11	0.08
二次搬运费	0.18	0.14	0.14	0.08	0.14	0.21
雨季施工费	0.14	0.14	0.14	0.14	0.14	0.14
冬季施工费	3.00	1.02	0.68	1.34	0.68	1.02
已完工程及设备保护费	0.14	0.21	0.11	0.11	0.21	0.18
工程定位复测费	0.08	0.06	0.06	0.05	0.06	0.06
非夜间施工照明费	0.10	—	—	0.06	—	0.10
地上、地下设施、建筑物 的临时保护设施费	按实际发生计算					

（3）企业管理费（表 4-2-3）

企业管理费（单位：%）　　　　　　　表 4-2-3

工程项目	建筑装饰	通用设备安装	市政	园林绿化	轨道交通	单独承包装饰工程
计算基础	计费人工费					
企业管理费	24～19	24～19	21～17	15～11	21～17	19～14

（4）利润（表 4-2-4）

利润（单位：%）　　　　　　　表 4-2-4

工程项目	各 类 工 程
计算基础	计 费 人 工 费
利　　润	35～15

（5）暂列金额（表 4-2-5）

暂列金额（单位：%）　　　　　　　表 4-2-5

工程项目	各 类 工 程
计算基础	分部分项工程费－工程设备金额
暂列金额	10～15

（6）总承包服务费（表 4-2-6）

总承包服务费（单位：%）　　　　　　　表 4-2-6

费用项目	计算基础	各类工程
发包人供应材料	供应材料费用	2
发包人采购设备	设备安装费用	2
总承包人对发包人发包的专业工程管理和协调	工程量清单计价的工程：发包人发包的专业工程的（分部分项工程费＋措施项目费）	1.5
总承包人对发包人发包的专业工程管理和协调并提供配合服务	定额计价的工程：发包人发包的专业工程的（分部分项工程费＋措施项目费＋企业管理费＋利润）	3～5

（7）规费（表 4-2-7）

规费（单位：%）　　　　　　　表 4-2-7

工 程 项 目	各 类 工 程
计 算 基 础	计费人工费＋人工费价差
养老保险费	20
医疗保险费	7.5
失业保险费	2
工伤保险费	1
生育保险费	0.6
住房公积金	8
工程排污费	按实际发生计算

（8）税金（表 4-2-8）

税金（单位：%） 表 4-2-8

工程项目	各类工程		
	市　区	县城、镇	县城、镇以外
计算基础	不含税工程费用（扣除不列入计税范围的工程设备金额）		
营业税、城市维护建设税、教育费附加、地方教育附加	3.48	3.41	3.28

（9）工程价格风险费（表 4-2-9）

工程价格风险费（单位：%） 表 4-2-9

费用项目		计算基础	各类工程
工程价格风险费	材料风险费	相应材料费	5
	机械风险费	相应施工机械台班费	3

（10）单位工程费用计价程序（工程量清单计价）（表 4-2-10）

工程量清单计价 表 4-2-10

序号	费用名称	计算方法
（一）	分部分项工程费	∑（分部分项工程量×相应综合单价）
（A）	其中：计费人工费	∑工日消耗量×人工单价(53 元/工日)
（二）	措施项目费	(1)+(2)
（1）	单价措施项目费	∑（措施项目工程量×相应综合单价）
（B）	其中：计费人工费	∑工日消耗量×人工单价(53 元/工日)
（2）	总价措施项目费	①+②+③+④
①	安全文明施工费	[（一）+(1)－工程设备金额]×费率
②	脚手架费	按计价定额项目计算
③	其他措施项目费	[（A）+（B）]×费率
④	专业工程措施项目费	根据工程情况确定
（三）	其他项目费	(3)+(4)+(5)+(6)
（3）	暂列金额	[（一）－工程设备金额]×费率(投标报价时按招标工程量清单中列出的金额填写)
（4）	专业工程暂估价	根据工程情况确定(投标报价时按招标工程量清单中列出的金额填写)
（5）	计日工	根据工程情况确定
（6）	总承包服务费	供应材料费用、设备安装费用或发包人发包的专业工程的(分部分项工程费+措施项目费)×费率
（四）	规费	[（A）+（B）+人工费价差]×费率
（五）	税金(扣除不列入计税范围的工程设备金额)	[（一）+（二）+（三）+（四）]×费率
（六）	单位工程费用	（一）+（二）+（三）+（四）+（五）

注：编制招标控制价、投标报价、竣工结算时，各项费用的确定按 2013 计价规范的规定执行。

151

总价措施与单价措施的区别：简单说就是单价措施项目费可以套定额子目编制综合单价，按分部分项工程项目清单方式进行编制。总价措施采用总价项目方式，以"项"为计量单位，基数乘费率。

（11）单位工程费用计价程序（定额计价）（表4-2-11）

定额计价 表4-2-11

序号	费用名称	计算方法
（一）	分部分项工程费	按计价定额实体项目计算的基价之和
（A）	其中：计费人工费	$\sum$工日消耗量×人工单价(53元/工日)
（二）	措施项目费	(1)+(2)
（1）	单价措施项目费	按计价定额措施项目计算的基价之和
（B）	其中：计费人工费	$\sum$工日消耗量×人工单价(53元/工日)
（2）	总价措施项目费	①+②+③+④
①	安全文明施工费	[（一）+（三）+（四）+(1)+(7)+(8)+(9)－工程设备金额]×费率
②	脚手架费	按计价定额项目计算
③	其他措施项目费	[（A）+（B）]×费率
④	专业工程措施项目费	根据工程情况确定
（三）	企业管理费	[（A）+（B）]×费率
（四）	利润	[（A）+（B）]×费率
（五）	其他项目费	(3)+(4)+(5)+(6)+(7)+(8)+(9)
（3）	暂列金额	[（一）－工程设备金额]×费率(投标报价时按招标工程量清单中列出的金额填写)
（4）	专业工程暂估价	根据工程情况确定(投标报价时按招标工程量清单中列出的金额填写)
（5）	计日工	根据工程情况确定
（6）	总承包服务费	供应材料费用、设备安装费用或发包人发包的专业工程的(分部分项工程费+措施项目费+企业管理费+利润)×费率
（7）	人工费价差	合同约定或[省建设行政主管部门发布的人工单价－人工单价]×$\sum$工日消耗量
（8）	材料费价差	$\sum$[材料实际价格(或信息价格、价差系数)与省计价定额中材料价格的(±)差价×材料消耗量]
（9）	机械费价差	$\sum$[省建设行政主管部门发布的机械费价格与省计价定额中机械费的(±)差价×机械消耗量]
（六）	规费	[（A）+（B）+(7)]×费率
（七）	税金(扣除不列入计税范围的工程设备金额)	[（一）+（二）+（三）+（四）+（五）+（六）]×费率
（八）	单位工程费用	（一）+（二）+（三）+（四）+（五）+（六）+（七）

注：编制招标控制价、投标报价、竣工结算时，各项费用的确定按2013计价规范的规定执行。

2. 费用定额的应用

由于我国地域辽阔、人口众多，各地区经济发展很不平衡，除了国家颁布的《全国统一安装工程预算定额》外，国家还授权各省、自治区、直辖市，在《全国统一安装工程预算定额》的原则和标准内，结合各地区自然气候、经济技术发展、地方物资资源和交通运输条件的情况下，编制适应本地区的工程预算定额。无论是全国统一安装工程预算定额还是各地区编制的安装工程预算定额，都是以人工、材料、机械台班消耗量表现的工程预算定额，各地区现行工程预算定额的组成形式和基本内容大同小异。相同的工程，在全国这三个"量"中的材料消耗量基本是相同的，但因地区不同价格也不相同。为此各省、自治区、直辖市依据全国统一安装工程预算定额规定的人工、材料、施工机械台班这三个"量"，按当地工资标准、材料预算价格和机械台班这三个"价"，计算出以货币形式表现的预算定额基表或单位估价表，在本地区使用。

四、地区电气工程预算定额简介

1. 电气设备安装工程预算定额基价与市场价格

定额基价是指一个定额子目中所列的人工费、材料费、机械费。定额基价是通过预算定额确定安装工程预算直接费用的基本依据，是采用工料单价法编制工程预算的重要文件。定额基价属于计划价格，是国家或地方价格管理部门有计划地制定和调整的价格。市场价格则是市场经济规律作用下的市场成交价，是完整商品意义上的商品价值的货币表现，它属于自由价格，是受市场调节价制约的一种市场价。

在施工图预算编制中，工程定额基价与市场价既有联系又有区别。它们的区别在于：工程定额基价比较稳定，便于按照规定的编制程序进行工程造价或价格确定，有利于投资预测和企业经济核算。但是，它不适应市场竞争和企业自主定价的要求，不能及时反映建筑产品价值变化和供求变化。而市场价与工程定额基价相比，则比较灵活，能及时反映建筑商商场行情，商品价值量和商场供求价格符合以市场形成价格为主的价格机制要求，有利于要素资源的合理配置和企业竞争，但是它往往带有一定的自发性和盲目性。为克服市场价的消极影响，需采用价格手段，如发布建设工程材料价格信息、市场指导价来调控市场价（造价信息上的价格）。

2. 电气设备安装工程预算定额总说明

《黑龙江省建设工程计价依据（电气设备及建筑智能化系统设备安装工程计价定额）》HLJD—DQ—2010（以下简称本定额），与中华人民共和国国家标准《建设工程工程量清单计价规范》GB 50500—2013 相配套，是我省完成规定计量单位分项工程所需人工、材料、施工机械台班消耗量和全过程造价管理各阶段工程造价的指导性计价标准。本定额是依据国家标准《建设工程工程量清单计价规范》GB 50500—2013、《通用安装工程消耗量定额》，并结合我省实际情况进行编制的，适用于我省行政区域内新建、扩建和改建的各类工业、民用项目中 10kV 以下变配电设备及线路安装、车间动力电气设备、电气照明、防雷接地装置安装、配管配线、电气调整试验、火灾自动报警系统安装、消防系统调试以及建筑智能化系统设备安装工程。

本定额是编制招标控制价的依据；是投标报价和衡量投标报价合理性的基础；是编制建设工程投资估算、设计概算、施工图预算、竣工结算的依据；是编制投资估算指标、概算指标的基础；是调解处理工程造价纠纷、鉴定工程造价的依据。

本定额适用于工程量清单计价方式，同时也适用于定额计价方式。

（1）本定额是按正常的施工条件和建设程序，合理的施工工期及施工工艺，科学地管理和施工组织设计编制的，反映了社会平均消耗水平。

（2）本定额在定额编号之上附有清单编码，指出了定额号与清单编码的参考对应关系。本定额仅对主导项目编写了清单编码，对于辅助性项目，只列定额编号。

（3）本定额是按下列正常的施工条件进行编制的：

1）设备、材料、成品、半成品、构件完整无损，符合质量标准和设计要求，附有合格证书和试验记录；

2）安装工程和土建工程之间的交叉作业正常；

3）安装地点、建筑物、设备基础、预留孔洞等均符合安装要求；

4）水、电供应均满足安装施工正常使用；

5）正常的气候、地理条件和施工环境。

（4）人工工日消耗量及单价的确定：

1）本定额的人工工日不分列工种和技术等级，一律以综合工日表示，内容包括基本用工、超运距用工和人工幅度差。人工幅度差按 8%～15%计算。

2）本定额综合工日单价为 53.00 元/工日。

（5）材料消耗量及单价的确定：

1）本定额中的消耗量已计入了相应材料损耗（包括施工现场内运输损耗、施工操作损耗、施工现场堆放损耗等）。

2）定额内带有"（ ）"的材料均为主要材料，其括号中的数量为该主要材料的消耗量。用量很少，对基价影响很小的零星材料以其他材料费形式表示。

3）施工周转性材料按不同的施工方法、不同材质分别列出一次使用量和一次摊销量。

4）本定额材料单价是结合哈尔滨市 2018 年下半年、2019 年上半年材料预算价格及市场价格信息，按照一定的比例取定的。

5）本定额采用的建筑材料、成品、半成品均按符合国家质量标准和相应设计要求的合格产品考虑的材料价格包括供应价（包括材料原价、包装费、运杂费及出厂前产品的检验试验费）、采购及保管费（包括采购费、仓储费、工地保管费、仓储损耗），并扣除了包装回收值。材料现场检验试验费未包括在材料价格中，按费用定额规定执行。

（6）机械台班消耗量及单价的确定：

1）本定额的机械台班消耗量是按正常合理的机械配备和大多数施工企业的机械化装备程度综合取定的。大型机械幅度差为 20%，中、小型机械幅度差为 10%。

2）本定额未包括随工人班组配备并依班组产量计算的单位原值 2000 元以下的小型施工机械或工具使用费，价值 2000 元以下的小型施工机械或工具使用费已包含在生产工具用具使用费项下。

3）本定额不包括特、大型机械的场外运输及安拆费用，发生时，另按《黑龙江省建设工程计价依据（施工机械台班费用定额）》相应规定执行。

4）机械台班单价是依据 2019 年《建设工程施工机械台班费用定额》HLJD-JX—2019，结合实际情况，按照一定的综合比例取定的。

（7）关于水平和垂直运输：

1）设备：包括自安装现场指定堆放地点运至安装地点的水平和垂直运输。

2）材料、成品、半成品：包括自施工单位现场仓库或现场指定堆放地点运至安装地点的水平和垂直运输。

3）垂直运输基准面：室内以室内地平面为基准面，室外以安装现场地平面为基准面。

（8）有关部门必须监测、检验的费用，按有关部门的规定进行计算。

（9）本定额工作内容中已说明了主要的施工工序，次要工序虽未说明，均已考虑在定额内。

（10）本定额凡注有"以内""以下"者均包括本身，而"以上""以外"者，均不包括本身。

3. 预算定额的套用方法

为了熟练正确运用预算定额编制施工图工程造价、编制工程招、投标书进行工程经济技术分析，办理竣工结算、编制施工作业计划等，要求有关从事工程造价的人员及财务人员，都应努力学习并掌握电气设备安装工程预算定额和有关工程量计算规则。具体方法如下：

（1）掌握预算定额的结构形式与内容。以现行的预算定额结构、内容为例，通常包括三个部分，即定额说明部分、定额（节）表部分和定额附录部分。

在预算定额手册中，虽然在应用时都是必须把握的，但是定额消耗量即定额（节）表内容是更核心的部分。

（2）正确选用定额项目。正确选用定额项目是准确计算拟建工程量不可忽视的环节，选用所需定额项目时，应注意把握以下几个方面：

1）在学习概预算定额的总说明、分章说明等的基础上，要将实际拟套用的工程量项目，从定额章、节中查出并要特别注意定额编号的应用，否则，就会出现差错和混乱。因此在应用定额时一定要注意应套用的定额项目编号是否准确无误。

2）要了解定额项目中所包括的工程内容与计量单位，以及附注的规定，要通过日常工作实践逐步加深了解。

3）套用定额项目时；当在定额中查到符合拟建工程设计要求的项目，要对工程技术特征、所用材料和施工方法等进行核对，是否与设计一致，是否符合定额的规定。这是正确套用定额必须做到的。

（3）正确计算工程量。工程量的计算必须符合预算定额规定的计算规则。首先，是计算单位要和套用的定额项目的计算单位一致；其次，是要注意计算包括的范围；再次，计算标准要符合定额的规定；最后，注意哪些定额可以合并计算。

上述三个方面的把握与运用是正确运用定额消耗量，做好工程计价工作的基础。

4. 定额单价的换算与调整

定额项目的换算，就是把定额中规定的内容与设计要求的内容调整到一致的换算过程。一般定额项目的换算可分为四种换算类型：

（1）工程量的换算

工程量的换算是根据预算定额中规定的内容，将在施工图中计算得来的工程量乘以定额规定的调整系数进行换算。

（2）人工、机械系数的调整

由于施工图纸设计的工程项目内容，与定额规定的工程项目内容不尽相同，定额规定：在定额规定的范围内人工、机械的费用可以进行调整。这部分内容一般常常容易漏算，这就要求从业人员平时多看定额的总说明、分部分项工程的说明和定额子目下的注或说明，记住或摘录下关于人工、机械调整的内容和系数。

（3）定额基价的换算

由于定额的预算材料价，是采用编制时当地的市场价格（定额材料价），定额发行后一般要执行很多年，这样我们在运用时就必须对材料价格进行调整，俗称材料调差或材料差价的调整。调整材料差价，也就是调整定额基价。定额基价（材料价格）的换算可分两种类型：

1）套价后进行材料的分析，把主要材料的市场价和定额材料价进行冲减得到一定数量的差值，俗称材料差价，合并到直接费中再进行取费计算；

2）套定额时，在要套的定额的编号下找到需换算的主要材料，查出它的定额材料价和定额含量，按下式计算：

定额基价＋定额消耗量×换算材料的市场价－定额消耗量×定额材料价＝换算后定额基价（按此式计算，材料分析后不需再进行主要材料调差）。

（4）材料规格的换算

由于设计施工图的主要材料规格与定额的规格的主要材料规格不一定相同，由于规格的变化就引起用量的变化，也就引起了定额价的变化，这时候就必须进行调整。

两种不同规格的材料如何调整呢？这里要借助价，我们只要找到它们的差价即可。

差价＝（相同品牌的）图纸规格的主材费－（相同品牌的）定额规格的主材费（注：以定额计量单位为准）

图纸规格的主材费＝ 实际消耗量（含损耗）×市场单价定额规格的主材费

＝ 定额消耗量×定额材料价换算后定额基价

＝ 换算前定额基价±差价

4.3 建筑弱电安装设备及材料预算价格

4.3.1 弱电安装材料预算价格

建筑弱电安装工程中材料费用是工程造价的重要组成部分，其价格组成又比较复杂，材料价格的高低直接影响工程造价。因此，要真实地反映工程造价，就必须了解材料预算价格的组成内容和有关规定。

材料的预算价格是指材料（包括构件、成品及半成品等）从来源地（供应者仓库或提货地点）到达施工工地仓库（或加工厂）后出库的综合平均价格。材料预算价格一般由材料原价、供应部门的手续费（出库费）、包装费、运杂费、采购及保管费组成。

材料预算价格＝材料供应价格＋市内运杂费＋采购保管费

一、材料供应价格

材料供应价格是指材料在本地的销售价格，其计算式为

材料供应价格＝（材料原价＋供销部门手续费＋包装费＋外地至本地的运输费＋材料采购保管费）－包装材料回收值

1. 材料原价

材料原价是指材料的出厂（出库）价格，进口材料抵岸价或销售部门的批发价和零售价经过加权平均计算出的平均价格。

2. 供销部门手续费

（1）供应部门手续费指需通过物资供销部门供应而发生的经营管理费用。

（2）材料供销部门手续费＝材料原价×供销部门手续费费率。

（3）费率：金属材料 2.5%、建筑材料 3%、机电产品 1.5%、轻工产品 2%。

3. 材料包装费

包装是为了便于材料运输和保护材料进行包装所发生和需要的一切费用，包括水运、陆运、空运的支撑、篷布、包装箱、捆绑材料等费用。材料运到现场或使用后，要对包装物进行回收。

材料包装费用有两种情况：一种情况是包装费已计入材料原价中，此种情况不再计算包装费。另一种情况是材料原价中未包含包装费，如需包装时包装费则应计入材料预算价格内。

计算公式为：

计入材料预算价格内的包装费＝全部包装费－包装材料回收值

包装材料回收值＝包装材料数量×回收率×回收价值率/包装材料数量

4. 材料运输费

运杂费是指材料由供应方发货点到施工现场（加工厂）存放地点，含外埠中转运输中所发生的一切费用。包括过桥、过渡、驳船、调车、装卸费、运输费及附加工作费等。

5. 材料采购保管费

采购及保管费是指材料供应部门（包括工地仓库及其以上各级材料主管部门）在组织采购、供应和保管材料过程中所需的各种费用。

计算公式为：

采购及保管费＝材料运到工地仓库（加工厂）价格×采购及保管费率

或采购及保管费＝（材料原价＋供销部门手续费＋包装费＋运杂费）×采购及保管费率

上式中，采购及保管费率由政府主管部门发布，其他任何单位及个人无权确定。费率：建材 3%、照明 2%。

6. 包装材料回收值

包装材料回收值是指可以反复利用的包装品的回收价格，如电缆轴、架空线轴等。

二、市内运杂费

市内运杂费是指从当地供货部门运至工地仓库所发生的费用，或从外地订购的材料，由车站、码头货场运至工地仓库所发生的费用，包括装卸费等。市内运杂费应按各省市规定的各项运杂费的计算方法计算。

三、市内采购保管费

市内采购保管费是指采购保管材料所发生的费用，其计算式为

采购保管费＝（材料供应价格＋市内运杂费）×采购保管费率

市内采购保管费率按各地区主管部门的规定执行。

弱电安装工程材料是构成工程实体的要素。材料费占工程费比例很大，因此，确定材

料预算价格，克服价格偏高、偏低现象，对加强工程造价管理具有重要意义。

4.3.2　弱电设备材料差价的调整和处理方法

一、主要材料和辅助材料

1. 主要材料

主要材料指直接构成工程实体的材料，其中也包括成品、半成品的材料。在定额内带有"（　）"的材料均为主要材料，其括号中的数量为该主要材料的消耗量。

还有一些主要材料（主要是弱电设备，如配电箱等），由于规格、尺寸、元件各异，对价格影响较大，如果在定额中一一列出不太实际，所以未在定额在列出，在进行费用计算时应补上。

2. 辅助材料和零星材料（其他材料）

辅助材料也是构成工程实体的材料，但是用量较少，比如钉子、铁丝等。在定额材料栏中没有加括号的都是辅助材料。

零星材料：指用量很小，没有规律的零星用料，如"棉纱""小白线"，编号用的油漆等所用量很小无法计量的材料，在定额材料栏中以其他材料费出现。

二、材料差价的产生

在计划经济年代，一切主要材料都将由国家统一规定价格的统销，其他材料将由有关部门主导经营。国家实施统一规定价格，工程建设有统一的计价方式，价格稳定、持久，工程造价计算准确、不变。"双执制"价格体系是在国家指令价格及国家因素指导下，部分材料价格开始走向市场，价格开始出现浮动，有些材料仍未在国家最高限价中挣脱出来，工程结算中材料价差开始显现出来。今天，在市场经济条件下，材料价差调整更加凸显出来。众所周知，现行工程造价的确定，是根据定额计算规则计算工程量，以工程量及套用相应定额子目基价的积汇总形成工程直接费用。定额子目基价（即预算价）由人工、材料、机械及其他直接费等部分组成。在建设工程项目中，如果以工程直接费为 100%，构成直接费的人工费占 20%，材料占 70%～75%，机械费占 5% 左右，由此而论，材料价格取定的高、低将会直接引起工程建设费用的高、低。事实上，在实际施工时使用的价格，是不会静止不动的，特别是在市场经济条件下各种建筑材料将会随着国家政策调整因素、地区差异、时间差异、供求关系等的状况的变化而处于经常的波动状态之中，无论价格是上涨或下落，其波动是经常的、绝对的，不以人的意志为转移。产生材料价差的主要因素有以下几点：

1. 国家政策因素。国家政策、法规的改变将会对市场产生巨大的影响。这种因体制发生变化而产生的材料价格的变化，即为"制差"。如：国家存贷款利率下调、国家为抑制经济增长过热过快，而采取的一系列措施。

2. 地区因素。预算定额估价表编制所在地的材料预算价格与同一时期执行该定额的不同地区的材料价格差异，即为"地差"。

3. 时间因素。定额估价表编制年度定额材料预算价格与项目实施年度执行材料价格的差异，即为"时差"。

4. 供求因素。即市场采购材料因产、供、销系统变化而引起的市场价格变化形成的价差，即为"势差"。

5. 地方部门文件因素。由于地方产业结构调整引起的部分材料价格的变化而产生的价差，即为"地方差"。

建筑材料价格的变动，形成了不同的市场价。在工程实践中，施工企业正是从这个变动市场中直接获得建筑产品所需的原材料，其形成的产品是动态价格下的产物。动态的价格需要有一个与之相应的动态管理，只有这样才能既维护国家和建设单位利益，又保护施工企业合法权益，使建设工程朝着计划、有序、持续的方向发展。

三、材料差价的调整与处理方法

在工程实践中，建设工程材料价差调整通常采用以下几种方法。

1. 按实调整法（即抽样调整法）。

此法是工程项目所在地材料的实际采购价（甲、乙双方核定后）按相应材料定额预算价格和定额含量，抽料抽量进行调整计算价差的一种方法。

按下列公式进行：

某种材料单价价差＝该种材料实际价格（或加权平均价格）－定额中的该种材料价格。

注：工程材料实际价格的确定：

① 参照当地造价管理部门定期发布的全部材料信息价格。

② 建设单位指定或施工单位采购经建设单位认可，由材料供应部门提供的实际价格

$$某种材料加权平均价＝\sum X_i \times J_i \div \sum X_i \quad (i=1\sim n)$$

式中　X_i——材料不同渠道采购供应的数量；

J_i——材料不同渠道采购供应的价格。

某种材料价差调整额＝该种材料在工程中合计耗用量×材料单价价差

按实调差的优点是补差准确，计算合理，实事求是。由于建筑工程材料存在品种多、渠道广、规格全、数量大的特点，若全部采用抽量调差，则费时费力，繁琐复杂。

2. 综合系数调差法：此法是直接采用当地工程造价管理部门测算的综合调差系数调整工程材料价差的一种方法，计算公式为：

$$某种材料调差系数＝\sum K_1（各种材料价差）\times K_2$$

式中　K_1——各种材料费占工程材料的比重；

K_2——各类工程材料占直接费的比重。

单位工程材料价差调整金额＝综合价差系数×预算定额直接费

综合系数调差法的优点是操作简便，快速易行。但这种方法过于依赖造价管理部门对综合系数的测量工作。实际中，常常会因项目选取的代表性，材料品种格的真实性、准确和短期价格波动的关系导致工程造价计算误差。

3. 按实调整与综合系数相结合。

据统计，在材料费中三材价值占 68% 左右，而数目众多的地方材料及其他材仅占材料费 32%。而事实上，对子目中分布面广的材料全面抽量也没有必要。在有些地方，根据数理统计的 A、B、C 分类法原理，抓住主要矛盾，对 A 类材料重点控制，对 B、C 类材料作次要处理，即对三材或主材（即 A 类材料）进行抽量调整，其他材料（即 B、C 类材料）用辅材系数进行调整，从而克服了以上两种方法的缺点，有效地提高工程造价准确性，将预算编制人员从繁琐的工作中解放出来。

4. 价格指数调整法：它是按照当地造价管理部门公布的当期建筑材料价格或价差指数逐一调整工程材料价差的方法。这种方法属于抽量补差，计算量大且复杂，常需造价管理部门付出较多的人力和时间。

具体做法是先测算当地各种建材的预算价格和市场价格，然后进行综合整理定期公布各种建材的价格指数和价差指数。

计算公式为：某种材料的价格指数＝该种材料当期预算价÷该种材料定额中的取定价
某种材料的价差指数＝该种材料的价格指数－1

价格指数调整办法的优点是能及时反映建材价格的变化，准确性好，适应建筑工程动态管理。

上述四种调查办法，在实际工作运用中经常遇到，这就要求我们预算编制人员能熟练掌握并运用。在实际工作中，不论是在何处工作，收集哪个地方资料，都应尽快了解、适应、熟悉当地的编制习惯与方法，坚持做到有章可循，有据可依。

四、弱电设备的预算价格

1. 弱电设备预算价格组成

弱电设备预算价格是指设备由来源地运到施工现场及仓库（或指定地点）后的出库价格。它由设备原价、供应部门的手续费（出库费）、包装费、运杂费、采购及保管费等费用组成。如果是成套供应的设备，还应加上成套设备服务费。由于电气设备繁多，规格复杂，各地建设主管部门在编制设备预算价格中，只编一小部分厂家常用的设备预算价格。大多数设备预算价格需要在编制设计概算时，由概预算人员按弱电设备预算价格组成计算。

弱电设备预算价格包括的费用比较复杂，难以详细计算，尤其是在设备前期编制投资估算和初步设计阶段编制工程概算时，因为不清楚设备的具体供应渠道和生产厂家，就更难详细计算。因此，一般都采用简单的方法，即将原价以外的其他费用统称为运杂费，按一定的费率计算。这样，设备预算价格的计算公式就可简写成：

弱电设备预算价格＝设备原价(出厂价)＋运杂费

按照上述公式计算出的设备价格，只起确定设备投资额的作用，不能作为建设单位的设备实际购置费。

弱电设备预算价格是决定设计概算价值的重要因素，正确地确定设备的预算价格，对正确编制概预算、提高概预算质量具有重要意义。

2. 弱电设备原价（出厂价）的确定

设备是指凡是经过加工制造由多种材料和部件按各自用途组成生产加工、动力、传送、存储、运输、科研等功能的机器、容器和其他机械等。

3. 设备运杂费的确定

设备运杂费是指设备由来源地至工地仓库或指定地点所发生的各项费用。国内设备运杂费包括运输费、包装费、装卸费、搬运费、采购及保管费等。国外进口设备的运杂费包括的内容与卖方国家和交货地点有关，其内容各不相同，计算时应根据不同情况分别对待。进口设备的国内运费与国产设备相同，国内设备运杂费按设备原价乘以运杂费率计算，计算公式如下：

国内设备运杂费＝设备原价×运杂费率

运杂费率由主管部门根据统计资料，按实际发生的运杂费与设备原价之比百分率确定。如无规定，一般按 3%～5%计取。

4.4 电气安装工程量计算规则

4.4.1 工程量计算的依据和方法

一、工程量计算的原则和依据

1. 工程量的含义

工程量是指按照事先约定的工程量计算规则计算所得的、以物理计量单位或自然计量单位所表示的建筑工程各个分部分项工程或结构构件的数量。（物理计量单位是指以度量表示的长度、面积、体积和重量等单位；自然计量单位是指以客观存在的自然实体表示的个、套、块、组等单位。工程计量单位有基本计量单位和扩大计量单位，基本计量单位如 m、m^2、m^3、kg、个等，扩大计量单位如 10m、$100m^2$、$1000m^3$、10个等。工程量清单一般采用基本计量单位，预算定额常采用扩大计量单位，应用时一定要注意单位换算）。

工程量计算力求准确，它是编制工程量清单、确定建筑工程直接费、编制施工组织设计、编制材料供应计划、进行统计工作和实现经济核算的重要依据。

2. 工程计量的内容

工程计量是工程量清单编制的主要工作内容之一，同时也是工程计价的基本数据和主要依据。计量正确与否，直接影响到清单编制的质量和工程造价的正确性。工程计量包括以下两个方面的内容：

（1）工程量清单项目的工程计量

清单项目的工程计量是依据《建设工程工程量清单计价规范》GB 50500—2013 中的计算规则，对清单项目确定其工程数量和单位的过程。是招标文件的组成部分，由招标人或招标代理机构编制。

（2）预算定额项目的工程计量

预算定额项目的工程计量是编制施工图预算的基础，也是清单计价模式下综合单价组价的基础。（主要是企业定额还没有形成，暂且用预算定额充当）

3. 工程量计算的一般要求

（1）必须按图纸计算

工程量计算时，应严格按照图纸所标注的尺寸进行计算，不得任意加大或缩小、任意增加或减少，以免影响工程量计算的准确性。图纸中的项目要认真反复清查，不得漏项和重复计算。

（2）必须按工程量计算规则进行计算

工程量计算规则是计算和确定各项消耗指标的基本依据，也是工程量计算的准绳。

（3）必须口径一致

施工图列出的工程项目（工程项目所包括的内容和范围）必须与计量规则中规定的相应工程项目相一致。计算工程量除必须熟悉施工图纸外，还必须熟悉计量规则中每个工程项目所包括的内容和范围。

（4）必须列出计算式

在列计算式时，必须部位清楚，详细列项标出计算式，保留计算书，作为复查的依据。工程量的计算式应按一定的格式排列。

（5）必须计算准确

工程量计算的精度将直接影响着工程造价确定的精度，因此，数量计算要准确。一般规定工程量的精确度应按计量规则中的有关规定执行。（t：保留小数点后三位，从第四位四舍五入；m^3，m^2，m：保留小数点后两位，从第三位四舍五入；个，项，次：应取整数）

（6）必须计量单位一致

工程量的计量单位，必须与计量规则中规定的计量单位相一致，有时由于使用的《计量规则》不同，所采用的制作方法和施工要求不同，其工程量的计量单位是有区别的，应予以注意。

（7）必须注意计算顺序

为了计算时不遗漏项目，又不产生重复计算，应按照一定的顺序进行计算。

二、工程量计算程序和步骤

1. 工程量计算程序

为了便于计算和审核工程量，防止漏处、重算和错算，在计算工程量时应按一定顺序进行。

应根据预算定额编号的顺序，按每一分部工程的每一个项目逐一列出工程细目，按照施工图的具体设计内容，依次进行计算。这样，既可以节省看图时间，加快计算速度，又可以避免漏处、重算。对于电气安装工程，可以根据平面图和系统图，按进户线、总配电箱、各分配电箱（盘）直至用电设备或照明器具的顺序进行计算，各个分配电箱（盘）可按编号顺序进行计算（也可按其逆序进行）。

2. 计算步骤

电气安装工程工程计算是一项复杂而细致的工作。为了便于校审，通常应按以下步骤进行计算：

（1）列出计算公式

计算电气安装工程工程量，应按照先干线、后支线、先进入、后排出的顺序，以设计图纸所示尺寸，列出计算公式，分层、分段、分系统地逐项进行计算；但不能将不同系统或同一系统而材质、规格不同的工程量混合在同一公式中计算。这样不仅给校审造成困难，更重要的是难以套用定额。

（2）进行计算

分项工程计算式全部列出后，就可以按照顺序逐式进行计算，并把计算结果填入表4-4-1"数量"栏中。依次直到把所有分项工程项目内容计算完成为止。

（3）汇总工程量

工程计算完毕并复查无误后，应按照预算定额的排列顺序分部分项汇总，为套用预算定额做好准备。

工程量计算表   **表 4-4-1**

项 目 名 称	工 程 量 计 算 式	单 位	数 量

（4）调整计量单位

以上计算的工程量都是以"m""个""组""套"等为计量单位，但电气设备安装工程预算定额都是以"100m""10 个""10 组""10 套"等为计量单位。这时，还要把汇总出来的工程量，按照预算定额相应分项工程规定的计量单位，进行一次数值调整（如果用专业软件套用定额可忽略这步骤）。总之，一定要使计算出来的工程量单位与预算定额中相应分项工程的计量单位口径一致，才能顺利地套用定额。

4.4.2 《建筑智能化系统设备安装工程》工程量计算规则

一、通信系统设备安装

1. 本定额包括数字微波通信、卫星通信、程控交换机、会议电话、会议电视、铁塔、天线、反馈系统、光纤通信等设备的安装、调试工程。

2. 会议电话和会议电视的音频终端、视频终端执行本篇相应定额。

3. 有关电话线、广播线的布线定额，执行本篇相应定额。

4. 本系统铁塔的安装工程定额是在正常的气候条件下施工取定的，本定额不包括铁塔基础施工、预埋件的埋设及防雷接地施工。

5. 安装通信天线：

（1）楼顶增高架上安装天线按楼顶铁塔上安装天线处理。

（2）铁塔上安装天线，不论有、无操作平台均执行本定额。

（3）安装天线的高度均指天线底部距塔（杆）座的高度。

（4）天线在楼顶铁塔上吊装，是按照楼顶距地面 20m 以下考虑的，楼顶距地面高度超过 20m 的吊装工程，按综合项目中高层建筑增加消耗量调整相应项目执行。

工程量计算规则：

1. 铁塔架设，以"t"为计量单位。

2. 天线安装、调试，以"副"（天线加边加罩以"面"）为计量单位。

3. 馈线安装、调试，以"条"为计量单位。

4. 微波无线接入系统基站设备、用户站设备安装、调试，以"台"为计量单位。

5. 微波无线接入系统联调，以"站"为计量单位。

6. 卫星通信甚小口径地面站（VSAT）中心站设备安装、调试，以"台"为计量单位。

7. 卫星通信甚小口径地面站（VSAT）端站设备安装、调试、中心站内环测及全网系统对测，以"站"为计量单位。

8. 光纤数字传输设备安装、调试以"端"为计量单位。

9. 程控交换机安装、调试以"部"为计量单位。

10. 程控交换机中继线调试以"路"为计量单位。

11. 会议电话、电视系统设备安装、调试以"台"为计量单位。

12. 会议电话、电视系统联网测试以"系统"为计量单位。

二、计算机网络系统设备安装

1. 本系统定额包括计算机（微机及附属设备）和网络系统设备，适用于楼宇、小区智能化系统中计算机网络系统设备的安装、调试工程。

2. 本系统有关电缆敷设、电源、防雷接地等项目执行本篇相应定额。本定额不包括支架基座制作和机柜的安装，发生时，执行本定额第一篇相应项目。

3. 基带调制解调器系指 DDN、ISDN、帧中继调制解调器。

4. "信息点"是指接入到局域网中的信息用户点。

工程量计算规则：

1. 计算机网络终端和附属设备安装，以"台"为计量单位。

2. 网络系统设备、软件安装，调试，以"台（套）"为计量单位。

3. 局域网交换机系统功能调试，以"个"为计量单位。

4. 网络调试、系统试运行、验收测试，以"系统"为计量单位。

三、楼宇、小区多表远传系统设备安装

1. 本系统定额适用于楼宇、小区的多表远程系统安装、调试工程。

2. 本系统定额不包括设备的支架、支座制作，发生时，执行本定额第一篇相应项目。

3. 有关线缆布放按本篇定额第十章执行。

4. 抄表采集系统安装、调试按墙上明装考虑。

工程量计算规则：

1. 基表及控制设备安装、调试，以"个"为计量单位。

2. 抄表采集系统设备安装、调试以"台"为计量单位。

3. 多表采集中央管理计算机安装、调试，以"台"为计量单位。

四、楼宇、小区自控系统设备安装

1. 本系统定额适用于楼宇、小区的自控系统安装、调试工程。其中包括住宅小区智能化系统设备安装工程。

2. 本系统定额不包括设备的支架、支座制作，发生时，执行本定额第一篇相应项目。

3. 有关线缆布放按本篇定额第九章执行。

工程量计算规则：

1. 楼宇自控中央管理系统中央站计算机安装以"台"为计量单位，中央管理系统调试以"系统"为计量单位。

2. 控制网络通信设备安装、调试以"台"为计量单位。

3. 控制器安装、调试以"台"为计量单位。

4. 第三方设备通信接口安装、调试以"个"为计量单位。

5. 空调系统传感器及变送器、照明、配电系统传感器及变送器、给水排水系统传感器及变送器安装、调试以"只（台）"为计量单位。

6. 阀门及执行机构安装、调试以"台（个）"为计量单位。

7. 住宅（小区）智能化设备安装、调试以"台（套）"为计量单位。

8. 小区智能化系统试运行以"系统"为计量单位。

五、有线电视系统设备安装

1. 本系统定额适用于有线广播电视、卫星电视、闭路电视系统设备的安装调试工程。

2. 本系统天线在楼顶上吊装，是按照楼顶距地面 20m 以下考虑的，楼顶距地面高度超过 20m 的吊装工程，按综合项目中超高增加消耗量调整相应项目执行。

3. 暗盒埋设按本篇定额相应项目执行。

4. 共用天线按成套供应考虑。

工程量计算规则：

1. 电视共用天线安装、调试，以"副"为计量单位。

2. 前端机柜、电视墙安装，以"个（套）"为计量单位。

3. 前端射频设备安装，以"套"为计量单位。

4. 卫星地面站接收设备、光端设备、有线电视系统管理设备、播控设备等安装、调试，以"台"为计量单位。

5. 传输网络设备、分配网络设备安装、调试，以"个"为计量单位。

六、扩声、背景音乐系统设备安装

1. 本系统定额包括扩声和背景音乐系统设备安装调试工程。

2. 调音台种类表示方程式：1＋2/3/4

"1"为调音台输入路数；"2"为立体声输入路数；"3"为编组输出路数；"4"为主输出路数。

3. 布线定额按综合布线系统工程的定额执行。

4. 本章设备按成套购置考虑。

5. 背景音乐系统设备安装包括开箱检查、设备间连接、设备上机柜组装，设备间输入输出电平优选配接；设备间输入输出阻抗优选配接，节目信号广播线、控制线、转接端子的正负连接及接地的辨别，供给电源；设备间连接平衡非平衡。

工程量计算规则：

1. 扩声系统设备安装、调试，以"台"为计量单位。

2. 扩声系统设备试运行，以"只（副、系统）"为计量单位。

3. 背景音乐系统设备安装、调试，以"台"为计量单位。

4. 背景音乐系统联调、试运行，以"台（系统）"为计量单位。

七、停车场管理系统设备安装

1. 本系统定额适用于停车场管理系统设备安装工程。

2. 本系统设备按成套购置考虑，在安装时如需配套材料，按设计要求按实计算。

3. 有关摄像系统设备安装、调试，按本篇定额相应项目执行。

4. 有关电缆布放按本册定额相应项目执行。

5. 本系统联调包括：车辆检测识别设备系统、出入口设备系统、显示和信号设备系统、监控管理中心设备系统。

工程量计算规则：

1. 车辆检测识别设备、出入口设备、显示和信号设备、监控管理中心设备安装、调试，以"套（块、台）"为计量单位。

2. 系统联调，以"系统"为计量单位。

八、楼宇安全防范系统设备安装

1. 本系统定额适用于新建楼宇安全防范系统设备安装工程。楼宇安全防范系统工程包括：入侵报警、出入口控制、电视监控设备安装系统工程。

2. 本定额设备按成套购置考虑。

工程量计算规则：

1. 入侵探测（室内外、周界）设备、入侵报警控制设备、报警中心显示设备、出入口目标识别设备安装、调试工程，以"套"为计量单位。

2. 出入口控制设备、出入口执行机构设备、电视监控摄像设备、视频控制设备、控制台和监视器柜、音频、视频及脉冲分配器、视频补偿器、视频传输设备、录像、记录设备、监控中心设备、CRT 显示终端、模拟盘安装，以"台"为计量单位，电视监控设备安装工程的显示装置安装以"m²"为计量单位。

3. 分系统调试、系统工程试运行以"系统"为计量单位。

九、电源与电子设备防雷接地装置安装

1. 本系统定额适用于弱电系统设备自主配置的电源，包括太阳能电池、柴油发电机组、开关电源。

2. 有关建筑电力电源、蓄电池、不间断电源布放电源线缆，按最新定额相应项目计算。

3. 太阳能电池安装，已含吊装太阳能电池组件的工作，使用中不论吊装高度，执行同一定额标准；太阳能电池成套配置，如需配套主材按设计要求计算。安装柴油发电机组定额，不包括设备基础；安装排气系统所用镀锌钢管、U 形钢、90°弯头、法兰盘、法兰螺栓、紧固螺栓、膨胀螺栓等主要材料按设计要求计算。

4. 电子设备防雷、接地系统：

（1）本系统防雷、接地定额适用于电子设备防雷、接地安装工程。建筑防雷、接地定额按本册定额第一篇相应项目执行。

（2）本系统防雷、接地装置按成套供应考虑。

5. 安装排气系统：清点材料、丈量尺寸、排气管加工套丝（或焊接）、焊法兰盘、垫石棉垫、安装固定（含吊挂）、安装波纹管及消音器等。

工程量计算规则：

1. 太阳能电池方阵铁架安装，以"m²"为计量单位。

2. 太阳能电池、柴油发电机组安装，以"组"为计量单位。

3. 柴油发电机组体外排气系统、柴油箱、机油箱安装，以"套"为计量单位。

4. 开关电源安装、调试、整流器、其他配电设备安装，以"台"为计量单位。

5. 天线铁塔防雷接地装置安装，以"处"为计量单位。

6. 电子设备防雷接地装置、接地模块安装，以"个"为计量单位。

7. 电源避雷器安装，以"台"为计量单位。

十、综合布线系统工程

1. 本系统定额包括：双绞线、光缆、漏泄同轴电缆、电话线和广播线的敷设、布放和测试工程。

2. 本系统不包括的内容：钢管、PVC管、桥架、线槽敷设工程、管道工程、杆路工程、设备基础工程和埋式光缆的填挖土工程，若发生时按本定额相应项目执行。

3. 接线盒、信息插座盒安装按本定额第一篇相应项目执行。

4. 跳线连接器安装包括安装、卡接线、做屏蔽、检查、测试等全部操作过程。跳线卡接包括编扎固定线缆、卡线、核对线序、安装固定接线模块（跳线盘）、编号等全部操作过程。跳线制作，不分屏蔽和非屏蔽系统。

工程量计算规则：

1. 双绞线缆、光缆、漏泄同轴电缆、电话线和广播线敷设、穿放、明布放以"m"为计量单位。电缆敷设按单根延长米计算，如一个架上敷设3根各长100m的电缆，应按300m计算，以此类推。电缆附加及预留的长度按设计规定计算，设计无规定时按下列方法计算：

（1）电缆进入建筑物预留长度2m；

（2）电缆进入沟内或吊架上引上（下）预留1.5m；

（3）电缆中间接头盒，预留长度两端各留2m。

电缆附加及预留的长度，应计入相应工程量之内。

2. 跳线制作以"条"为计量单位，卡接双绞线缆以"对"为计量单位，跳线架、配线架终端电缆卡接以"条"为计量单位。

3. 安装各类信息插座、过线（路）盒、信息插座底盒（接线盒）、光缆终端盒和跳块打接以"个"为计量单位。

4. 双绞线缆测试、以"链路"或"信息点"为计量单位，光纤测试以"链路"或"芯"为计量单位。

5. 光纤连接以"芯"（磨制法以"端口"）为计量单位。

6. 布放尾纤以"根"为计量单位。

7. 室外架设光缆以"m"为计量单位。

8. 光缆接续以"头"为计量单位。

9. 制作光缆成端接头以"套"为计量单位。

10. 安装漏泄同轴电缆接头以"个"为计量单位。

11. 成套电话组线箱、机柜、机架、抗震底座安装以"台"为计量单位。

12. 安装电话出线口、中途箱、电话电缆架空引入装置以"个"为计量单位。

4.5 建筑弱电工程工程量清单计价编制

4.5.1 建筑弱电安装工程量清单概述

一、实行工程量清单计价的作用及特点

1. 工程量清单的概念及特点

载明建设工程分部分项工程项目、措施项目、其他项目的名称和相应数量以及规费、税金项目等内容的明细清单。

（1）强制性

通过制定统一的建设工程工程量清单计价方法，达到规范计价行为的目的。这些规则和办法是强制性的，工程建设各方面都应该遵守。主要体现在：一是规定全部使用国有资金或国有资金投资为主的大中型建设工程应按计价规范规定执行；二是明确工程量清单是招标文件的组成部分，并规定了招标人在编制工程量清单时必须做到项目编码、项目名称、计量单位、工程量计算规则等四统一，并且要用规定的标准格式来表述。

在清单编码上，《建设工程工程量清单计价规范》GB 50500—2013 规定，分部分项工程量清单编码以 12 位阿拉伯数字表示，前 9 位为全国统一编码，编制分部分项工程量清单时应按附录中的相应编码设置，不得变动，后 3 位是清单项目名称编码，由清单编制人根据设置的清单项目编制。

（2）实用性

计价规范附录中工程量清单项目及计算规则的项目名称表现的是工程实体项目，项目名称明确清晰，工程量计算规则简洁明了，特别还列有项目特征和工程内容。易于编制工程量清单时确定具体项目名称和投标报价。

（3）竞争性

一是《建设工程工程量清单计价规范》GB 50500—2013 中的措施项目，在工程量清单中只列"措施项目"一栏，具体采用什么措施，如模板、脚手架、临时设施、施工排水等详细内容由投标人根据企业的施工组织设计，视具体情况报价，因为这些项目在不同企业间各有不同，是企业竞争项目，是留给企业的竞争空间。二是《建设工程工程量清单计价规范》GB 50500—2013 中人工、材料和施工机械没有具体的消耗量，将工程消耗量定额中的工、料、机价格和利润、管理费全面放开，由市场的供求关系自行确定价格。

投标企业可以依据企业的定额和市场价格信息，也可以参照建设行政主管部门发布的社会平均消耗量定额进行报价，《建设工程工程量清单计价规范》GB 50500—2013 将定价权还给了企业。

2. 工程量清单计价的适用范围

工程量清单计价是指投标人完成由招标人提供的工程量清单所需的全部费用，包括分部分项工程费、措施项目费、其他项目费、规费和税金。

全部使用国有资金（含国家融资资金）投资或国有资金投资为主的工程建设项目应执行工程量清单计价方式确定和计算工程造价。

3. 工程量清单计价模式的作用

实行工程量清单计价，是规范建设市场秩序，适应社会主义经济发展的需要，工程量清单计价是市场形成工程造价的主要形式，工程量清单计价有利于发挥企业自主报价的能力，实现由政府定价向市场定价的转变；有利于规范业主在招标中的行为，有效避免招标单位在招标中盲目压价的行为，从而真正体现公开、公平、公正的原则，适应市场经济规律。

同时，工程量清单计价是促进建设市场有序竞争和健康发展的需要。工程量清单招标投标，对招标人来说由于工程量清单是招标文件的组成部分，招标人必须编制出准确的工程量清单，并承担相应的风险，促进招标人提高管理水平。由于工程量清单是公开的，将避免工程招标中弄虚作假、暗箱操作等不规范的行为。对投标人来说，要正确进行工程量清单报价，必须对单位工程成本、利润进行分析，精心选择施工方案，合理组织施工，合理控制现场费用和施工技术措施费用。此外，工程量清单对保证工程款的支付、结算都起到重要作用。

4. 工程量清单计价模式的特点

（1）工程量清单均采用综合单价形式，综合单价中包括了工程直接费、间接费、管理费、风险费、利润、国家规定的各种规费等，一目了然，更适合工程的招投标。

（2）工程量清单报价要求投标单位根据市场行情，自身实力报价，这就要求投标人注重工程单价的分析，在报价中反映出本投标单位的实际能力，从而能在招投标工作中体现公平竞争的原则，选择最优秀的承包商。

（3）工程量清单具有合同化的法定性，本质上是单价合同的计价模式，中标后的单价一经合同确认，在竣工结算时是不能调整的，即量变价不变。

（4）工程量清单报价详细地反映了工程的实物消耗和有关费用，因此易于结合建设项目的具体情况，变以预算定额为基础的静态计价模式为将各种因素考虑在单价内的动态计价模式。

（5）工程量清单报价有利于招投标工作，避免招投标过程中有盲目压价、弄虚作假、暗箱操作等不规范行为。

（6）工程量清单报价有利于项目的实施和控制，报价的项目构成、单价组成必须符合项目实施要求，工程量清单报价增加了报价的可靠性，有利于工程款的拨付和工程造价的最终确定。

（7）工程量清单报价有利于加强工程合同的管理，明确承发包双方的责任，实现风险的合理分担，即量由发包方或招标方确定，工程量的误差由发包方承担，工程报价的风险由投标方承担。

（8）工程量清单报价将推动计价依据的改革发展，推动企业编制自己的企业定额，提高自己的工程技术水平和经营管理能力。

二、工程量清单计价模式的格式及编制方法

工程量清单的组成及内容：

工程量清单应该由具有编制招标文件能力的招标人，或受其委托具有相应资质的中介机构编制。工程量清单是招标文件的组成部分。

根据《建设工程工程量清单计价规范》GB 50500—2013 的规定，工程量清单的组成内容包括：封面、汇总表、分部分项工程量清单表、措施项目清单表、其他项目清单表、其他项目清单表、规费、税金项目清单与计价表、工程款支付申请（核准）表。在各项表中还包含若干子项，根据不同的项目要求需要不同的制表。

三、工程量清单的编制

1. 项目编码

工程量清单项目的设置是为了统一工程量清单项目名称、项目编码、计量单位和工程量计算，是编制工程量清单的依据。在《建设工程工程量清单计价规范》GB 50500—2013 中，对工程量清单项目的设置作出了明确的规定。

项目编码以五级编码设置，用十二位阿拉伯数字表示。一、二、三、四级编码统一；第五级编码由工程量清单编制人区分具体工程的清单项目特征而分别编码。

2. 项目特征

工程量清单的项目特征是确定一个清单项目综合单价不可缺少的重要依据，在编制工程量清单时，必须对项目特征进行准确和全面的描述。但有些项目特征用文字往往又难以准确和全面的描述清楚。因此，为达到规范、简洁、准确、全面描述项目特征的要求，在描述工程量清单项目特征时应按以下原则进行。

（1）项目特征描述的内容应按附录中的规定，结合拟建工程的实际情况，能满足确定综合单价的需要；

（2）若采用标准图集或施工图纸能够全部或部分满足项目特征描述的要求，项目特征描述可直接采用详见某图集或某图号的方式。对不能满足项目特征描述要求的部分，仍应用文字描述。

4.5.2　建筑电气工程量清单计价费用构成

一、分部分项工程费

分部分项工程费是指完成在工程量清单列出的各分部分项清单工程量所需的费用。包括：人工费、材料费（消耗的材料费总和）、施工机具使用费、管理费、利润以及风险费。

1. 人工费的组成与计算

（1）人工费的组成

人工费是指按工资总额构成规定，支付给从事建筑安装工程施工的生产工人和附属生产单位工人的各项费用。内容包括：计时工资或计件工资、奖金、津贴补贴、加班加点工资、特殊情况下支付的工资。

（2）人工费的计算

公式1：人工费＝Σ（工日消耗量×日工资单价）

注：公式1主要适用于施工企业投标报价时自主确定人工费，也是工程造价管理机构编制计价定额确定定额人工单价或发布人工成本信息的参考依据。

公式2：人工费＝Σ（工程工日消耗量×日工资单价）

日工资单价是指施工企业平均技术熟练程度的生产工人在每工作日（国家法定工作时间内）按规定从事施工作业应得的日工资总额。

工程造价管理机构确定日工资单价应通过市场调查、根据工程项目的技术要求，参考实物工程量人工单价综合分析确定，最低日工资单价不得低于工程所在地人力资源和社会保障部门所发布的最低工资标准的：普工1.3倍、一般技工2倍、高级技工3倍。

工程计价定额不可只列一个综合工日单价，应根据工程项目技术要求和工种差别适当划分多种日人工单价，确保各分部工程人工费的合理构成。

2. 材料费的组成与计算

（1）材料费用的组成

材料费是指施工过程中耗费的原材料、辅助材料、构配件、零件、半成品或成品、工程设备的费用。内容包括：材料原价、运杂费、运输损耗费、采购及保管费。

（2）材料费的计算

① 材料费

$$材料费＝Σ（材料消耗量×材料单价）$$

材料单价＝[（材料原价＋运杂费）×〔1＋运输损耗率（%）〕]×[1＋采购保管费率（%）]

② 工程设备费

$$工程设备费＝\Sigma(工程设备量\times工程设备单价)$$
$$工程设备单价＝(设备原价＋运杂费)\times[1＋采购保管费率(\%)]$$

3. 施工机具使用费的组成与计算

（1）施工机具使用费的组成

施工机具使用费是指施工作业所发生的施工机械、仪器仪表使用费或其租赁费。其中施工机械使用费包括折旧费、大修理费、经常修理费、安拆费及场外运费、人工费［指机上司机（司炉）和其他操作人员的人工费］、燃料动力费、税费等。

（2）施工机具使用费的计算

① 施工机械使用费

$$施工机械使用费＝\Sigma(施工机械台班消耗量\times机械台班单价)$$
$$机械台班单价＝台班折旧费＋台班大修费＋台班经常修理费$$
$$＋台班安拆费及场外运费＋台班人工费$$
$$＋台班燃料动力费＋台班车船税费$$

注：工程造价管理机构在确定计价定额中的施工机械使用费时，应根据《建筑施工机械台班费用计算规则》结合市场调查编制施工机械台班单价。施工企业可以参考工程造价管理机构发布的台班单价，自主确定施工机械使用费的报价，如租赁施工机械，公式为：

$$施工机械使用费＝\Sigma（施工机械台班消耗量\times机械台班租赁单价）$$

② 仪器仪表使用费

$$仪器仪表使用费＝工程使用的仪器仪表摊销费＋维修费$$

4. 管理费的组成与计算

（1）企业管理费的组成

企业管理费是指建筑安装企业组织施工生产和经营管理所需的费用。内容包括：管理人员工资、办公费、差旅交通费、固定资产使用费、工具用具使用费、劳动保护费、检验试验费、工会经费、职工教育经费、财产保险费、财务费、税金（是指企业按规定缴纳的房产税、车船使用税、土地使用税、印花税等）、其他。

（2）企业管理费的计算

① 以分部分项工程费为计算基础

$$企业管理费费率(\%)＝\frac{生产工人年平均管理费}{年有效施工天数\times人工单价}\times人工费占分部分项工程费比例(\%)$$

② 以人工费和机械费合计为计算基础

$$企业管理费费率(\%)＝\frac{生产工人年平均管理费}{年有效施工天数\times（人工单价＋每一工日机械使用费）}\times100\%$$

③ 以人工费为计算基础

$$企业管理费费率(\%)＝\frac{生产工人年平均管理费}{年有效施工天数\times人工单价}\times100\%$$

5. 利润的计算

利润是指施工企业完成所承包工程获得的盈利。

（1）施工企业根据企业自身需求并结合建筑市场实际自主确定，列入报价中。

（2）工程造价管理机构在确定计价定额中利润时，应以定额人工费或（定额人工费＋

定额机械费）作为计算基数，其费率根据历年工程造价积累的资料，并结合建筑市场实际确定，以单位（单项）工程测算，利润在税前建筑安装工程费的比重可按不低于 5% 且不高于 7% 的费率计算。利润应列入分部分项工程和措施项目中。

6. 分部分项工程量清单综合单价的计算

在前面对于门卫室电气照明工程，我们已经进行了工程量的统计，接下来我们按照《建设安装工程工程量清单计价规范》GB 50500—2013 中有关工程量清单计量规范的要求，对工程量计算表重新进行整理，整理成工程量清单统计表。

二、措施项目费

1. 国家计量规范规定应予计量的措施项目，其计算公式为：

$$措施项目费＝\sum（措施项目工程量×综合单价）$$

2. 国家计量规范规定不宜计量的措施项目计算方法如下：

（1）安全文明施工费

$$安全文明施工费＝计算基数×安全文明施工费费率（\%）$$

计算基数应为定额基价（定额分部分项工程费＋定额中可以计量的措施项目费）、定额人工费或（定额人工费＋定额机械费），其费率由工程造价管理机构根据各专业工程的特点综合确定。

（2）夜间施工增加费

$$夜间施工增加费＝计算基数×夜间施工增加费费率（\%）$$

（3）二次搬运费

$$二次搬运费＝计算基数×二次搬运费费率（\%）$$

（4）冬雨季施工增加费

$$冬雨季施工增加费＝计算基数×冬雨季施工增加费费率（\%）$$

（5）已完工程及设备保护费

$$已完工程及设备保护费＝计算基数×已完工程及设备保护费费率（\%）$$

上述（2）～（5）项措施项目的计费基数应为定额人工费或（定额人工费＋定额机械费），其费率由工程造价管理机构根据各专业工程特点和调查资料综合分析后确定。

三、其他项目费

1. 暂列金额由建设单位根据工程特点，按有关计价规定估算，施工过程中由建设单位掌握使用、扣除合同价款调整后如有余额，归建设单位。

2. 计日工由建设单位和施工企业按施工过程中的签证计价。

3. 总承包服务费由建设单位在招标控制价中根据总包服务范围和有关计价规定编制，施工企业投标时自主报价，施工过程中按签约合同价执行。

四、规费

规费是指按国家法律、法规规定，由省级政府和省级有关权力部门规定必须缴纳或计取的费用。包括：社会保险费、养老保险费、失业保险费、医疗保险费、生育保险费、工伤保险费、住房公积金及工程排污费。

其他应列而未列入的规费，按实际发生计取。

1. 社会保险费和住房公积金

社会保险费和住房公积金应以定额人工费为计算基础，根据工程所在地省、自治区、直辖市或行业建设主管部门规定费率计算。

社会保险费和住房公积金＝Σ（工程定额人工费×社会保险费和住房公积金费率）

式中：社会保险费和住房公积金费率可以每万元发承包价的生产工人人工费和管理人员工资含量与工程所在地规定的缴纳标准综合分析取定。

2. 工程排污费

工程排污费等其他应列而未列入的规费应按工程所在地环境保护等部门规定的标准缴纳，按实际列入。

五、税金

税金是指国家税法规定的应计入建筑安装工程造价内的营业税、城市维护建设税、教育费附加以及地方教育附加。

税金计算公式：

$$税金＝税前造价×综合税率(\%)$$

实行营业税改增值税的，按纳税地点现行税率计算。

建设单位和施工企业均应按照省、自治区、直辖市或行业建设主管部门发布标准计算规费和税金，不得作为竞争性费用。

附录 A 建筑弱电工程量清单项目及计算规则

A.1 计算机应用、网络系统工程。工程量清单项目设置、项目特征描述的内容、计量单位、工程量计算规则应按表 A.1 的规定执行。

计算机应用、网络系统工程（编码：030501）　表 A.1

项目编码	项目名称	项目特征	计量单位	工程量计算规则	工程内容
030501001	输入设备	1. 名称； 2. 类别； 3. 规格； 4. 安装方式	台	按设计图示数量计算	1. 本体安装； 2. 单体调试
030501002	输入设备				
030501003	控制设备	1. 名称； 2. 类别； 3. 路数； 4. 规格			
030501004	存储设备	1. 名称； 2. 类别； 3. 规格； 4. 容量； 5. 通道数			
030501005	插箱、机柜	1. 名称； 2. 类别； 3. 规格	条		1. 本体安装； 2. 接电源线、保护地线、功能地线
030501006	互联电缆				制作、安装
030501007	接口卡	1. 名称； 2. 类别； 3. 传输效率	台套		1. 本体安装； 2. 单体调试
030501008	集线器	1. 名称； 2. 类别； 3. 堆叠单元量			
030501009	路由器				
030501010	收发器	1. 名称； 2. 类别； 3. 规格； 4. 功能			
030501011	防火墙				

续表

项目编码	项目名称	项目特征	计量单位	工程量计算规则	工程内容
030501012	交换机	1. 名称； 2. 功能； 3. 层数	台套	按设计图示数量计算	1. 本体安装； 2. 单体调试
030501013	网络服务器	1. 名称； 2. 类别； 3. 规格			1. 本体安装； 2. 插件安装； 3. 接信号线、电源线、地线
030501014	计算机应用、网络系统接地		系统		1. 安装焊接； 2. 检测
030501015	计算机应用、网络系统系统联调	1. 名称； 2. 类别； 3. 用户数			系统调试
030501016	计算机应用、网络系统试运行				试运行
030501017	软件	1. 名称； 2. 类别； 3. 规格； 4. 容量	套		1. 安装； 2. 调试； 3. 试运行

A.2　综合布线系统工程。工程量清单项目设置、项目特征描述的内容、计量单位、工程量计算规则应按表A.2的规定执行。

综合布线系统工程（编码：030502）　　　　　　　表A.2

项目编码	项目名称	项目特征	计量单位	工程量计算规则	工程内容
030502001	机柜、机架	1. 名称； 2. 材质； 3. 规格； 4. 安装方式	台	按设计图示数量计算	1. 本体安装； 2. 相关固定件的连接
030502002	抗震底座		个		1. 本体安装； 2. 底盒安装
030502003	分线接线箱（盒）				
030502004	电视、电话插座	1. 名称； 2. 安装方式； 3. 底盒材质、规格；			
030502005	双绞线缆	1. 名称； 2. 规格； 3. 线缆对数； 4. 敷设方式	m		1. 敷设； 2. 标记； 3. 卡接
030502006	大对数电缆				
030502007	光缆				
030502008	光纤束、光缆外护套	1. 名称； 2. 规格； 3. 安装方式			1. 气流吹放； 2. 标记

续表

项目编码	项目名称	项目特征	计量单位	工程量计算规则	工程内容
030502009	跳线	1. 名称； 2. 类别； 3. 规格	条	按设计图示数量计算	1. 插接跳线； 2. 整理跳线
030502010	配线架	1. 名称； 2. 规格； 3. 容量	个块		安装、打接
030502011	跳线架				
030502012	信息插座	1. 名称； 2. 类别； 3. 规格； 4. 安装方式； 5. 底盒材质、规格			1. 端接模块； 2. 安装面板
030502013	光纤盒	1. 名称； 2. 类别； 3. 规格； 4. 安装方式			
030502014	光纤连接	1. 方法； 2. 模式	芯端口		1. 接续； 2. 测试
030502015	光缆终端盒	光缆芯数	个		
030502016	布放尾纤	1. 名称； 2. 规格； 3. 安装方式	根		
030502017	线管理器		个		本体安装
030502018	跳块				安装、卡接
030502019	双绞线缆测试	1. 测试类别； 2. 测试内容	链路点芯		测试
030502020	光纤测试				

A.3 建筑设备自动化系统工程。工程量清单项目设置、项目特征描述的内容、计量单位、工程量计算规则应按表 A.3 的规定执行。

建筑设备自动化系统工程（编码：030503）　　　　　表 A.3

项目编码	项目名称	项目特征	计量单位	工程量计算规则	工程内容
030503001	中央管理系统	1. 名称； 2. 类别； 3. 功能； 4. 控制点数量	系统套	按设计图示数量计算	1. 本体组装、连接； 2. 系统软件安装； 3. 单体调整； 4. 系统联调； 5. 接地
030503002	通信网络控制设备	1. 名称； 2. 类别； 3. 规格			1. 本体安装； 2. 软件安装； 3. 单体调试； 4. 联调联试； 5. 接地

续表

项目编码	项目名称	项目特征	计量单位	工程量计算规则	工程内容
030503003	控制器	1. 名称; 2. 类别; 3. 功能; 4. 控制点数量	台套	按设计图示数量计算	1. 本体安装; 2. 软件安装; 3. 单体调试; 4. 联调联试; 5. 接地
030503004	控制箱	1. 名称; 2. 类别; 3. 功能; 4. 控制器、控制模块规格、体积; 5. 控制器、控制模块数量			1. 本体安装、标识; 2. 控制器、控制模块组装; 3. 单体调试; 4. 联调联试; 5. 接地
030503005	第三方通信设备接口	1. 名称; 2. 类别; 3. 接口点数			1. 本体安装、连接; 2. 接口软件安装调试; 3. 单体调试; 4. 联调联试
030503006	传感器	1. 名称; 2. 类别; 3. 功能; 4. 规格	支台		1. 本体安装和连接; 2. 通电检查; 3. 单体调整测试; 4. 系统联调
030503007	电动调节阀执行机构		个		1. 本体安装和连线; 2. 单体测试
030503008	电动、电磁阀门				
030503009	建筑设备自控化系统调试	1. 名称; 2. 类别; 3. 功能; 4. 控制点数量	台户	按设计图示数量计算	整体调试
030503010	建筑设备自控化系统试运行	名称	系统		试运行

A.4　建筑信息综合管理系统工程。工程量清单项目设置、项目特征描述的内容、计量单位、工程量计算规则应按表 A.4 的规定执行。

建筑信息综合管理系统工程（编号：030504） 表 A.4

项目编码	项目名称	项目特征	计量单位	工程量计算规则	工程内容
030504001	服务器	1. 名称; 2. 类别; 3. 规格; 4. 安装方式	台	按设计图示数量计算	安装调试、试运行
030504002	服务器显示设备				
030504003	通信接口输入输出设备		个		本体安装、调试

续表

项目编码	项目名称	项目特征	计量单位	工程量计算规则	工程内容
030504004	系统软件	1. 测试类别；2. 测试内容	套	按系统所需集成点数及图示数量计算	安装、调试、试运行
030504005	基础应用软件				
030504006	应用软件接口				
030504007	应用软件二次		项点		按系统点数进行二次软件开发和定制、进行调试及试运行
030504008	各系统联动		套		调试、试运行

A.5 有线电视、卫星接收系统工程。工程量清单项目设置、项目特征描述的内容、计量单位、工程量计算规则应按表 A.5 的规定执行。

有线电视、卫星接收系统工程（编码：030505）　　　　表 A.5

项目编码	项目名称	项目特征	计量单位	工程量计算规则	工程内容
030505001	共用天线	1. 名称；2. 规格；3. 电视设备箱型号规格；4. 天线杆、基础种类	副	按设计图示数量计算	1. 电视设备箱安装；2. 天线杆基础安装；3. 天线杆安装；4. 天线安装
030505002	卫星电视天线、馈线系统	1. 名称；2. 规格；3. 地点；4. 楼高；5. 长度			安装、调测
030505003	前端机柜	1. 名称；2. 规格	个		1. 本体安装；2. 连接电源；3. 接地
030505004	电视墙	1. 名称；2. 监视器数量	套		1. 机架、监视器安装；2. 信号分配系统安装；3. 连接电源；4. 接地
030505005	敷设射频同轴电缆	1. 名称；2. 规格；3. 敷设方式	m		线缆敷设
030505006	同轴电缆接头	1. 规格；2. 方式	个		电缆接头

续表

项目编码	项目名称	项目特征	计量单位	工程量计算规则	工程内容
030505007	前端射频设备	1. 名称； 2. 类别； 3. 频道数量	套	按设计图示数量计算	1. 本体安装； 2. 单体调试
030505008	卫星地面站接收设备	1. 名称； 2. 类别	台		1. 本体安装； 2. 单体调试； 3. 全站系统调试
030505009	光端设备安装、调试	1. 名称； 2. 类别； 3. 容量			1. 本体安装； 2. 单体调试
030505010	有线电视系统管理设备	1. 名称； 2. 类别	台		
030505011	播控设备安装、调试	1. 名称； 2. 功能； 3. 规格			1. 本体安装； 2. 系统调试
030505012	干线设备	1. 名称； 2. 功能； 3. 安装位置	个		
030505013	分配网络	1. 名称； 2. 功能； 3. 规格； 4. 安装方式			1. 本体安装； 2. 电缆接头制作、布线； 3. 单体调试
030505014	终端调试	1. 名称； 2. 功能			调试

A.6 音频、视频系统工程。工程量清单项目设置、项目特征描述的内容、计量单位、工程量计算规则应按表 A.6 的规定执行。

音频、视频系统工程（编码：030506）　　　　　　　　　　　表 A.6

项目编码	项目名称	项目特征	计量单位	工程量计算规则	工程内容
030506001	扩声系统设备	1. 名称； 2. 类别； 3. 规格； 4. 安装方式	台	按设计图示数量计算	1. 本体安装； 2. 单体调试
030506002	扩声系统调试	1. 名称； 2. 类别； 3. 功能	1. 只； 2. 副； 3. 台； 4. 系统		1. 设备连接构成系统； 2. 调试、达标； 3. 通过 DSP 实现多种功能

续表

项目编码	项目名称	项目特征	计量单位	工程量计算规则	工程内容
030506003	扩声系统试运行	1. 名称; 2. 试运行时间	系统	按设计图示数量计算	系统试运行
030506004	背景音乐系统设备	1. 名称; 2. 类别; 3. 规格; 4. 安装方式	台		1. 本体安装; 2. 单体调试
030506005	背景音乐系统调试	1. 名称; 2. 类别; 3. 功能; 4. 公共广播语言清晰度及相应声学特性指标要求	1. 台 2. 系统		1. 设备连接构成系统; 2. 试听、调试; 3. 系统试运行; 4. 公共广播达到语言清晰度及相应声学特性指标
030506006	背景音乐系统试运行	1. 名称; 2. 试运行时间	系统		试运行
030506007	视频系统设备	1. 名称; 2. 类别; 3. 规格; 4. 功能、用途; 5. 安装方式	台		1. 本体安装; 2. 单体调试
030506008	视频系统调试	1. 名称; 2. 类别; 3. 功能	系统		1. 设备连接构成系统; 2. 调试; 3. 达到相应系统设计标准; 4. 实现相应系统设计功能

A.7 安全防范系统工程。工程量清单项目设置、项目特征描述的内容、计量单位、工程量计算规则应按表 A.7 的规定执行。

安全防范系统工程(编码:030507) 表 A.7

项目编码	项目名称	项目特征	计量单位	工程量计算规则	工程内容
030507001	入侵探测设备	1. 名称; 2. 类别; 3. 探测范围; 4. 安装方式	套	按设计图示数量计算	1. 本体安装; 2. 单体调试

项目编码	项目名称	项目特征	计量单位	工程量计算规则	工程内容
030507002	入侵报警控制器	1. 名称； 2. 类别； 3. 路数； 4. 安装方式	套	按设计图示数量计算	1. 本体安装； 2. 单体调试
030507003	入侵报警中心显示设备	1. 名称； 2. 类别； 3. 安装方式			
030507004	入侵报警信号传输设备	1. 名称； 2. 类别； 3. 功率； 4. 安装方式			
030507005	出入口目标识别设备	1. 名称； 2. 规格	台		
030507006	出入口控制设备				
030507007	出入口执行机构设备	1. 名称； 2. 类别； 3. 规格			
030507008	监控摄像设备	1. 名称； 2. 类别； 3. 安装方式			
030507009	视频控制设备	1. 名称； 2. 类别； 3. 路数； 4. 安装方式	台套		
030507010	音频、视频及脉冲分配器				
030507011	视频补偿器	1. 名称； 2. 通道量			
030507012	视频传输设备	1. 名称； 2. 类别； 3. 规格			
030507013	录像设备	1. 名称； 2. 类别； 3. 规格； 4. 存储容量、格式			
030507014	显示设备	1. 名称； 2. 类别； 3. 规格	台 m^2		

续表

项目编码	项目名称	项目特征	计量单位	工程量计算规则	工程内容
030507015	安全检查设备	1. 名称； 2. 规格； 3. 类别； 4. 程式； 5. 通道数	台套	按设计图示数量计算	1. 本体安装； 2. 单体调试
030507016	停车场管理设备	1. 名称； 2. 类别； 3. 规格			
030507017	安全防范分系统调试	1. 名称； 2. 类别； 3. 通道数	系统	按设计内容	各分系统调试
030507018	安全防范全系统调试	系统内容			1. 各分系统的联动、参数设置； 2. 全系统联调
030507019	安全防范系统工程试运行	1. 名称； 2. 类别			系统试运行

A.8　其他相关问题，应按下列规定处理：

1. "建筑智能化工程"适用于建筑室内外的建筑智能化安装工程。

2. 土方工程，应按《房屋建筑与装饰工程计量规范》GB 50854—2013 相关项目编码列项。

3. 开挖路面工程，应按《市政工程工程量计算规范》GB 50857—2013 相关项目编码列项。

4. 配管工程、线槽、桥架、电气设备、电气器件、接线箱、盒、电线、接地系统、凿（压）槽、打孔、打洞、人孔、手孔、立杆工程，应按相关项目编码列项。

5. 蓄电池组、六孔管道、专业通信系统工程，应按《通用安装工程量计算规范》GB 50856—2013 中的附录 K 通信设备及线路工程相关项目编码列项。

6. 机架等项目的除锈、刷油，应按《通用安装工程量计算规范》GB 50856—2013 中的附录 L 刷油、防腐蚀、绝热工程相应项目。

7. 如主项工程量与综合工程内容工程量不对应，列综合项时需列出综合工程内容的工程量。

8. 由国家或地方检测验收部门进行的检测验收应按相关项目编码列项。

【练习题】

一、单选题

1. ( ) 是建设工程项目决策阶段策划的主要任务。

A. 如何组织开发或建设　　　　B. 开发或建设的任务和意义

C. 决策的内容　　　　　　　　D. 决策的方法

2. 按成本构成分解，施工成本可分为人工费、材料费、施工机械使用费、措施费和( )。

A. 规费　　　　　　　　　　　B. 企业管理费

C. 间接费　　　　　　　　　　D. 利润和税金

3. 项目信息管理的目的是 ( )。

A. 信息的组织控制　　　　　　B. 为项目建设的增值服务

C. 信息的获得　　　　　　　　D. 信息增值

4. 项目进度控制的依据是 ( )。

A. 施工合同　　　　　　　　　B. 项目进度计划系统

C. 设计图纸　　　　　　　　　D. 监理工程师的指令

二、简答题

1. 简述智能化工程建设费用的组成。

2. 简述智能化工程招投标的主要程序。

3. 施工图预算编制的方法。

三、计算题

1. 钢管砖混结构暗配，ϕ20，工程量为 400m，查定额已知：计量单位 100m，基价单价 493.78 元，材料栏钢管（103）m，钢管重量 3.13kg/m，钢管 4 元/kg。计算定额人工费、机械费和材料费。

2. 单相五孔安全插座明装，工程量 400 套，查定额已知，计量单位：10 套，基价单价 93.82 元，其中人工费 58.30 元、材料费 35.52 元，材料栏成套插座 10.2 套，每套插座单价 8 元，请用工程量清单计价法确定该工程的综合单价（注：管理费和利润费率按下限计取）。

项目5　智能建筑弱电系统中的 BIM 应用

【学习目标】
- 了解智能建筑弱电系统在 BIM 中的重要性；
- 掌握建筑 BIM 机电所包含的系统；
- 掌握建筑智能化系统 BIM 技术工程方案；
- 掌握建筑智能化弱电在 BIM 中的设计方法。

BIM 技术不是简单的将数字信息进行集成，而是一种数字信息的应用，是用于设计、建造、管理的数字化方法。这种方法支持建筑工程的集成管理环境，可以使建筑工程在其整个进程中显著提高效率、大量减少风险。BIM 技术将带来建筑行业的又一次革命。

5.1　BIM 发展及概述

BIM（Building Information Modeling）技术是 Autodesk 公司在 2002 年率先提出，已经在全球范围内得到业界的广泛认可，它可以帮助实现建筑信息的集成，从建筑的设计、施工、运行直至建筑全寿命周期的终结，各种信息始终整合于一个三维模型信息数据库中，设计团队、施工单位、设施运营部门和业主等各方人员可以基于 BIM 进行协同工作，有效提高工作效率、节省资源、降低成本、以实现可持续发展。

BIM 的核心是通过建立虚拟的建筑工程三维模型，利用数字化技术，为这个模型提供完整的、与实际情况一致的建筑工程信息库。该信息库不仅包含描述建筑物构件的几何信息、专业属性及状态信息，还包含了非构件对象（如空间、运动行为）的状态信息。借助这个包含建筑工程信息的三维模型，大大提高了建筑工程的信息集成化程度，从而为建筑工程项目的相关利益方提供了一个工程信息交换和共享的平台。

Autodesk Revit（简称 Revit）是 Autodesk 公司一套系列软件的名称。Revit 系列软件是专为建筑信息模型（BIM）构建的，可帮助建筑设计师设计、建造和维护质量更好、能效更高的建筑。Revit 是我国建筑业 BIM 体系中使用最广泛的软件之一。

Revit 提供支持建筑设计、MEP 工程设计和结构工程的工具。Revit 软件可以按照建筑师和设计师的思考方式进行设计，因此可以提供更高质量、更加精确的建筑设计。通过使用专为支持建筑信息模型工作流而构建的工具，可以获取并分析概念，强大的建筑设计工具可帮助使用者捕捉和分析概念，以及保持从设计到建造的各个阶段的一致性。

Revit 向暖通、电气和给水排水（MEP）工程师提供工具，可以设计最复杂的建筑设备系统。

Revit 支持建筑信息建模（BM），可帮助从更复杂的建筑系统导出概念到建造的精确设计、分析和文档等数据。使用信息丰富的模型在整个建筑生命周期中支持建筑系统。为暖通、电气和给水排水（MEP）工程师构建的工具可帮助使用者设计和分析高效的建筑设备系统以及为这些系统编档。

Revit 软件为结构工程师提供了工具，可以更加精确地设计和建造高效的建筑结构系统。为支持建筑信息建模（BIM）而构建的 Revit 可帮助使用者使用智能模型，通过模拟和分析深入了解项目，并在施工前预测性能。使用智能模型中固有的坐标和一致信息，提高文档设计的精确度。

5.2　机电专业 BIM 发展

当今经济快速发展，建筑的功能也在不断发生改变，人们对建筑物有了更高质量和更多功能的要求，因此建筑、结构、水暖电等各专业正面临着新的挑战。对于机电专业来说，它包括暖通空调设备、给水排水设备、消防设备、电气（强电、弱电）设备和电梯设备等多个专业，而这些专业又分别包含各自的系统。下面分别对这几个专业进行概述。

1. 暖通空调专业包括供暖设备、通风设备和空气调节设备：

① 供暖设备：供暖设备主要用于为建筑提供供暖热量，由供暖锅炉、锅炉辅助设备、供热管网、散热设备等组成。

② 通风设备：通风设备主要用于为建筑内部提供新鲜空气和排除污浊空气，由空气处理设备、风机动力设备、空气输送风道设备以及各种控制装置组成。

③ 空气调节设备：空气调节设备是指对空气进行各种处理，使室内空气的基本参数达到某种要求的设备。一般由冷（热）水机组、空调机、风机盘管、冷却塔、管道系统和控制装置等组成。

2. 给水排水专业包括给水设备和排水设备：

① 给水设备：给水设备是指建筑设备中用人工方法提供水源，以创造适当的工作或生活条件的设备，它主要由供水管网、供水泵、供水箱、水表部分组成。

② 排水设备：排水设备指物业设备中用来排除生活污水和屋面雨雪水的部分，它包括排水管、通气管、清通设备、抽升设备、室外排水管道等。

3. 消防设备：消防设备主要用于防火和灭火，根据消防等级的不同，一般由消防给水系统、火灾自动报警与灭火系统、人工灭火设备等组成。

4. 电气（强电、弱电）设备包括供电设备和弱电设备：

① 供电设备：供电设备是指建筑附属设备中的供电部分，包括供电线路、变配电装置、电表、户外负荷开关、避雷针、插座等。

② 弱电设备：弱电设备是指建筑附属设备中的弱电设备部分。弱电是相对建筑物的动力、照明所用的强电而言的，一般把动力、照明、这种输送能量的电力称为强电，而把以信号传输、信息交换的电能称为弱电。目前，建筑弱电设备主要包括：通信系统、网络传输系统、广播音响系统、一卡通系统、大屏幕显示系统和安防系统等。

5. 电梯设备：电梯设备指建筑附属设备中的载运人或物品的一种升降设备，是高层建筑中不可缺少的垂直运输工具。电梯设备中以升降直梯和扶梯最为常见。升降直梯主要包括机房、轿厢、井道等部分。

5.3　机电专业 BIM 应用

在实际的建设工程中，为了提升工程项目的建设管理的效率和质量，利用 BIM 技术开展碰撞检查、方案模拟、深化设计、方案优化、施工及运维管理等工作，有效保证对项目建设的进度、安全、质量等的科学化管理；运用 BIM＋互联网＋大数据＋VR＋AI 等技术全面提升工程项目信息化管理水平。

指导管理各参建单位利用 BIM 实现各专业的碰撞检查，减少窝工和资源浪费，对施工方案进行模拟优化，提升施工方案的合理性，提高施工效率。基于 BIM 模型可视化及模拟的特性，对施工场地进行合理布局，划分各功能区，对工程机械合理定位，确保施工期间各物料可方便、快捷输送到工作区，提高工作效率和质量，对大件运输车辆进场及退场路线进行优化模拟，确保设备及物资进场顺利。基于 BIM 模型在深化设计、综合协调及工序进度安排，从合理性、可建造性、美观性等方面达到有效的平衡，提高一次性建造成功率、安装合格率，提高工程效率和质量。

通过具体的项目实施，建立一套完善的 BIM 建设、运维一体化平台，实现项目从 BIM 实施模式，BIM 应用点、BIM 标准、BIM 过程管理、项目的实物资产和全信息数字化虚拟资产的整体移交等内容的信息化管理，实现工程项目的全过程、全寿命周期管理，为项目的运营提供完备的全过程的数字化基础，努力实现以"技术进步、管理创新"。

建筑物中的机电系统，包括设计和施工两部分。其中设计是指设计院的机电设计人员绘制管线、出图，但有时建筑设计可能由不同的设计院共同完成，这就导致各专业之间缺乏有效沟通，更不用说协调合作。在施工时，现场情况的不同也会使各专业不能及时协调，由此带来诸多问题。比如有些设备管线在安装时出现空间位置的交叉碰撞，从而引发施工停滞，可能引起大面积拆除返工，甚至导致整项方案重新修订。因此减少设计图纸的变更和施工过程的返工现象，是当前迫切需要解决的问题。

20 世纪的中期，计算机技术逐渐渗透到建筑设计领域，特别是 BIM 技术的兴起为建筑设计行业带来一场新的革命。BIM 将各专业的管线位置、标高、连接方式及施工工艺先后进行模拟，给出了建筑物的三维模型，其中包括建筑的所有相应信息。对机电设备来说，可以提供设备的材质以及设备尺寸和性能参数，从而使得建筑物的所有信息实现了集成。运用 BIM 技术可在施工前完成复杂的管线排布及碰撞检测工作，检查设计的错、漏、碰等问题。总的来说，实现了多专业协同设计和全生命周期内的信息共享，提高了信息的传递效率，对建筑的设计、施工以及后期的管理维护有重大意义。

目前机电专业的 BIM 设计中最大的障碍是 BIM 设计的观念与传统流程大相径庭。传统流程设计初期以抽象表达为主，旨在清楚表达设计意图、注重图面简洁，并且综合设计与专业设计分开，不需严格一致。而 BIM 设计直观准确且反映真实，一般根据专业图纸生成各专业要型，将其叠加而生成的综合模型必将存在不少碰撞冲突。选择从设计初期进行 BIM 的管线综合，好处是能实现深化设计，但这样会急剧增加工作量。如何平衡各专业设计进度与 BIM 综合设计深度，还需要大量的实践。

现阶段的实践中，各合作方软件应用的熟练度有限，工作流程也秉承着旧有模式，往往造成工作量大增却无法解决真正设计的难点。比如花费大量时间解决走廊管线综合碰撞的问题，但未来增加空间又将进行走线位置进行改动等。BIM 反映真实模型的优点（即在空间真实生成管道、设备、门窗、墙、梁、柱等并能综合碰撞检查、多种方式显示碰撞位置，生成设备综合平面图、三位漫游和动画等）是一体两面的。因此只有合理、高效、有计划地使用 BIM 软件平台，才能扬长避短。目前，机电专业 BIM 有如下的研究热点：

（1）深化 BIM 软件平台的制图功能；

（2）合理使用 BIM 更有效地完成机电管线协调；

（3）性能化软件与 BIM 模型的互导和协同。

当前的 BIM 技术可支持的性能化分析包括暖通负荷计算、光环境模拟等。与传统设计不同，运用 BIM 技术可在建模阶段对各构件进行三维建模，但是其中的参数却并不足以对实际情况进行模拟，可以采取第三方软件进行解决。部分建筑性能分析软件均可与 BIM 软件平台对接，但目前这些平台依旧存在模型交互的问题。

5.4 BIM 机 电 实 例

机电设备图纸主要包括图纸目录、设计及施工说明、设备材料表、平面图、系统图以及详图等。

（1）图纸目录类似书本目录，作为施工图的首页，可根据其了解具体工程的大致信息、图纸张数、图纸名称等，并列出了专业所绘制的所用施工图及使用标准图。

（2）设计及施工说明是指用文字来反映设计图纸中无法表达却又需向造价、施工人员交代清楚的内容。设计说明主要针对此工程的设计方案、设计指标和具体做法，内容应包括设计施工依据、工程概况、设计内容和范围以及室内外设计参数、施工说明主要针对设计中的类管道及保温的材料选用、系统工作压力、施工安装要求及注意事项等。一般在该图纸中还会附上图例表。

（3）设备材料表反映此工程的主要设备名称、性能参数、数量等情况，对于预算采购来说是重要的依据。

（4）平面图展示了建筑各层的功能管道与设备的平面布置，主要内容包括：建平面图、房间名称、轴号轴线、标高、管道位置、编号及走向、系统属设备的位置规格，管道穿板处预埋、预留孔洞的尺寸等。

（5）系统图给出了整个系统的组成及各层供平面图之间的关系。按 45° 或 30° 轴投影绘制，管线走向及布置与平面图对应。系统图可反映平面图不清楚表达的部分。

（6）样图也叫大样图。凡是平面图、系统图中局部构造（如管道接法，设备安装）因比例的限制难以表述清楚时，就要给出施工样图。

5.4.1 BIM 路线及总体实施流程

一、BIM 技术路线前期准备

1. 人员准备

通常公司将针对项目需求和 BIM 应用内容，组建适合本项目的 BIM 人员。成立 BIM 技术部门，包含现场工作团队和高级技术团队。

2. 制定管理制度

为了提高工程项目的建设管理的效率和质量，通过本项目的实施，建立一套较为完善的管理制度，实现工程项目的全过程、全寿命周期管理，为项目的运营提供扎实的基础。

3. 资料收集

将项目有关资料进行收集，将其提供给工程建设人对新项目或类似项目进行有益参考对比、借鉴，进一步降低成本提高生产效率。

4. 协调方式

各专业模型按图纸搭建，有一定信息量的基础模型上，各个专业进行模型深化的配合，反馈设计失误或变更，在 BIM 设计平台上，各个专业的可视化的三维模型，更直观发现问题，解决问题，避免不必要的变更，要让各个专业在同一平台上协调起来，制定协同机制及管理办法，还有行之有效的项目流程。

创建有特色的文件夹系统，将各专业的信息文件放置在受管理的文件夹中，规范文件及文件夹命名，可以达到高效的管理及协同机制，对文件进行访问权限设置，可以防止管理混乱、误删错删发生；项目人员到固定的文件位置索取提资或反提资，管理者方便提取审核信息，各个专业之间相互不妨碍，最终达到项目的工作效率提高的目的。

5. 样板制作

对项目样板进行：项目单位、项目信息、项目参数、对象样式、机械设置、填充样式、线样式、线宽、线型图案、立面标记、剖面标记、详图索引、尺寸标注、位置（正北方向设置）、视图样板设置、项目浏览器中"视图"设置、图纸设置（图纸目录、图纸信息、视图标题）、文字字体设置等。

6. 族库整理

一个好的族库，必然是综合考虑施工、造价、运维。为族构件添加 MVD 数据标准，实现流程化、模式化族。所有的族都添加项目编码，对接工程量统计，添加施工运维参数，方便后期运营维护。

二、BIM 总体实施流程

根据项目的具体要求，提前编制项目 BIM 总体实施方案。制定 BIM 总体工作流程，如图 5-4-1 所示。

5.4.2　BIM 项目应用实施计划

明确施工阶段的 BIM 应用点、实施方法、交付物等内容，提高施工阶段 BIM 整体实施效率和质量，制定 BIM 项目实施计划书。在 BIM 模型创建和深化工作之前，合同签订后的规定日期内，提交建设方审核及批准 BIM 执行计划书。BIM 项目主要应用计划表见表 5-4-1。

5.4.3　BIM 建模、管理及交付标准

一、BIM 建模标准

1. 建模规则

（1）根据项目情况对底层参数进行调整设置。

（2）结合功能性软件提高模型处理效率。

BIM项目应用实施计划		
	各细度模型应用内容	核心工作内容
BIM准备	开始 → 制定项目BIM实施目标 / 制定项目BIM实施计划 / 组建BIM团队 / 建立BIM环境	配置硬件设备 配备软件 制定模型管理标准 建立样板文件
模型建立及整合	模型建立及整合审查 → 土建模型建立 / 机电模型建立 / 装饰模型建立 / 其他专业模型建立	建立各专业模型 单专业内碰撞检查 专业间碰撞检查 编制碰撞报告
施工组织BIM应用	施工过程BIM技术应用 → 施工平面布置模拟与优化 / 施工进度模拟与优化 / 重点施工方案模拟与优化	大型设备运输 路径模拟 施工方案模拟 工序施工模拟 吊装方案模拟 项目4D进度模拟 ……
施工管理BIM应用	模型建立及整合审查 → 模型信息集成 / 进度管理 / 成本管理 / 技术管理 / 现场管理 / 多方协同	应用BIM软件功能 与施工管理工作相结合
竣工验收	施工过程BIM技术应用 → 支持智能管理	记录竣工信息,移交与现场一致的竣工模型、便于项目公司和业主实施运维管理
运维阶段BIM应用	运维阶段BIM应用 → 设备管理 / 经营管理 / 故障管理分析	设备调试管理 人员安全管理 环境管理

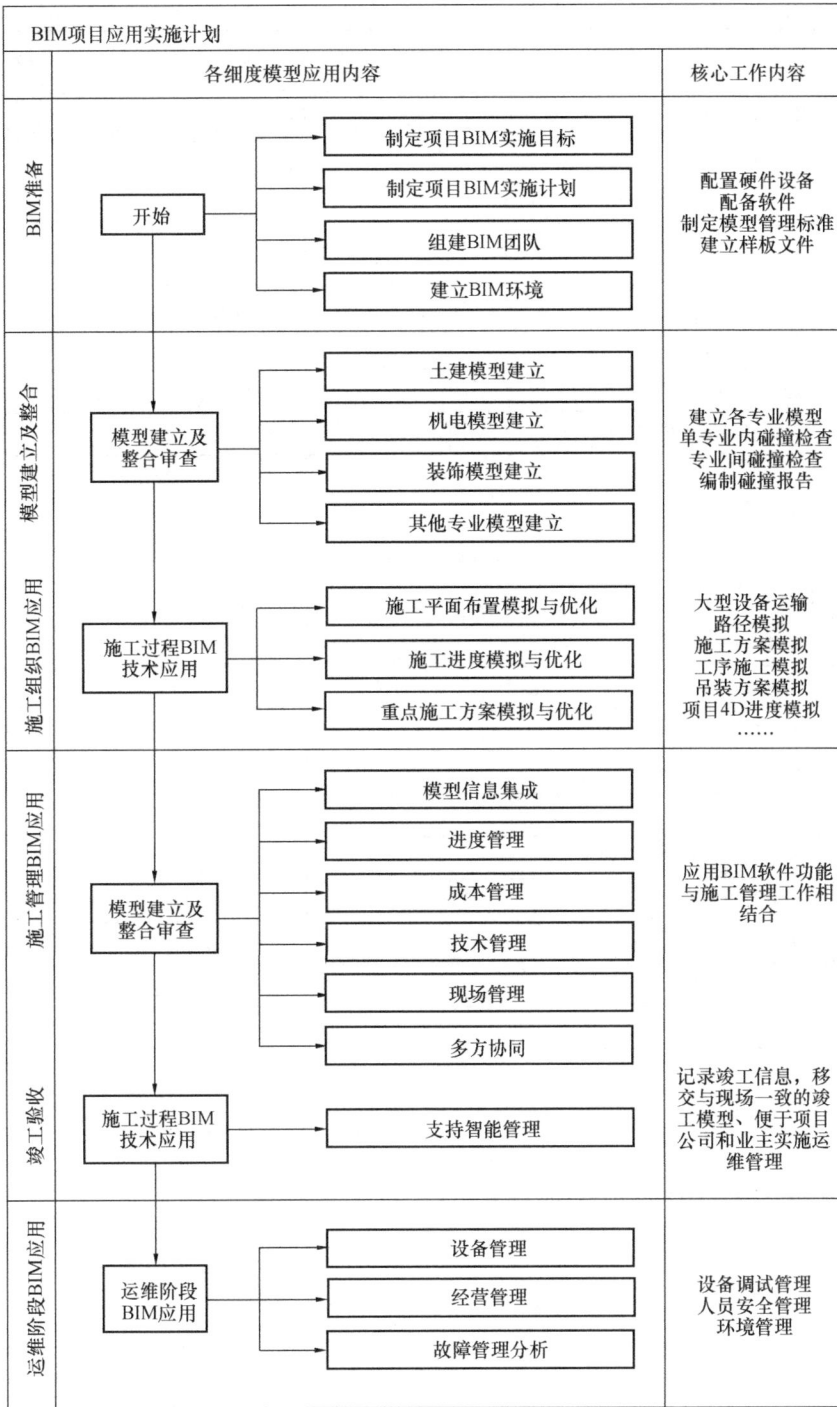

图 5-4-1 总体工作流程图

BIM 项目主要应用计划表　　　　　　　　　　　　　　　　表 5-4-1

序号	工作内容	完成时间及结果
1	BIM 团队组建	合同签订前完成核心人员召集工作，合同生效后（　）天内将 BIM 人员名单及履历提交给项目公司开发公司确认后完成 BIM 团队搭建工作
2	BIM 执行计划书	合同签订后的（　）天内完成
3	编制项目总体实施方案	合同生效后
4	施工 BIM 模型创建	BIM 模型合同签订后，施工阶段最初 BIM 模型创建前完成
5	施工 BIM 模型深化	根据图纸出图和现场进度
6	三维场地优化布置	施工准备开始前（　）天
7	方案比选	在相应部位施工前（　）天
8	多专业协同校审查错	施工准备开始前（　）天
9	碰撞检查分析、净空净高分析、管线综合深化、排布出图	根据现场进度提前（　）天
10	管线洞口预留预埋	
11	关键节点模型	
12	预制构件生产加工	
13	设备机房机电预制安装	在相应部位施工前（　）天
14	施工进度模拟	
15	交通疏解、管线迁改模拟	
16	土方开挖模拟	
17	大型设备运输路径检查	根据现场进度提前（　）天
18	施工工艺模拟	在相应部位施工前（　）天
19	工程量统计	
20	内部环境模拟	
21	防灾模拟	根据现场进度提前（　）天
22	基于 BIM 的工程风险控制、远程监控、人员管理、机械设备、进场材料、环境管理、工程进度、工程质量、工程成本、设计变更、施工调试管理	
23	可视化资产移交	竣工验收完成后（　）天内
24	BIM 成果汇总及归档	

注：表中"（　）"以实际工程、合同签订为准，此表仅做参考。

（3）建筑结构双标高。

（4）标准化建模规则及扣减规则。

（5）通过标准化的视图设置提高效率。

2. 模型基本定位原则

（1）建模软件及版本：采用统一的建立 BIM 模型软件。

（2）坐标原点：标统一项目的坐标原点，换算距离并进行准确定位。

（3）基准高程：设置各顶面共享场地高程值。

（4）方向角：选定方向基准，确定各自方向角度。

（5）区间定位：进行准确的位置定位。

3. 模型拆分原则

为提高 BIM 软硬件的工作效率、各专业间协同工作的效率和 BIM 模型统一管理、应用的效率，项目各标段模型应根据工程特点和 BIM 团队的配置特点制定相应的模型拆分方案，应满足以下基本原则：

（1）建筑结构模型：不同区域划分为不同的模型文件，如需多人协同工作应使用工作集方式划分区域。

（2）机电模型：常规机电各专业模型以区域为单位建立模型文件，区域不进行文件分割，如需多人协同工作应按专业使用工作集划分，供电、通信等系统专业模型按区域建立模型文件，不进行文件分割。

（3）装饰装修模型：装饰装修工程以区域为单位建立模型文件，区域不进行文件分割，如需多人协同工作可按区域使用工作集划分任务。

4. BIM 模型视图管理

为提高 BIM 模型审核、出图和材料统计的效率，对 BIM 模型的视图进行标准化的管理，各站房 BIM 模型应按以下规则进行视图管理：

（1）建筑结构模型："楼层平面"视图应按设计图纸各层标高设置相应的楼层平面视图，为预留洞口提供图纸视图。

（2）机电模型：按专业对各类视图进行设置，具体要求如下：

"楼层平面"视图应按专业进行分类保存，按各专业设计图纸设置相应的楼层平面视图，各视图应按各专业视图样板设置显示样式；对"绘图视图"应按专业设置，用于保存系统说明类文件，如目录、图例说明、系统原理图纸等，如图 5-4-2 所示。

"三维视图"应按需要设置综合机电整体模型、各专业独立系统视图和关键区域局部模型等视图，如图 5-4-3 所示。

"明细表/数量"视图应按各专业构件不同类型设置相应的材料明细表，并设置相应的统计参数信息，如图 5-4-4 所示。

"图纸"视图应按设计图纸目录设置相应的图纸名称，并设置好相应的图纸图框，为出图工作做好准备，如图 5-4-5 所示。

5. BIM 模型深化原则

各机电项目系统正常运行、各专业交叉施工顺利开展和施工内容美观合理等要求，对 BIM 模型的深化设计原则做了以下统一要求：

（1）机电 BIM 模型深化内容包括机电设计模型建立、应用 BIM 模型进行专业协调检查、管线综合排布、综合支吊架设计、机电末端和设备的精确定位、综合图纸的生成等，最终建立起无碰撞、排布合理的 BIM 模型。

（2）机电深化应符合各专业系统设计原理，保证各系统使用功能，并满足建筑空间的要求和建筑本身的使用功能要求。

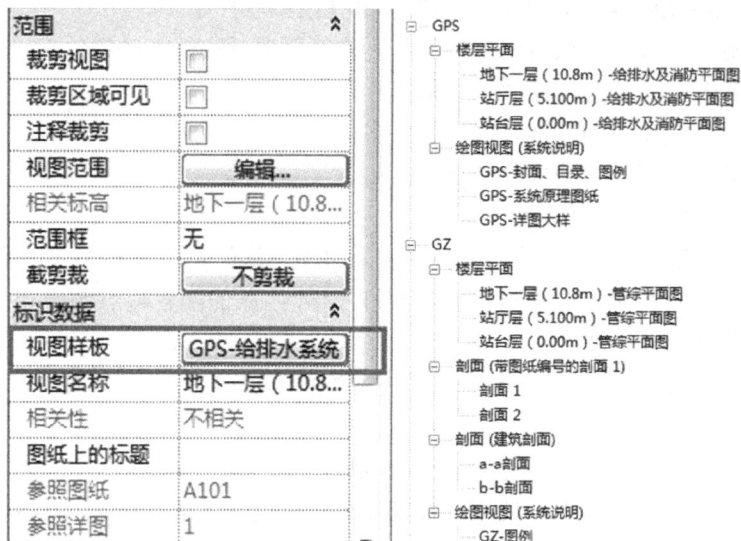

图 5-4-2　"楼层平面"视图

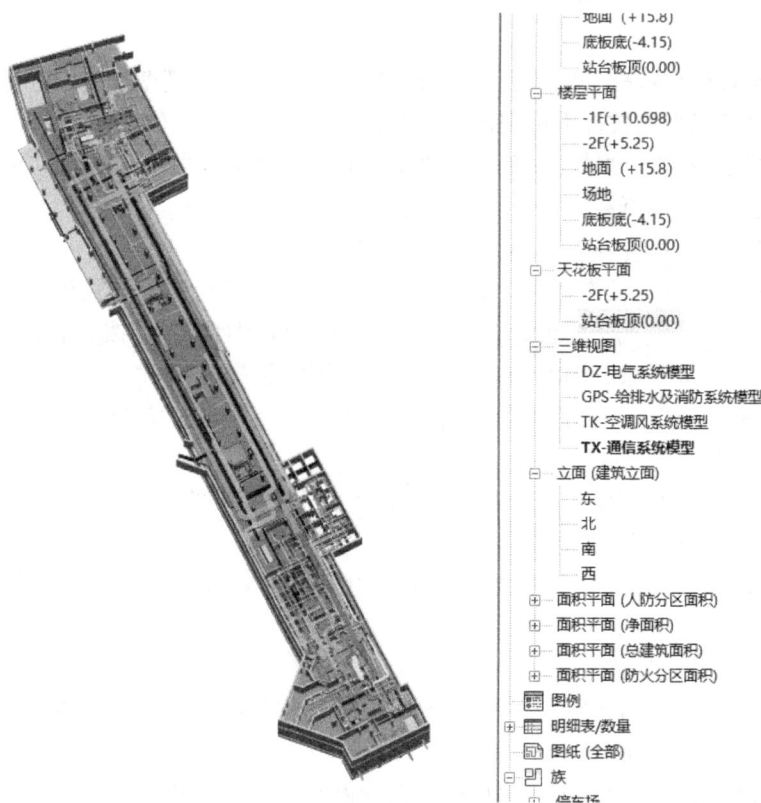

图 5-4-3　"三维视图"

（3）机电各专业模型首先应检查与土建、钢结构等专业模型的碰撞，确保与主体结构模型无碰撞（可开洞的除外），再进行机电各专业间模型的碰撞检查，并确保无碰撞。

图 5-4-4 "明细表/数量" 视图

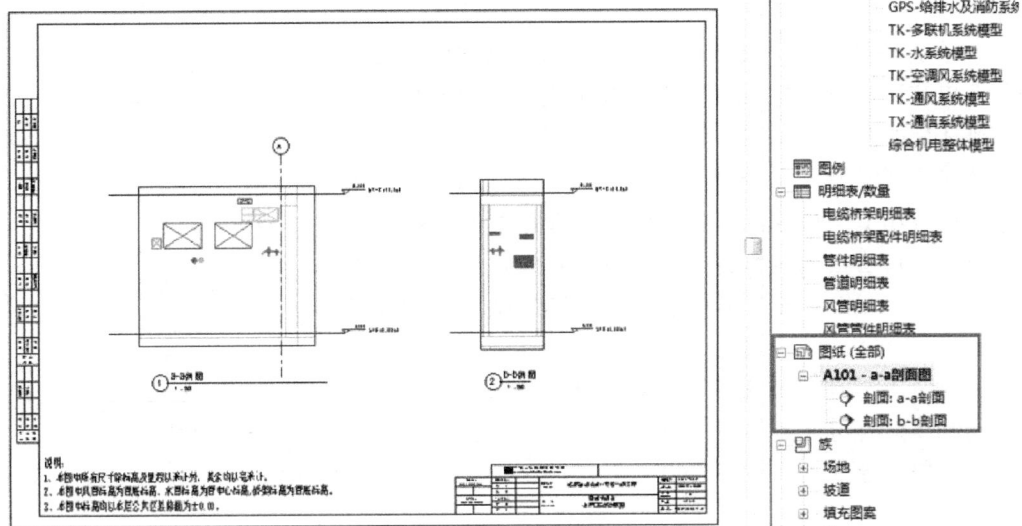

图 5-4-5 "图纸" 视图

（4）机电深化应充分考虑系统安装、检修和更换的要求，确定各种设备、管线、阀门和开关等的位置和距离，符合各专业的施工要求。

（5）机电深化应满足各区域的设计净空要求，确保吊顶空间。无吊顶区域管线排布整齐、合理、美观。

（6）机电管线穿梁、穿一次结构墙体时，必须保障结构安全，考虑所有专业的空间尺寸荷载，预留预埋件和孔洞位置。

（7）管线综合协调过程中应根据实际情况综合布置，保证机电各专业有序施工，避免由于管线密集造成的施工困难。

（8）综合支吊架能承受各专业管线的静荷载及动荷载，并确保简洁美观、节省材料、制作工艺简单。

（9）管线综合排布遵循以下原则：

大管优先，小管让大管；有压管让无压管；低压管让高压管；常温管让高温、低温管；可弯管线让不可弯管线、分支管线让主干管线；附件少的管线避让附件多的管线；电气管线避热避水。

二、施工阶段 BIM 模型管理标准

1. 前期准备：明确 BIM 技术在项目中的实施标准、应用范围、应用目标、管理机制、模型技术标准、施工阶段的应用点等内容。

2. 施工 BIM 模型：绘制模型与图纸一致，充分反映设计意图。根据施工组织方案，施工场地、临时道路与设施、施工机械等绘制施工 BIM 模型。

3. 深化调整各专业 BIM 模型：在模型的基础上深化各专业模型，使各专业模型满足施工 BIM 应用。

4. 实施施工阶段的各项应用：按照 BIM 应用点安排，实施施工阶段的各项应用。

5. 工程资料、图纸的管理：在模型的深化调整过程中应遵循"实施过程的同步原则、图纸设计一致的原则"。做好资料和图纸的管理工作，将最新的图纸信息反馈到模型中去。

6. 设计变更调整：三维模型在深化调整过程中，遇到设计变更和工程的更改，需以 BIM 模型进行变更复核，并根据确认后的变更通知单对模型进行修改确认。

7. 施工阶段模型质量进度控制：施工阶段的质量、进度主要由现场工作团队自控，由项目高级技术团队进行定期审查，项目公司和地铁公司参与其中，设计单位参与模型的检查校审工作，确保工程模型的总体进度和质量标准达到预先需求。

8. 施工阶段模型的验收与交付：施工阶段模型验收项目公司和地铁公司参与其中，设计单位参与模型的检查校审，分阶段、分专业进行。

三、模型审核流程及交付标准

模型审核流程：

模型审核主要有以下阶段，施工阶段、竣工交付阶段；依据施工进度编制各阶段模型审核流程。BIM 项目各阶段模型审核流程见图 5-4-6。

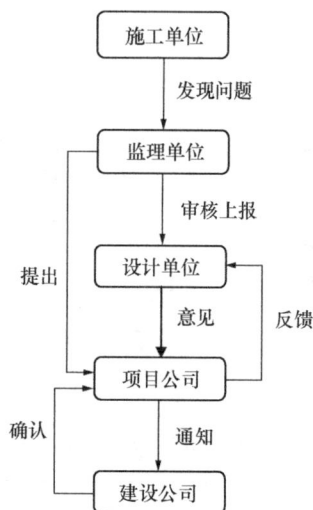

图 5-4-6　BIM 模型审核流程

5.5　BIM 软件基本操作

在一个建设工程中，智能化部分工程往往是晚于其他分部工程进行招标、进场、安装。这就经常会出现管线综合管路没有足够的预留空间、管径尺寸不达标、预留的点位和深化设计不相符等现象。以往的平面智能化桥架管线设计模式导致空间冲突的问题比较突出，各专业间协调不够，不能得到很好的解决，设计人员在深化图纸中需要花费大量时间进行核对、修正、优化。因为在传统图纸上无法清楚地标明施工顺序，导致在没有经过优化、协调的情况下会产生诸多冲突，即使经过优化、协调后的深化设计，也无法验证实际空间是否符合要求。此时，应用 BIM 进行管线桥架排布，有效地解决问题。

利用 BIM 建模检查建筑结构及安装各专业间不合理碰撞，提出解决方案及意见。在建模的同时考虑先后顺序，管道、桥架、管线的大小、可否穿梁施工和标高分布等要求，建模后和进行可视化协同调整，能大幅地减少施工中专业之间的冲突，降低因涉及变更而产生的工期、成本的增加。可合理进行管线桥架排布，较少材料用量，大幅度提升施工质量、缩短工期并降低成本。

BIM 的核心建模 Revit 在建筑智能化系统中，如果不是要求建模非常精细的情况下，主要应用于管线桥架部分。在 Revit 里面，智能化系统主要体现在通信、照明、安全、电话等几个系统，如图 5-5-1 所示。

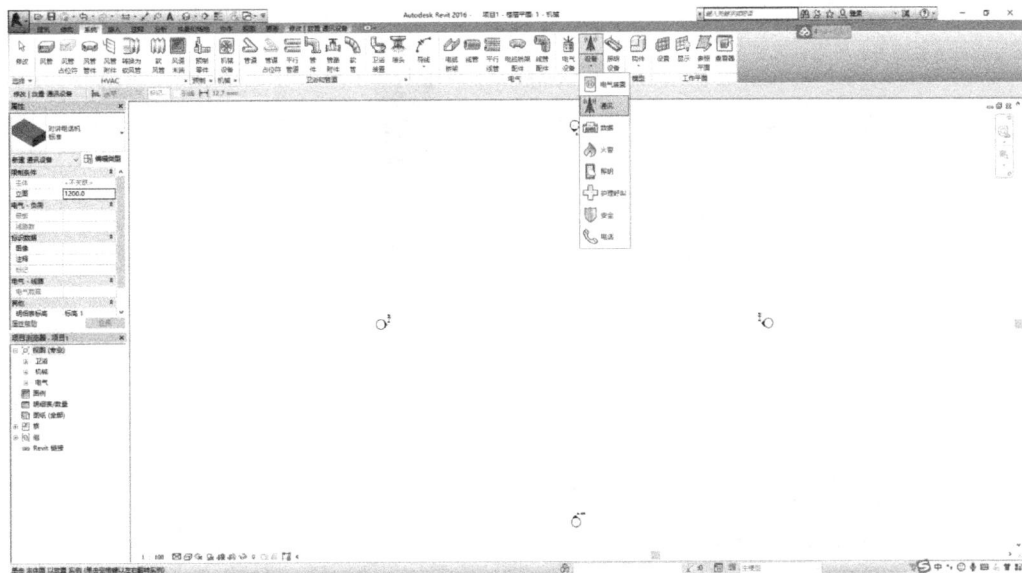

图 5-5-1　REVIT 设备

在这几个系统里面，所包含的智能化系统的设备有限，如需在设计中体现所需的设备，可以用 REVIT 软件新建"族"来制作。在 Revit 里都以简单的模型来显示相应的设备，用设备的参数来区分不同的设备模型，如图 5-5-2 是一个对讲电话机，图 5-5-3 是一个数据插座，图 5-5-4 是信号呼叫系统护士站接收器，图 5-5-5 是一个壁装摄像机。

由图 5-5-2～图 5-5-4 可见，在 Revit 里的设备都是由简单的模型来代替，尽管有好多的设备外形相似，但它们都属于不同的智能化系统，由它们的系统参数来区分。

在 Revit 里面，智能化系统更多的用于管线桥架方面，因为 BIM 的可视化，可大大地降低在工程中各阶段的沟通难度和障碍。大多数智能化工程，绝大部分的甲方人员属于非智能化专业人士，对于传统的平面图纸在识读和理解方面容易产生偏差，甚至偏离设计主旨，进而影响项目之间的协同，不能与其他专业达成共识，导致施工进度等多方面滞后。利用 BIM 可视化的特点，将平面图纸以 3D 动态模型的方式来展现，让参与工程的各个方面，包括甲方工程师、监理单位、核算人员、施工单位在一目了然的模型平台进行沟通，可以在项目的深化设计、实施、决算等各阶段顺利进行，保证施工进度。下面，就如何在 Revit 软件里建模及调整，进行简单介绍。

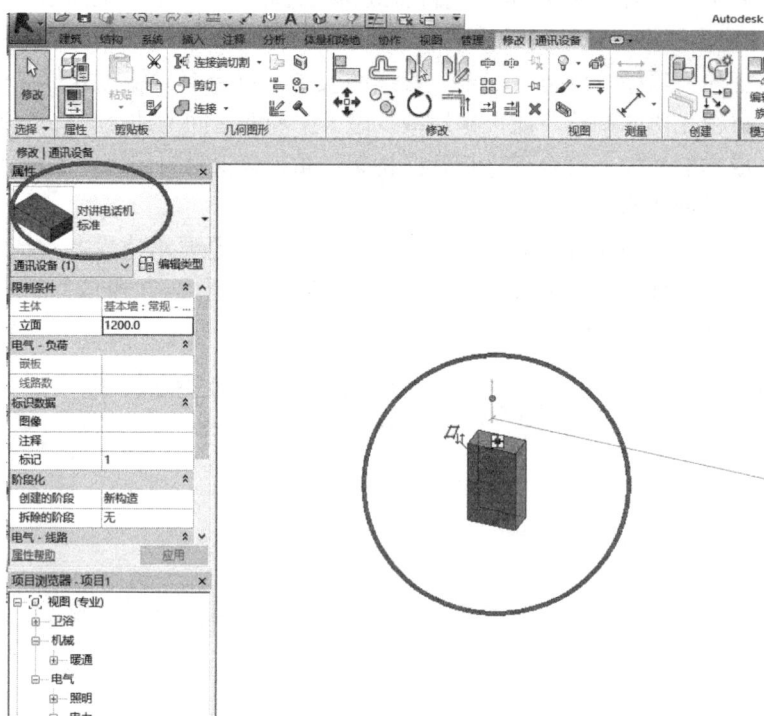

图 5-5-2　对讲电话机

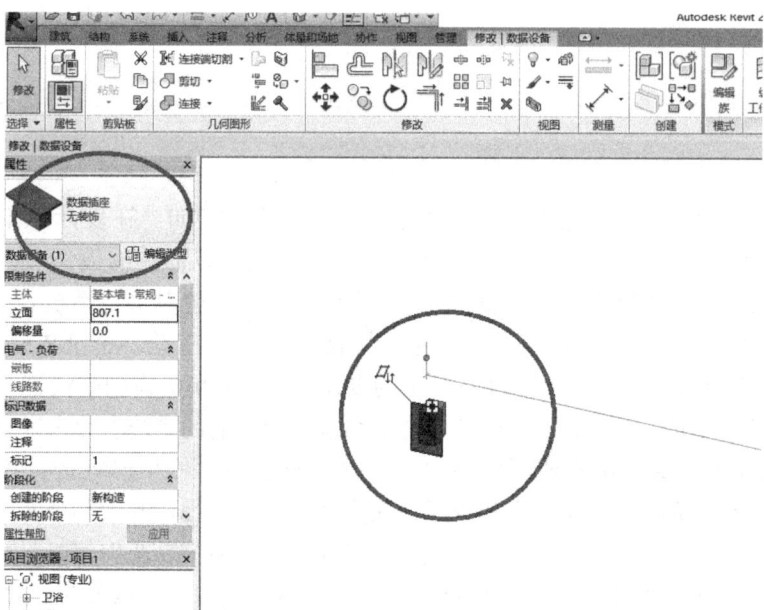

图 5-5-3　数据插座

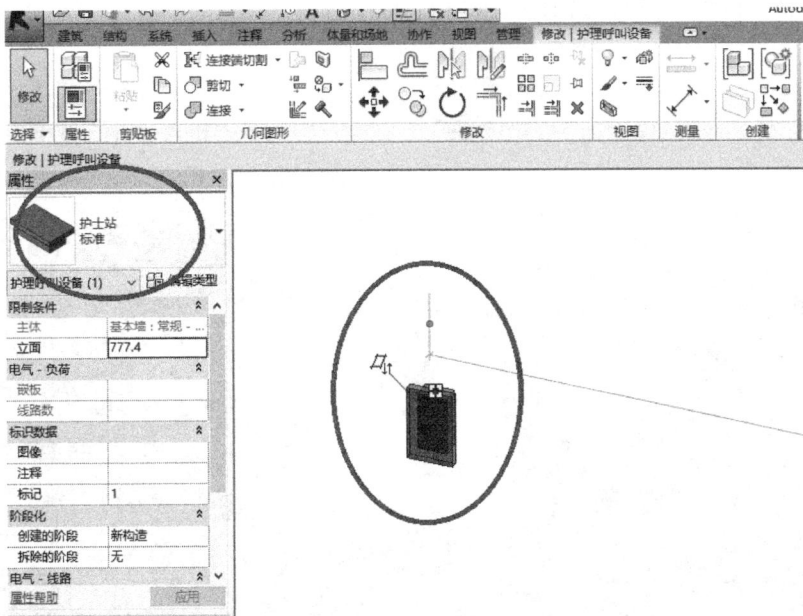

图 5-5-4　护士站接收器

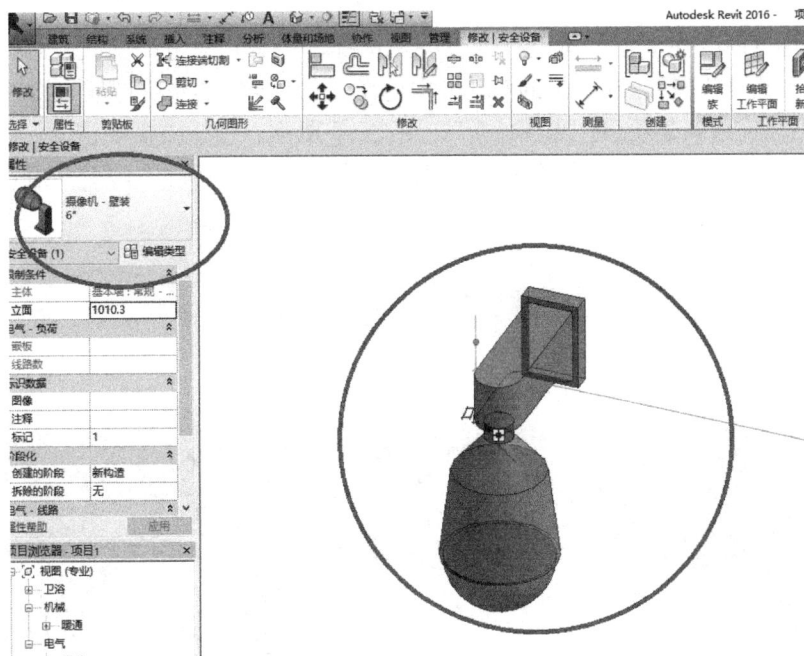

图 5-5-5　壁装摄像机

　　首先需要绘制建筑智能化工程桥架的模型，绘制模型可以利用做好的项目样板，也可以新建项目样板，在这里，新建项目样板。打开 Revit 软件，左键单击"新建"，弹出一个对话框，对话框里有"构造样板""建筑样板""结构样板"和"机械样板"，我们绘制智能化系统属于建筑电气类，建筑设备里的水暖、空调通风和电气都要用"机械样板"，所以我们选择"机械样板"，如图 5-5-6 所示。

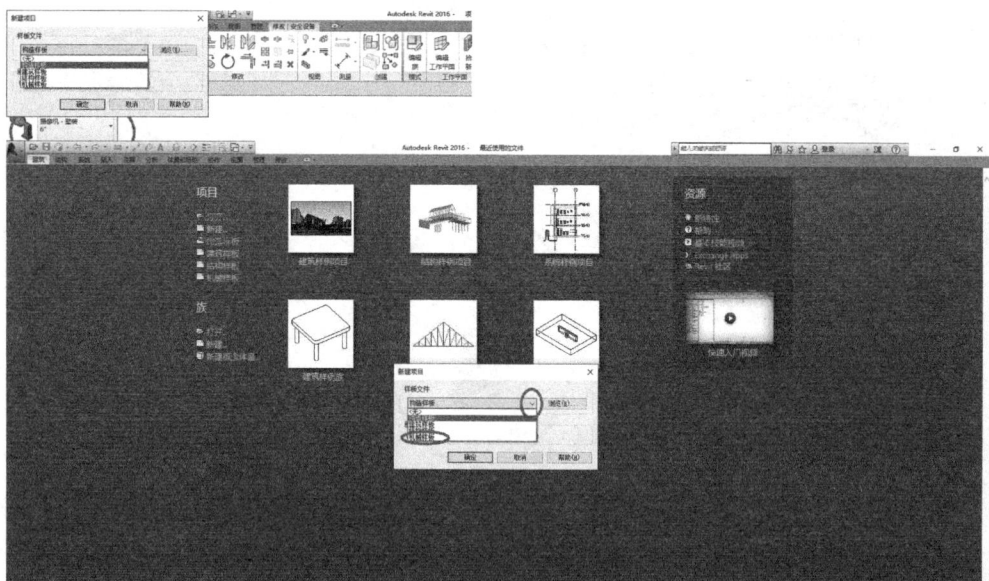

图 5-5-6　机械样板

　　如果绘图的时候除了需要机电类的设备及构件，还需要大量的建筑、结构相关的构件，则需要点击"浏览"，在弹出的对话框中选择"全专业"的系统样板，然后选择项目，单击"确定"，完成新建项目。如图 5-5-7、图 5-5-8 所示。有一点需要注意，因为所绘制的模型是在"项目"里面，所以在选择的时候一定要选择"项目"，不要点击"项目样板"。

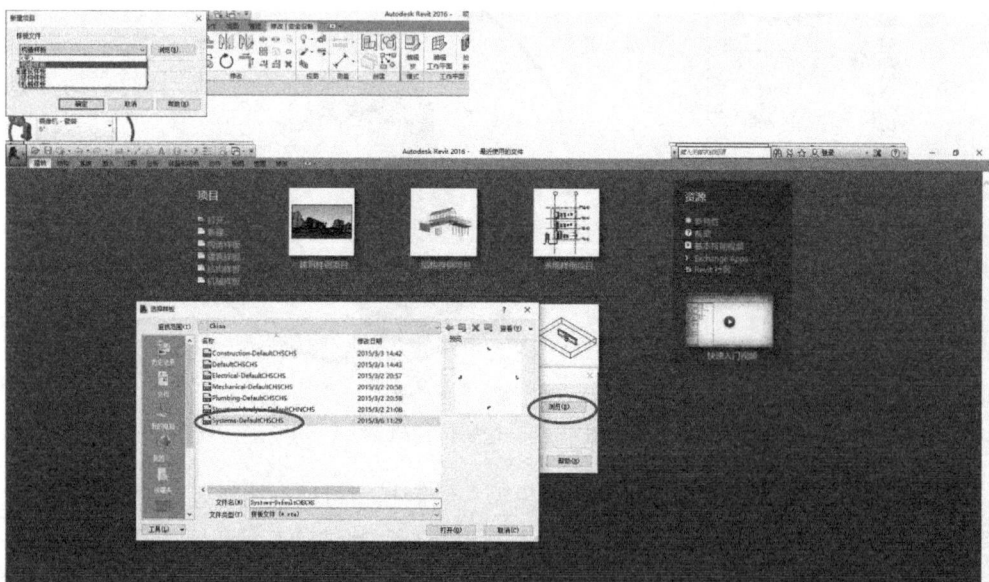

图 5-5-7　新建项目

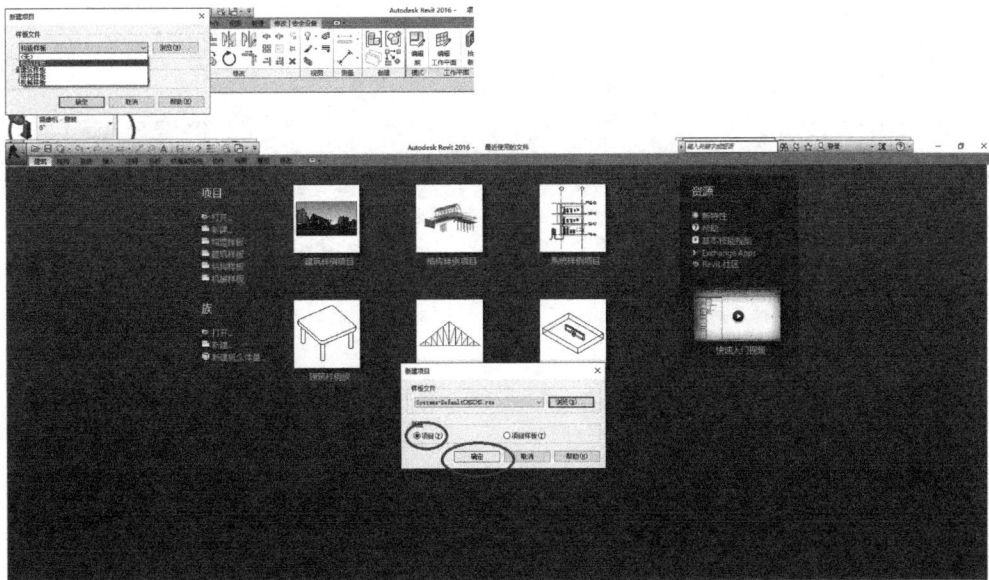

图 5-5-8 完成新建

单击确定后，会弹出下面的界面，如图 5-5-9 所示。

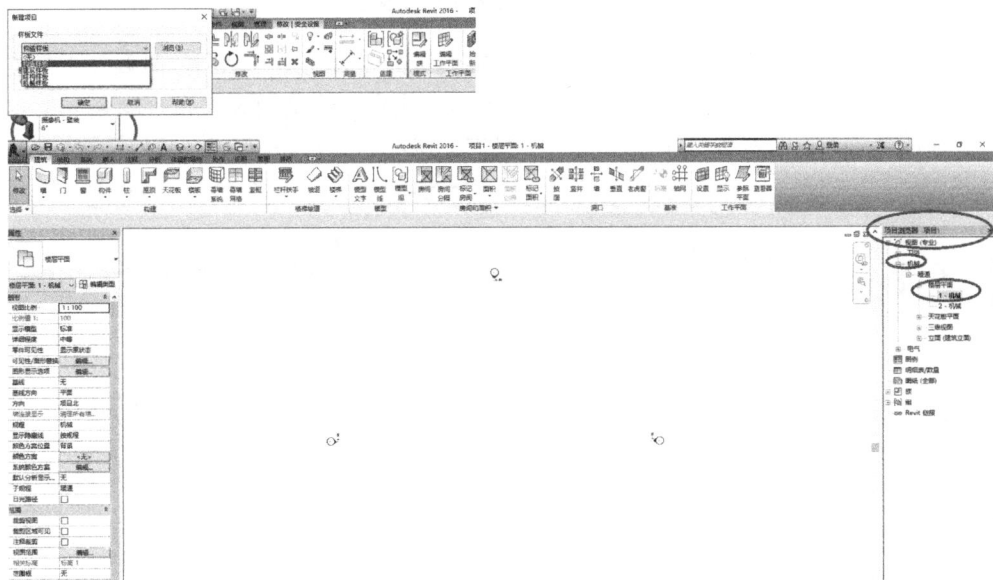

图 5-5-9 项目界面

在 Revit 软件里，电气、弱电系统的绘制不必等到结构图纸成形后再绘制，可以直接设计相应的弱电系统。在设计之前，需要把建筑或者结构的项目样板导进弱电的项目样板里，在弱电的项目样板里复制建筑或者结构的"标高"和"轴网"，用来确定弱电系统的绘制位置。其过程如下：

在建好的"项目"里点击"链接 Revit"，弹出对话框后找到所要绘制的项目，把建筑或者结构的样板或者项目文件链接进来，如图 5-5-10 所示。

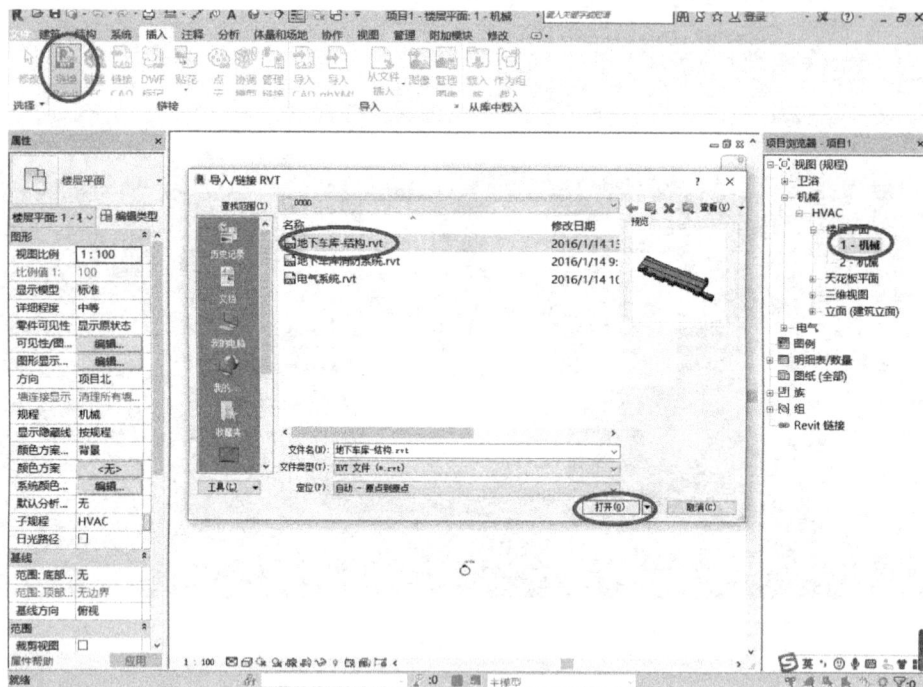

图 5-5-10 链接项目模板

链接完成之后，点击"建筑"视图下的"轴网"命令，在绘制轴网的时候，不必点击"直线"绘制，这时点击"拾取"命令来绘制轴网，注意，绘制的时候先绘制竖向的轴线再绘制横向的轴线，这样修改轴线号的时候只需要修改一次，如图 5-5-11 所示。

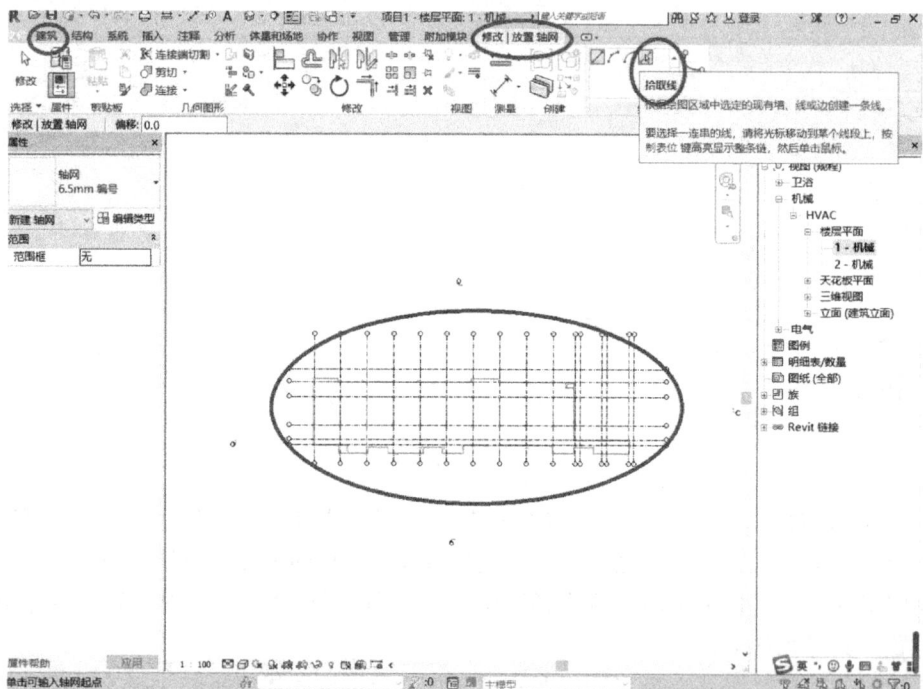

图 5-5-11 轴线绘制

复制完"轴网"之后，把轴网全部都选中，然后将"轴网"锁定，如图 5-5-12 所示。

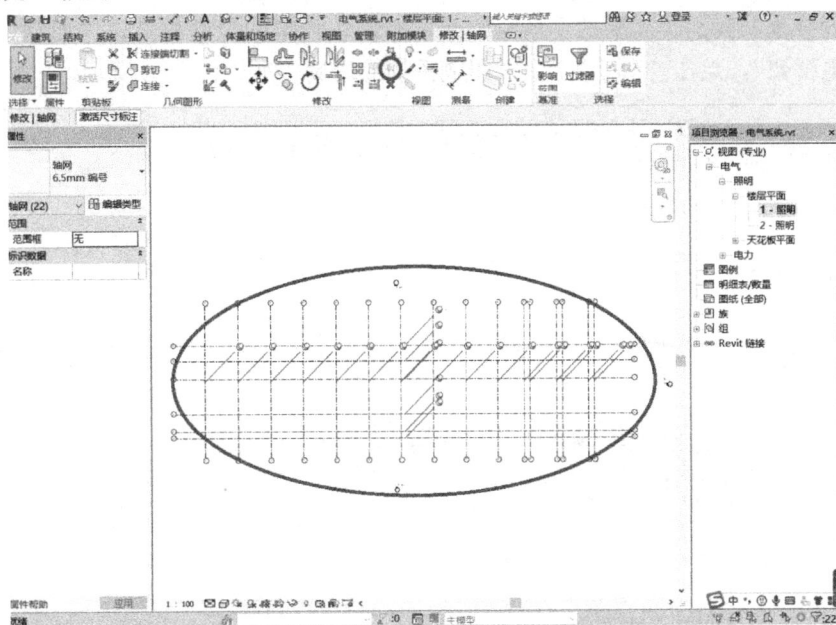

图 5-5-12　锁定轴线

"标高"也用绘制"轴网"的方法完成，当"标高""轴网"都绘制完成之后，开始进行弱电系统的设计。因为 BIM 在建筑设备中主要解决空间优化、管道碰撞等问题，所以 BIM 在弱电系统中主要体现在电缆桥架的绘制。下面，简单介绍电缆桥架的绘制。

绘制电缆桥架时，点击"系统"任务栏，在上方找到"电缆桥架"，然后在"属性"栏里选择所需要的电缆桥架，如图 5-5-13 所示。

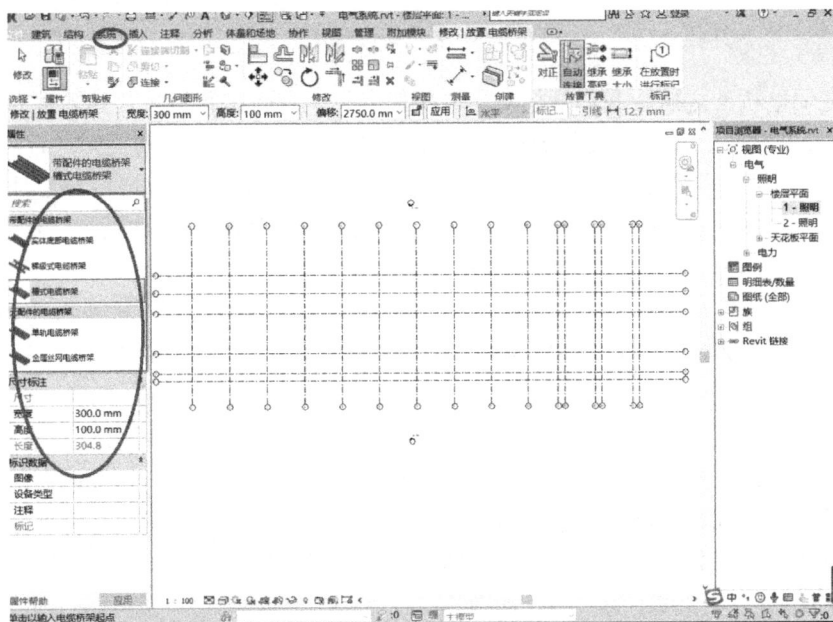

图 5-5-13　电缆桥架

选中所需的电缆桥架后，点击"属性"里的"编辑类型"，弹出对话框，对选定的电缆桥架进行修改。我们所需要的是弱电桥架，所以在弹出的对话框点击"复制"，然后修改为"弱电桥架"，点击"确定"，完成弱电桥架的复制，如图 5-5-14 所示。

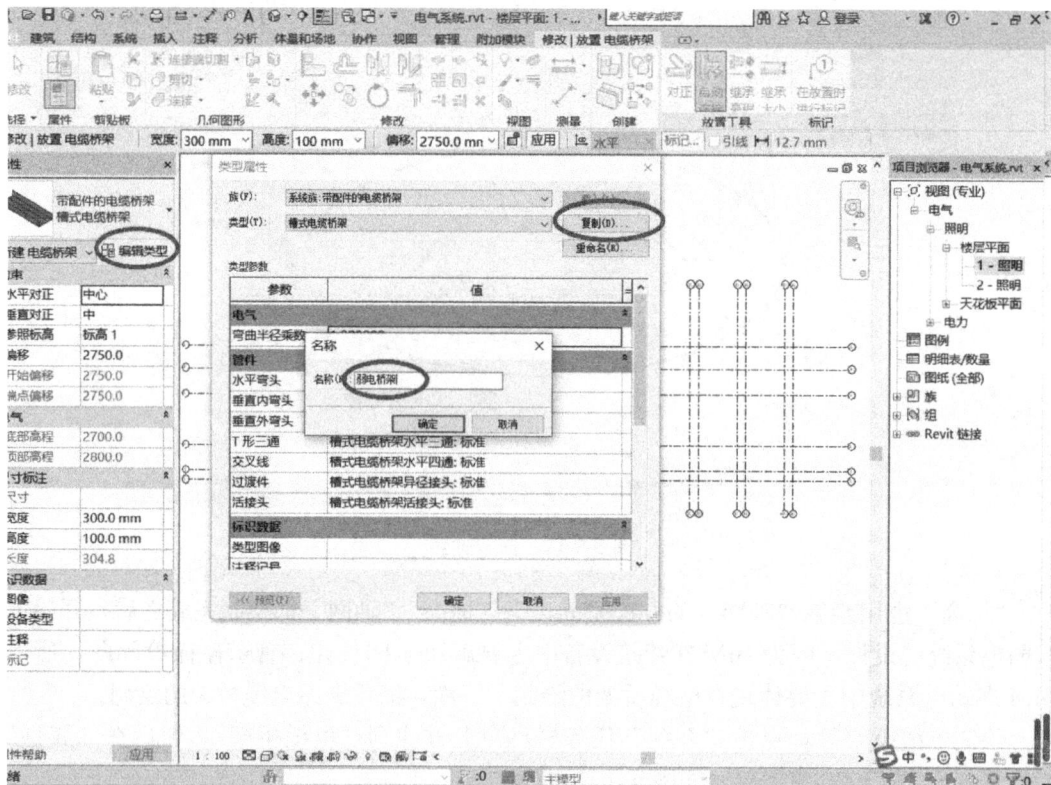

图 5-5-14　弱电桥架的复制

复制完弱电桥架之后，我们开始对弱电桥架的类型参数进行设置，其参数有"弯曲半径乘数"，可以根据设计的需要修改数值，管件的类型包括"水平弯头""垂直内弯头""垂直外弯头""三通""交叉线""过渡件""活接头"等，其参数都可按照设计的需求在管件右侧的"值"内进行修改。在"管件"的下方是"标识数据"，包括"类型图像""注释符号""型号"等，可以根据设计的需求进行修改，如图 5-5-15 所示。

在设置"管件"的相关参数的时候，如果所需的"类型参数"在本样板里没有找到，我们可以用"族"来制作或者到相关网站现在相应的"族"，然后再"插入"选项内点击"载入族"，找到准备好的"族"载入就可以使用了，如图 5-5-16 所示。

管件设置完成后，开始绘制弱电桥架。绘制电缆桥架时我们还需选择桥架连接方式，因为电缆桥架可以看作是一个长方体，所以绘制前我们要先选择这个长方体在水平方向和垂直方向的连接方式，也就是"水平对正"和"垂直对正"，也可以设置桥架在绘制时的"偏移"，具体的设置按照设计的要求和习惯而定，默认的数值"水平对正"和"垂直对正"都是"中心"，"偏移"为"0"，如图 5-5-17 所示。

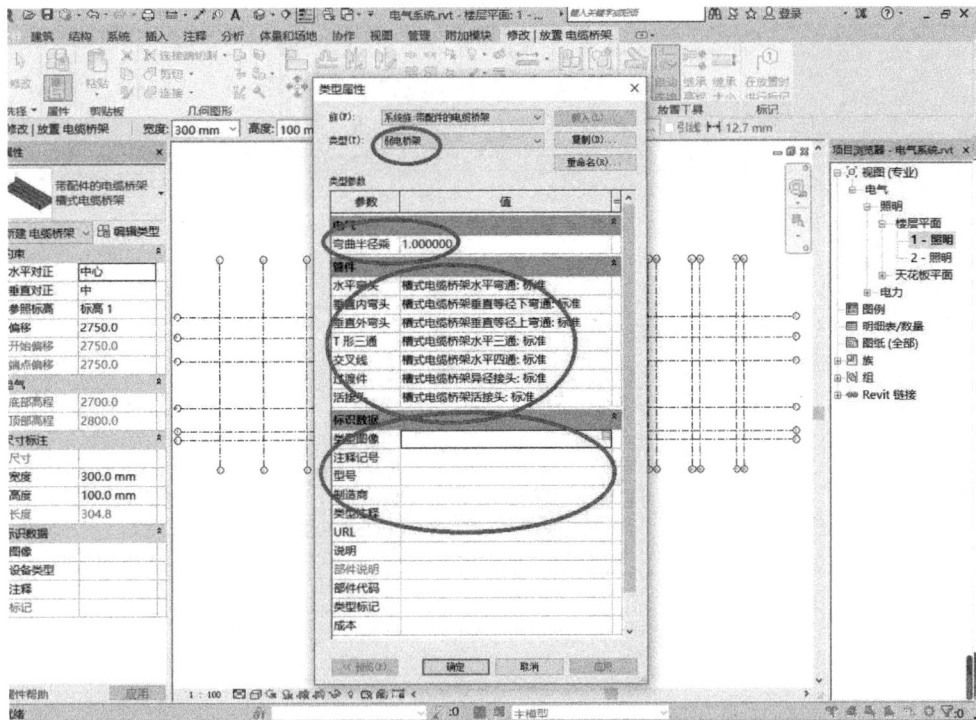

图 5-5-15 参数修改

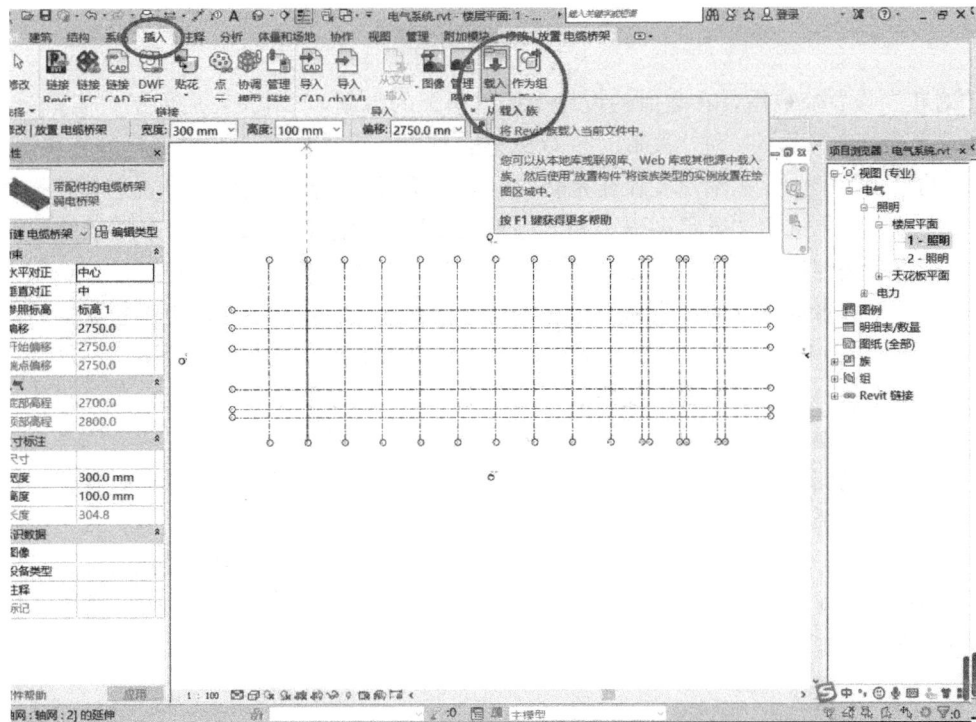

图 5-5-16 载入族

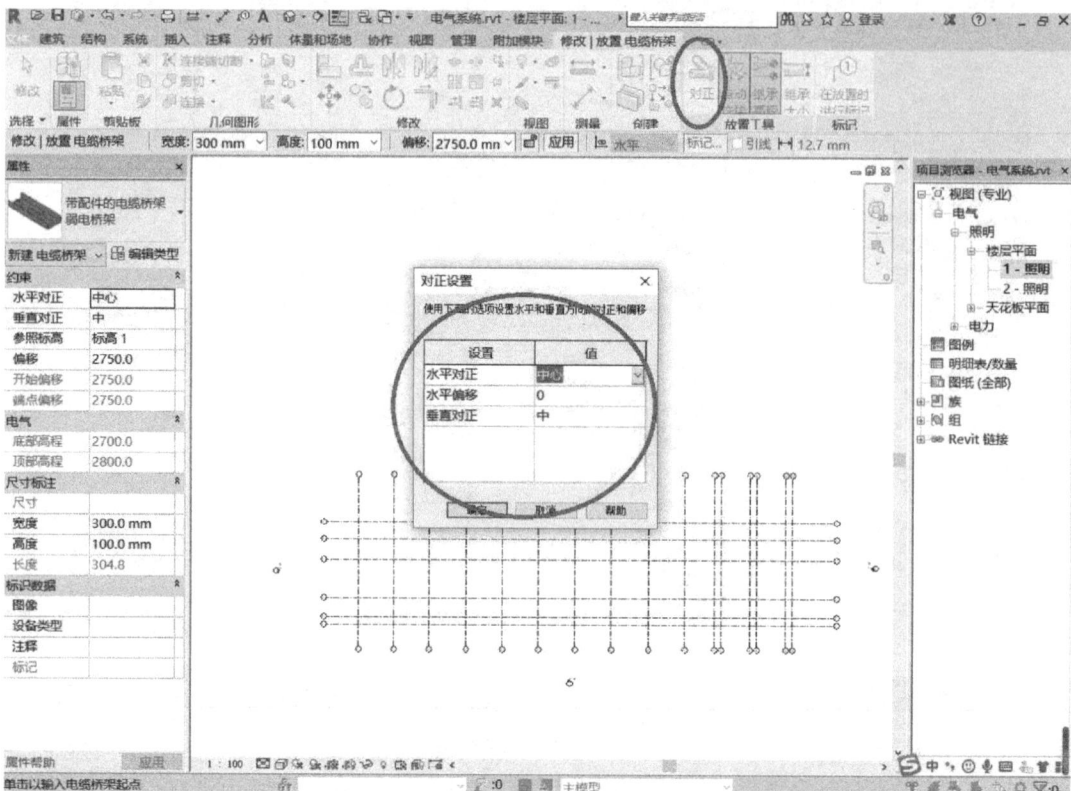

图 5-5-17 对正设置

"对正"设置完成后,在之后的设计中便于桥架的绘制,"对正"后面的"自动连接""继承高程""继承大小"和"放置时进行标记"可以按需求选择。选中"自动连接"后,在之后的绘制桥架中,无论是变径还是转弯,电缆桥架都会按照之前的设置选择连接管件而自动连接;如果选中"继承高程"和"继承大小",在原有的电缆桥架末端继续绘制的时候,会继续按照原有桥架的高度和尺寸进行绘制;而"放置时进行标记"是让桥架在绘制的时候自动放置标记符的开启命令。这些命令设置好之后,开始绘制电缆桥架。绘制电缆桥架在 Revit 中所需设置的参数相对少一些,只需设定桥架的尺寸和高度就可以绘制。在绘图框的上侧"修改 | 放置电缆桥架"选项中,输入"宽度"和"高度"数值设置桥架的尺寸,输入"偏移"数值设置桥架的高度,如图 5-5-18 所示。

如果在绘制弱电桥架的过程中没有所需的桥架尺寸,可在点击"系统"任务栏,桥架选项右下方的小箭头进行设置,如图 5-5-19 所示。

设置完成后,按照设计要求、施工规范进行绘制桥架,绘制的时候要经常注意桥架的尺寸、高度、连接处等,这样耐心细致地完成图纸的绘制,如图 5-5-20 所示是一个完成的弱电桥架部分模型。

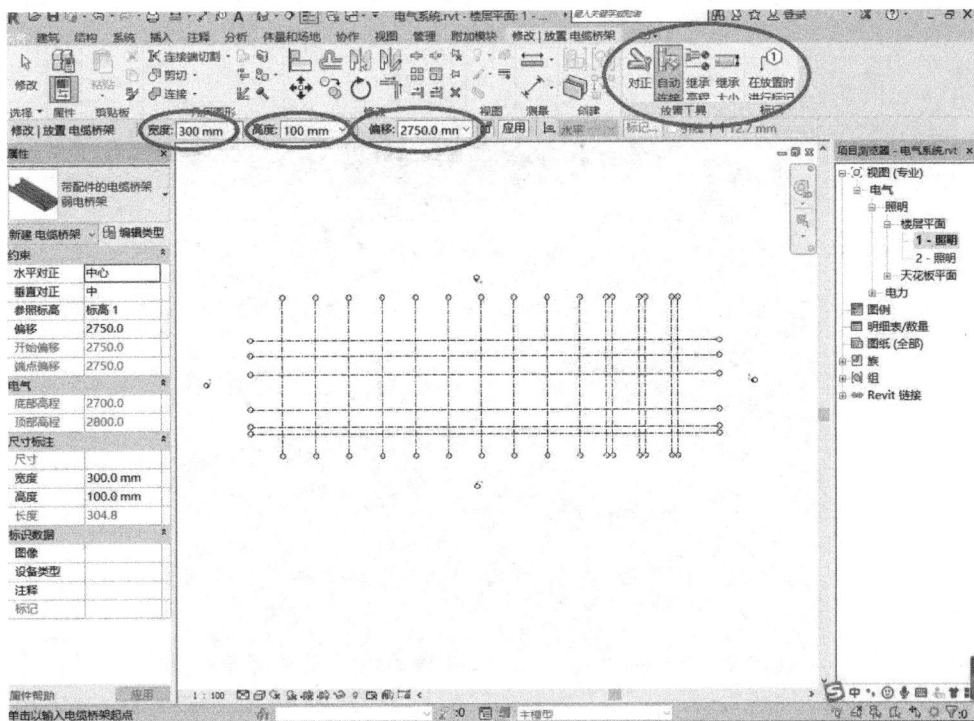

图 5-5-18 自动连接

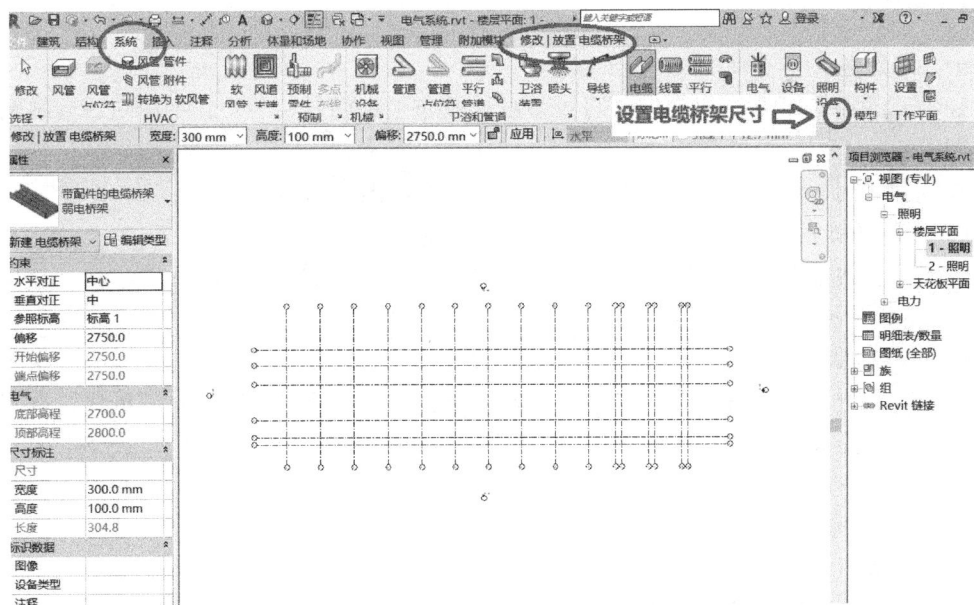

图 5-5-19 "系统"设置

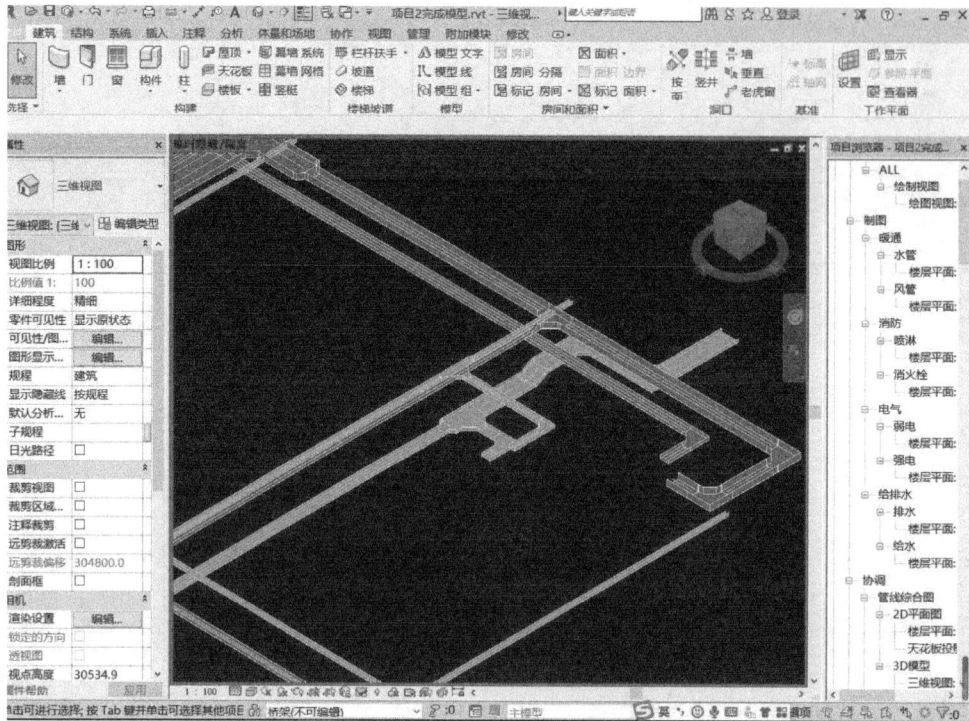

图 5-5-20　弱电桥架部分模型

【练习题】

一、单选题

1. 机电设备图纸主要包括图纸目录、设计及施工说明、（　　）、平面图、系统图以及详图等。

　A. 剖面图　　　　　　　　　　　　B. 立面图

　C. 设备材料表　　　　　　　　　　D. 系统图

2. BIM 技术前期准备包括人员准备、制定管理制度、资料收集和（　　）。

　A. 统筹规划　　　　　　　　　　　B. 协调方式

　C. 材料取费　　　　　　　　　　　D. 总结验收

3. 机电深化应符合各专业系统设计原理，保证各系统使用功能，并满足建筑空间的要求和（　　）要求。

　A. 建筑的进度要求　　　　　　　　B. 建筑的防火等级

　C. 建筑本身的使用功能　　　　　　D. 建筑的使用年限

二、简答题

1. 简述 BIM 技术路线包含的内容。

2. 简述 BIM 建模标准。

项目6　智能建筑弱电系统工程项目管理及施工组织

【学习目标】

● 掌握智能建筑弱电系统工程项目管理的主要内容及其方法；
● 掌握智能建筑弱电系统工程施工组织设计的基本方法；
● 能完成建筑智能化弱电工程的施工组织设计。

在弱电系统施工过程中，项目的管理发挥着重要的作用，只有精心组织和严格按照规范施工，才能高质量地完成好各个项目的施工。

6.1　弱电安装施工项目管理

弱电工程安装施工项目管理是施工单位工作的重要环节。按照《质量管理体系——要求》ISO 9001:2015 的工程质量规范要求，包括很多方面，其中较为突出的是施工管理、技术管理和质量管理。

6.1.1　施工管理

工程施工是一项综合性很强的管理工作，关键在于它的协调和组织作用，也包含其他专业管理内容，其主要内容如下：

1. 施工进度管理

施工进度管理决定着整个施工期间施工人员的组织，设备供应及弱电工程与土建工程、装修工程的配合协调，通常必须通过建立工程进度表的方式来检查和管理。弱电施工进度表建立在施工工序的基础上。弱电系统的施工顺序主要包括以下几个阶段，即施工安装图设计（二次深化设计）、管线施工、设备（进货）验收、设备安装、调试、初开通和验收。

2. 施工界面管理

施工界面管理的中心内容是弱电系统工程施工、机电设备安装工程施工和装修工程施工在其工程施工内容界面上的划分和协调。建筑弱电系统与机电设备和独立子系统的接口界面很多，主要有高压配电柜接口界面、低压配电柜接口界面、电话系统接口界面、网络系统接口界面、消防报警系统接口界面、有线电视系统接口界面、安全防范系统接口界面、公用设备管理系统接口界面、办公自动化系统的网络协议界面等。施工界面管理就是要及时解决各工程在施工过程中的各种矛盾，调节施工中各个薄弱环节。一般通过每旬或每月的工程调度会的方式来进行管理，建立文件报告制度，一切以书面方式进行记录、修改和协调。

3. 施工的组织管理

合理安排整个弱电系统施工期间的工程管理人员、技术人员、安装工人和调试工程师的人数和这些人员进场的时间，以及组织协调班组配合、安全教育、安全检查等日常管理工作，避免造成不必要的劳动力浪费，增加人工成本。这种管理需要与施工进度管理密切结合，分阶段组织强有力的施工队伍，保质保量地按时完成这个阶段的施工任务。

6.1.2　工程技术管理

工程技术管理贯穿整个工程施工的全过程，执行和贯彻国家、行业的技术标准和规范，严格安装弱电系统工程设计的要求，在提供设备、线材规格、安装要求、对线记录、调试工艺、验收标准等方面进行技术监督和有效管理。

1. 技术标准和规范管理

在弱电系统工程中所涉及的国家或行业标准和规范很多，如火灾报警系统、保安系统、闭路电视监控系统、有线电视系统、通信系统、室内布线、监控中心、综合布线系统等都有相应的标准和规范。因此在审查系统设计、检查设备提供和安装等环节上要认真对照相关标准和规范，使整个系统的施工管理处于手控状态。

2. 安装工艺管理

弱电系统工程管理是一个技术性、工艺性都很强的工作，要做好整个弱电工程的技术管理，就必须抓住各个施工阶段安装设备的技术条件和安装工艺要求。现场工程技术人员要严格把关，凡是遇到与规范和设计文件不相符的情况或施工过程中做了现场修改的内容，都要记录在案，为最后的系统整体调试和开通建立技术管理档案和数据。

3. 技术文件管理

弱电系统工程的技术文件是工程各阶段实施的共同依据。这些文件主要包括各弱电子系统的施工图纸、设计说明，以及相关的技术标准、产品说明书、各系统的调试大纲、验收规范、弱电集成系统的功能要求及验收标准等。为了能够及时向工程管理人员提供完整、正确的上述技术文件，必须建立技术文件收发、复制、修改、审批归案、保管、借用和保密等一系列的规章制度，实施有效的科学管理。

设计图纸虽然经过图纸会审，但在施工过程中，仍有可能发现图纸上的差错或与实际情况不符的地方；或者由于施工条件、材料规格、品种、质量不能完全满足设计要求，需要进行修改设计或代换材料；或者在使用功能上有某些变动，设计标准上有所提高或降低以及施工人员提出合理化建议，需要补充或修改设计图纸时，就必须进行工程变更。

工程变更会带来一系列问题，如返工损失、停工窝工、材料准备、设备供应、施工机具、工期拖延以及预算变更、工程决算等，因此要尽量避免工程变更。在必须进行变更时，要严格按执行技术核定制度操作。所谓技术核定，就是在设计变更时，必须经过有关部门的充分协商，对技术、经济、质量、使用功能和结构强度等方面进行全面考虑和技术复核，然后写成技术核定单，经设计单位、建设单位和施工单位三方有关人员签署认可后，与设计图纸具有同等效力，是指导施工的依据。未经设计单位签署的核定单无效。

施工单位提出的问题，必须经过建设单位、设计单位核定签署后，才能作为施工依据。由设计单位提出设计变更图纸或通知书，施工单位根据施工准备和工程进展情况，提出是否接受的意见。建设单位提出修改意见，必须经过设计单位进行技术核定，签署同意后，提出设计变更图或设计变更通知书，施工单位应根据工程进度和施工准备情况，提出是否接收的意见。

图纸变更通知书和技术核定单的份数，应与发给施工单位图纸的份数相同。施工单位收到技术核定单后，应及时下发给有关人员，并以此作为工程交工验收和工程竣工决算的依据。如果由于建设单位、设计单位提出的工程变更造成返工、停工、材料浪费等情况，应由施工单位向建设单位办理现场经济签证手续，核对造成的经济损失。双方签字认可后，将经济签证记录交给预算人员，作为工程竣工决算时的原始依据资料。

工程变更文件是技术文件管理的重要组成部分，也是工程技术管理乃至工程管理的容易忽视和疏漏的薄弱环节，必须十分重视，加强管理。

6.1.3　质量管理

工程质量管理是建筑弱电工程单位各项工作的综合反映，执行《质量管理体系——要求》ISO 9001 系统工程质量体系，要贯穿在弱电系统的整个工程实施过程中，要确实抓好以下质量环节：

（1）施工图的规范化和制图的质量标准；

（2）管线施工的质量检查和监督；

（3）配线规格的审查和质量要求；

（4）配线施工的质量检查和监督；

（5）现场设备或前端设备及其施工质量检查和监督；

（6）主控设备及其施工质量检查和监督；

（7）弱电系统监控参数设定表的填写与核对；

（8）调试大纲的审核、实施及质量监督；

（9）系统运行时的参数统计和质量分析；

（10）系统验收的步骤和方法；

（11）系统验收的质量标准；

（12）系统操作与运行管理的规范要求；

（13）系统保养和维修的规范和要求；

（14）年检的记录和系统运行总结等。

在了解上述保证系统高质量的环节后，要确实做好质量控制、质量检验和质量评定。

6.2　弱电系统施工组织设计

弱电系统的施工组织设计是以具体的工程为对象、直接指导现场施工活动的技术文件。在工程施工设计中应根据工程的具体特点、建设要求、施工条件，从实际和可能的条件出发进行编制。

6.2.1　系统施工组织设计的要求

1. 系统施工组织设计的内容
系统的施工组织设计主要包括以下一些内容：

（1）工程概况

主要包括工程特点、当地自然状况和施工条件。

（2）施工方案和施工方法

主要包括施工方案的选择、主要施工过程施工方法的选择和技术组织措施的制定等。

（3）施工进度计划表

主要是确定各施工项目的工程量、劳动量或机械台班量；确定各项目的施工顺序和施工时间；编制施工进度计划表。

（4）施工准备工作及各项资源需要量计划

主要包括施工准备工作计划及劳动力、技术物资资源的需要量及加工供应计划。

（5）施工平面图

主要包括各种主要材料、构件、半成品堆放安排、施工机具布置、各种必需的临时设施及道路、水电等安排与布置。

（6）主要技术组织措施

主要包括各项技术措施、质量措施、安全措施、降低成本措施和现场文明施工措施等。

（7）主要技术经济指标

主要包括工期指标、质量和安全指标、降低成本和节约材料指标等。

2. 系统施工组织设计的编制依据

（1）上级机关对该项工程有关的批示和要求；建筑单位对施工的要求；施工合同中有关规定等。

（2）施工企业年度施工计划对该工程的安排和规定的各项指标。

（3）经过会审的施工图、会审记录及图纸修改核定单。

（4）建筑物施工组织总设计中对该工程施工的有关规定和要求以及施工组织总设计中有关总的施工规划和部署安排。

（5）开、竣工日期；设备安装进场时间和对土建施工的要求。

（6）建设单位对工程施工可能提供的条件，如水、电供应以及可借用作为临时办公、仓库的施工用房等。

（7）工程施工时能配备的劳动力情况；各种材料、消防联动设备的来源及供应情况。

（8）施工现场的调查情况。如工程的进展情况等。

（9）预算文件，有关定额以及规范、规程等。

（10）有关参考资料及施工组织设计实例。

3. 系统施工组织设计的编制程序

所谓编制程序，是指系统工程施工组织设计的内容及其各个组成部分形成的先后顺序以及相互之间的制约关系的处理。系统施工组织设计的编制程序，如图6-2-1所示，从中可知道设计的有关内容和步骤。

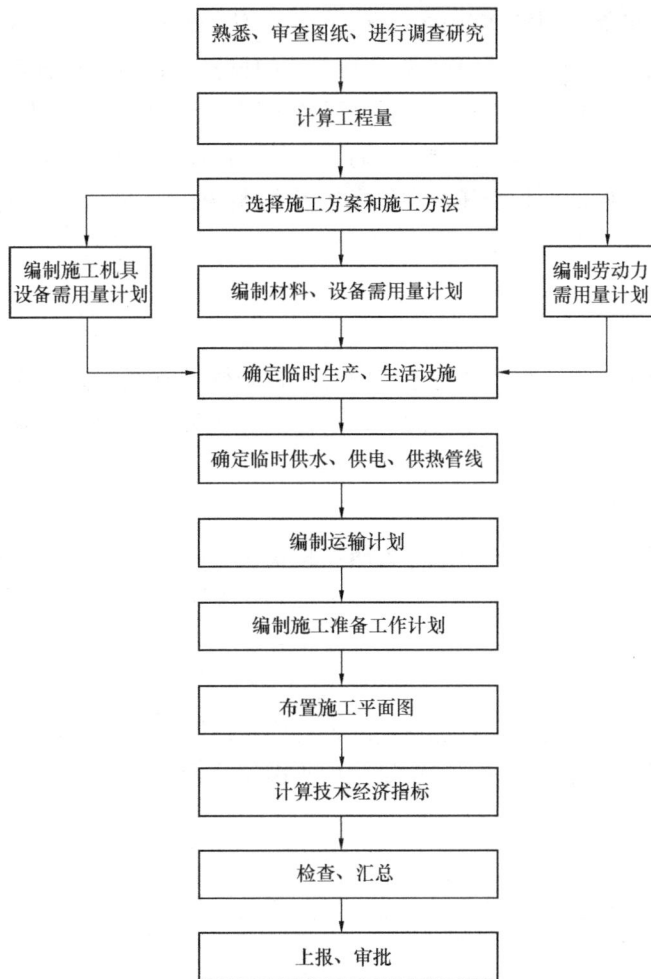

图 6-2-1 系统施工组织设计编制程序

6.2.2 弱电系统施工组织设计案例

本项目以弱电系统中的消防报警及联动子系统为例，介绍弱电系统施工组织设计的案例，其他弱电系统施工组织设计的格式及方法基本类似，只是具体内容需要根据工程实际完成。

1. 工程概况

（1）工程简介

某楼现代消防设施安装工程。由某建筑设计研究院设计，建筑地点位于某内，总建筑面积 12680m²，共 14 层，地上十二层，地下二层，总高度为 50m。

（2）工程范围

本消防安装工程此次包括：自动报警及联动控制系统、火灾应急广播系统和消防电话系统。

（3）工程特点

本工程属于较大型现代消防设施安装工程和一类高层、一级保护对象，因消防工程中报警系统的稳定、可靠性对于工程的影响、业主的使用十分重要，因此我公司选用可靠性、稳定性强的某 A 或某 B 报警产品，实现大楼的报警、联动控制功能。

施工时既要考虑工程进度顺利进行，又要考虑到交叉作业施工互不干扰，防止盲目施工和不合理赶工，以及不采取防护措施，而造成相互损坏、反复污染等现象的产生，明确各专业工种对上一工序的保护责任及本工序工程成品的保护，并且到时与甲方、监理和其他施工单位的协调配合至关重要。

2. 工程目标

（1）管理目标

加强现场的技术管理，坚持质量工作的三级检查管理制度。做好各方面的协作配合，与各专业工种共同努力组织好施工管理，以创优质工程活动为中心，提高全员质量意识，严格按照施工工艺操作。

（2）质量目标

符合工程合同的技术规范要求及有关质量验收规范，在施工过程中将全面贯彻《质量体系生产安装和服务的质量保证模式》ISO 9002：1994 体系管理程序进行施工。"质量为本，精心设计，规范施工，用户至上"是我公司一贯的质量方针。

（3）工期目标

为确保本消防安装工程按期、优质完成，我公司将投入足够的施工机具，提高施工质量和施工效率。推广克服工程质量通病治理措施等技术进步项目。保证在合同工期内完工。

（4）安全生产目标

加强工人安全生产教育，提高工人自我保护意识，落实安全生产岗位责任制，杜绝任何工伤事故发生。

（5）文明生产目标

推行标准化管理，创文明施工现场。

3. 工程部署及管理体系

（1）施工部署

为了确保优质完成该工程，我公司高度重视此工程，选派施工质量好，速度快，管理强的施工队作为劳务承担施工。组建一支业务精、懂技术、会管理、精干高效、服务周到的项目部作为管理层，对本工程的质量、进度、安全、文明施工等全面负责。由具有丰富现场施工管理经验的技术人员负责现场质量进度安全成本方面的管理。同时选派有承装样板工程项目经验的人员担任现场主办施工员及治安员。随着工程进度的不断展开。将及时调整充实现场施工管理人员，以满足工程之需要。为能实现预定的质量目标，公司质安部门还将派专人进驻现场，对质量进行全面检查考核。

项目部将严格遵守施工顺序，切实服从业主部署，积极配合装修专业，确保质量和工期。

（2）安装管理架构、项目组成人员

安装管理架构如图 6-2-2 所示。项目组成人员由表 6-2-1 所示。

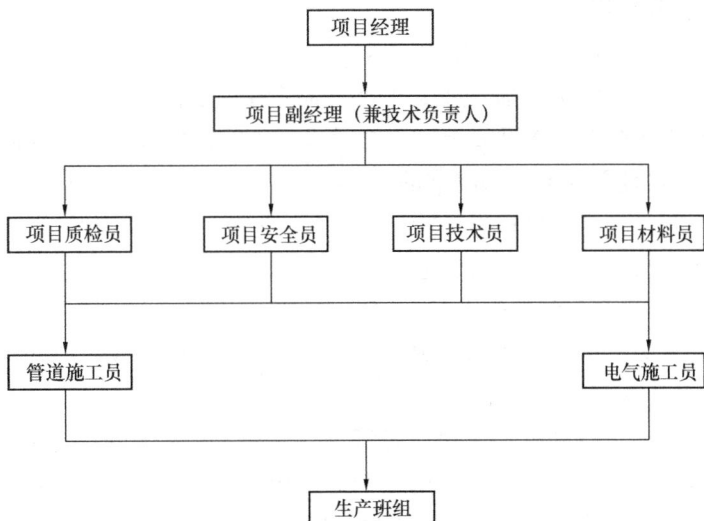

图 6-2-2 安装管理架构

项目组成人员 表 6-2-1

姓名	年龄	职务	参与项目、履历简介
		项目经理	
		项目副经理（技术总负责）	
		管道施工员	
		电气施工员	
		技术员	见项目人员资料
		质量员	
		安全员	
		材料员	

4. 施工准备工作

为加强全面管理，公司将组织技术力量雄厚的工程项目部负责该工程的组织和实施，在现场进行综合管理和统一指挥。各专业各有一名负责人，具体负责各专业的领导，以上人员专业施工员常驻现场，形成强有力的领导机构。

各专业要组织好劳动力，提高劳动生产率。正常施工期应设置专职的安全检查员、质量检查员及成品设备保卫人员、消防人员等，组织做好现场的各项管理工作。

（1）施工技术准备

1）编制施工组织设计关键部位的施工方案，质量保证措施。

2）编制《质量计划》。

3）组织各安装工种技术人员熟悉设计图纸，充分了解和掌握设计意图、特点和技术要求，预先协调好各专业管线走向，坐标及标高，整体规划、合理布局。

4）认真审查施工图纸可能存在的问题，并经图纸会审提出对施工图纸的疑问及建议。

5）在施工中施工员对施工小组要进行详细的技术交底，各专业可结合本工程的特点，组织进行技术攻关和交流。

（2）施工现场物质准备

1）编制施工平面布置图及临时进度计划、临时用电方案。

2）搭设现场施工临时设施及安全、消防设施。临时设施方案在必要时需报送监理单位、建设单位甚至当地公安消防部门审批。

3）按工机具进场计划，材料进场计划，组织施工机具，工程用料进场。

4）组织各类办公、生活、消防设施进场。

（3）施工人员及各项规章制度准备

1）按"消防安装分部管理架构"及"分项目部人员构成"落实各项专业负责人选，做到各司其职，各负其责。

2）建立健全各项规章制度，包括"各级岗位责任制""工程质量检查与验收制度""工程技术档案管理制度""技术交底制度""安全操作制度"等一系列制度。

3）对施工班组、作业人员进行技术再培训以及技术交底和施工安全交底。

（4）施工机具准备

应准备的主要工机具如表 6-2-2 所示。

应准备的主要工机具　　　　　　　　　　　　　　　　　　　　表 6-2-2

序号	机具名称	型号规格	数量	使用时间（年）
1	砂轮切割机	ϕ200 2.2kW	3	1
2	台式钻床	<ϕ25mm	3	2
3	手电钻	350W	3	2
4	冲击钻（液压电动）	650W	6	1
5	角面磨光机	SJWJ-125	1	2
6	对讲机	调频	4	2
7	电烙铁	45W	4	2
8	电烙铁	100W	4	1
9	固定套管扳手		10	0.5
10	万用表		4	0.5
11	兆欧表	500V 500MΩ	1	2
12	套丝机	ϕ100	2	2
13	台虎钳	8″	2	2
14	电焊机	315A	2	2
15	葫芦	2t	2	2

（5）主要材料设备

主要的材料设备如表 6-2-3 所示。材料定购前应建设单位提供材料的流通证、厂家批号，出厂合格证，质量检验书等资料证明。施工中每批进入工地的材料、设备均有专人负责验收，经项目负责人确认后，呈报监理工程师签字确认。

主要的材料设备   表 6-2-3

序号	材料名称	规格型号	单位	数量	进场时间
1	智能感烟探测器	JNW1101B	套	721	按进度
2	智能电子定温探测器	NW1102	套	10	按进度
3	手动报警按钮（带通信插孔）	NW1121D	套	81	按进度
4	编码消火栓按钮	NW1430	套	73	按进度
5	控制模块	NW1123A	只	42	按进度
6	驱动接口	NW1450	只	8	按进度
7	反馈模块	NW1123	只	28	按进度
8	总线隔离器	NW1122	只	14	按进度
9	机柜	NWLG	个	1	按进度
10	火灾显示盘	NW1221	个	26	按进度
11	报警联动综合控制单元	NW1300	台	1	按进度
12	多线联动控制单元	NW1310	台	1	按进度
13	电源控制单元	NW1390	台	1	按进度
14	底座	NW1901	只	731	按进度
15	总线电话通信单元	NW1320	台	1	按进度
16	消防广播控制单元	NW1330	台	1	按进度
17	吸顶扬声器	NW1493	只	172	按进度
18	电话分机	NW1422	只	4	按进度
19	扩音机单元	NW1331	台	1	按进度
20	分线箱		个	14.00	按进度
21	阻燃电线	ZR-RVS2×1.5mm²	m	10505	按进度
22	阻燃电线	ZR-BV2.5mm²	m	17714	按进度
23	桥架	SR200×100	m	90	按进度

5. 施工程序

施工程序如图 6-2-3 所示。

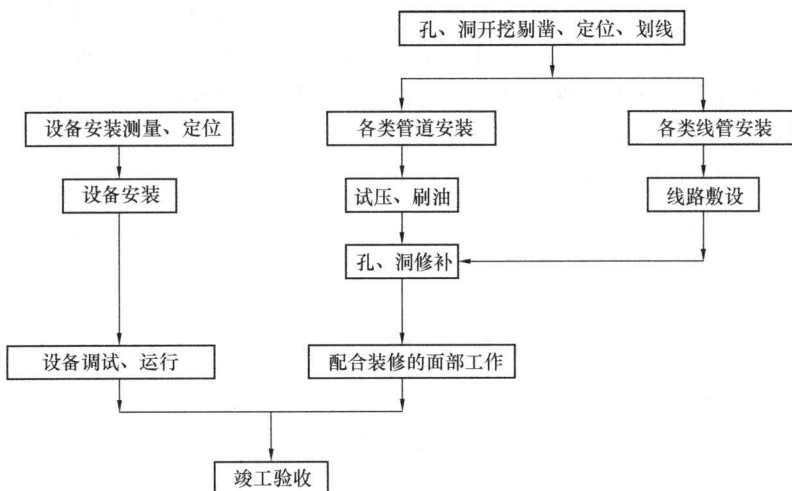

图 6-2-3　施工程序

6. 主要施工方法

（1）消防控制、通信和报警线路敷设的工艺流程

明敷钢管、线管安装工艺流程如图 6-2-4 所示；线管穿线操作工艺流程如图 6-2-5 所示。

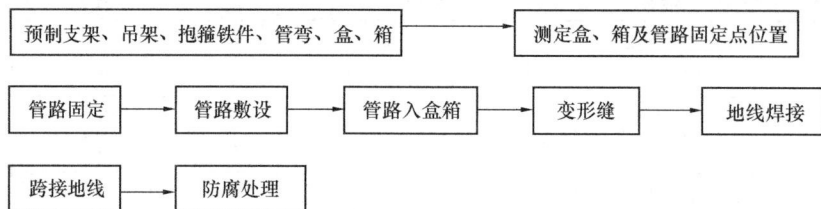

图 6-2-4　明敷钢管、线管安装工艺流程

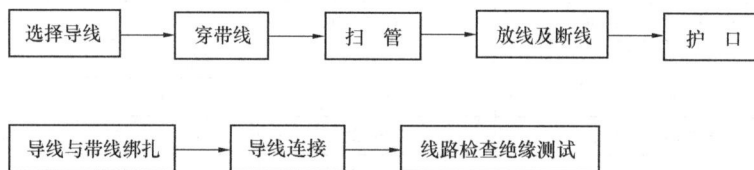

图 6-2-5　线管穿线操作工艺流程

（2）电气管道敷设

明配线管安装前首先根据走向安装支吊架，然后安装线管。镀锌线管制弯用弯管器制弯。镀锌线管连接时管端用铰板套丝，接上接头，使管段与管段或管段与线盒接起来，同时做好跨接连接。

电线管暗敷施工前，对安装管材进检查，检查管内是否有异物阻塞、破损和裂缝现象。建设结构模板安装后，按施工图进行暗敷管的走向和箱盒位置进行现场定位，并做好标志。在绑扎完结构钢筋后再进行管线敷设施工。线管、线盒敷设完毕，需在模板或结构板钢筋上作可靠固定。按施工图进行回路走向、位置的复核检查，确保无误后，做好隐蔽工程的验收和记录。混凝土浇筑时，进行现场维护观察，防止线管受机械撞击脱离或受损。混凝土浇筑时，进行现场维护观察，防止线管受机械撞击脱离，造成阻塞。

电线管敷设时，下列情况需加设过线盒：

1）无弯位，长度超过 30m 时；

2）有一个弯位，长度每超过 30m 时；

3）有两个弯位，长度每超过 15m 时；

4）有三个弯位，长度每超过 8m 时。

金属线管安装必须做好各种保护措施，接地跨接良好，避开可能对管线构成危害的建筑部分，过伸缩缝时应采用金属软管连接。

消防配电线路，控制线路均采用塑料铜芯绝缘导线或铜芯电缆，其电压等级不低于交流 250V；其截面积 $S_{min} \geqslant 1.0mm^2$。

穿管绝缘线或电缆的总面积不应超过管内截面积的百分之四十。

（3）管内穿线

管内穿线前应根据施工图核对导线的规格型号，穿拉敷设时需注意绝缘层保护。属钢管材质的管内穿线，线管的进出口需加设绝缘保护的管口护套，导线接驳后，不能降低原绝缘强度，也不能因连接不牢固而出现导体阻值增大。系统绝缘电阻测试值不能小于0.5MΩ。（测试仪表电压等级为500V）。管内穿线施工还应注意如下事项：

1）连接应在箱盒内，不允许管内连接。

2）安全接地导线需采用黄绿双色线。

3）设计回路的绝缘电阻测试，必须做好测试记录。

导线颜色按如下区分：A相（黄色）、B相（绿色）、C相（红色）、N线（蓝色）、PE线（黄绿双色）、"＋"极（红色）、"－"极（蓝色）。

（4）线路驳接

6mm以下的用铰接，接口包上黄蜡巢后包上绝缘胶布，保证防潮、防漏电。施工完毕后要测试线间、线地电阻，如达不到要求要查明原因并改正，保证绝缘良好。

（5）末端设备安装

末端设备的安装应平整、牢固、清洁整齐，高度一致，位置正确，线相无误。按钮装的垂直度及相邻高低差应符合要求。

（6）主机、联动柜的安装

与基础槽钢之间的连接紧密，牢固平整，二次接线固定牢固，与端子排的连接紧密，排列整齐，标志清晰齐全，熔断器接触点的接触应紧密，接地线应紧密牢固。

（7）主要技术措施

当线路暗配时，弯曲半径不应小于管外径的6倍，当埋设地下或混凝土内时，其弯曲半径不应小于管外径的10倍。当线路明配时，弯曲半径不宜小于管外径的6倍；当两个线盒间只有一个弯曲时，其弯曲半径不宜小于管外径的4倍。钢管的连接应符合下列的要求：

1）当采用螺纹连接时，管端螺纹长度不应小于管接头长度的1/2，连接后，其螺纹宜外露2～3扣，螺纹表面应光滑，无缺陷。

2）采用套管连接时，套管长度宜为管外径的1.5～3倍，管与管的对口处应位于套管的中心；套管采用焊接连接时，焊缝应牢固严密。

钢管与盒（箱）或设备的连接应符合下列要求：

1）明配的钢管或暗配的镀锌钢管与盒（箱）连接应采用锁紧螺母或护圈帽固定，用锁紧螺母固定的管端螺纹宜外露2～3扣。

2）当钢管与设备直接连接时，应将钢管敷设到设备的接线盒内。

3）当钢管与设备间接连时，对室内干燥场所，钢管端部宜增设电线保护管或可绕金属电线保护管后，引入设备的连接盒内，且钢管管口应包扎紧密；对于室外或室内潮湿场所，钢管端部应增设防水弯头，导线应加套保护软管，经弯成滴水弧状后再引入设备的接线盒。

钢管与电气设备、器具间的电线保护管宜采用金属软管或可绕金属电线保护管，金属软管的长度不宜大于2m。金属软管不应退胶、松散，中间不应有接头；与设备、器具连接时，应采用专用接头，连接处应密封可靠。与嵌入式器具连接的金属软管，其末端的固定长度宜安装在自探头、器具外缘距软管长度的1m处。

导线与设备、器具的连接应符合以下要求：

1）截面为10mm²及以下的单股铜芯线可直接与设备、器具的端子连接。线芯应拧紧搪锡或压接端子后再与设备的端子连接。

2）截面20mm²及以下的多股铜芯线的线应先拧紧搪锡或压接端子后再与设备的端子连接。

导线在管内不应有接头和扭结，接头应设在接线（箱）内。末端设备安装应符合下列要求：采用钢管作器具的吊杆时，钢管内径不小于10mm，钢管壁厚度不应小于1.5mm。

电缆敷设必须测试泄漏电流、耐压试验和绝缘电阻、电缆接头、终端头的制作应固定牢，包扎封闭严密。

联动控制线路应清晰、整齐，所有受控设备在安装前应对其功能进行检查，证明正常后方可接驳联动控制线路。

系统调试由产品厂家派技术员协助进行，调试过程中，应做好各项记录及报告工作。

7. 确保工程质量的技术组织措施

（1）质量管理目标

消防分部工程合格率为100%。

（2）质量保证措施

建立完善的现场施工管理架构及质量管理体系。组成由具有初中级职称以上并且经过施工员培训、项目经理培训，全面质量管理培训及具有多年施工实践，质量意识强的人员组成工程施工管理班子。建立完善的质量管理体系，严格按《质量计划》对施工全过程进行质量控制。

认真贯彻工程质量保证措施的执行，做到工程质量分层管理，把好质量关。对每分项工程特别是关键部位，一定做好技术交底工作，并落实到班组、个人。技术交底主要分为现场人员技术交底、现场技术人员向各施工班组组长交底，这主要是对各个分部、分项工程向施工班组长进行技术交底；施工班组组长向工人交底，在施工前各班组长向现场工人进行技术交底。

加强现场施工质量检查，配备专业检查人员。

要严格按施工图施工，特别对进口设备要详细地阅读说明书及有关资料，掌握设备的有关规范和有关技术要求，各项安装工程要做出施工方案或施工技术措施，经批准后才能进行施工。

加强原材料和设备的质量检查工作，做好记录。不论是国内还是国外设备和材料，坚持不合格产品不施工的原则。

设备管道应严格按照顺序施工，做到先室外后室内，先地下后地上，先设备后配管的原则，由大到小组织施工。

凡是隐蔽工程都要经监理工程师或建设单位现场工程师验收，并做好原始记录。隐蔽项目完成后，应先进行自检达到要求后通知有关人员检查，检查达到要求后才能隐蔽，对于需要紧密配合施工的内容及其他特殊情况，不能及时请有关人员检查，可先进行隐蔽，但应做好记录以备抽查，有条件则应照相留底备案。

所有项目均有施工方案，设计图纸有明确要求的按设计进行施工，设计图纸没有的按国家规范，国家规范没有的则由现场技术人员按实际情况制定，并由监理工程师审核；对于复杂的施工方案应出施工草图，简单的方案可以口授。

正式工程使用的设备及材料，施工人员不得作临时用途使用。未经批准，不准在钢结构上烧焊开孔，不准在永久性钢模上用气割开洞。施工前必须做施工方案或施工技术措施的安装项目，所做的方案必须经审批通过后才能进行施工。

除按照安装工程所需执行的检验要求进行自检外，还应结合检查验收程序要求，提供具体的技术数据，保证施工质量。

8. 确保工期的技术组织措施

（1）迅速会审图纸，熟悉技术资料，解决存在问题。

（2）编制单项施工方案，编制施工总体计划，并以月计划为重点，严格计划管理，通过班组承包合同的下达，使工地作业计划与班组任务相衔接，并得以实现。

（3）明确设备、材料到货期，严把材料关，杜绝使用不合格材料引起返工。

（4）做好从项目部到工地生产班组的工程任务技术交底工作，弄清施工图纸，技术资料，工艺流程；交代技术关键部分的施工顺序，质量措施，从而缩短施工时间。

（5）及时办理各种中间验收资料，为顺利竣工打好基础。

（6）注意搞好协作单位的关系，顾全大局，服从业主决策，齐心协力，争取早日完成任务。

9. 文明施工及安全生产保证措施

（1）文件依据

《某市建筑工程文明施工检查评分细则》《某市建设工程现场文明施工管理办法》《建筑施工安全检查标准》。

（2）文明施工目标

创文明施工优良工程。

（3）文明施工安全生产管理职责

项目负责人安全生产、文明施工职责：

1）项目负责人对施工现场安全生产、文明施工负具体领导责任。

2）认真贯彻执行上级有关劳动保护、安全生产和文明施工政策法令和规章制度，定期组织安全生产、文明施工检查，消除事故隐患，对职工进行安全技术、纪律和文明施工教育。

3）项目负责人开工前将安全技术措施、文明施工措施等情况向工地各职能部门进行详细交底。

4）努力改善劳动条件，注意劳逸结合，防止职工由于过度疲劳而发生工伤事故。

5）不违章指挥，坚决制止违章作业，对违反操作规程施工者要及时进行教育，杜绝事故发生。

6）发生伤亡事故应及时上报，并及时认真分析事故原因，提出和实施改进措施。

7）对经检查所提出的安全隐患、不符合文明施工的问题必须布置督促各职能部门进行限期整改。

安全员职责：

1）执行安全技术劳动保护法规及安全技术操作规程。

2）执行施工组织设计。

3）每天巡查工地现场所有工作面，了解安全生产、文明施工，严格把好安全关，治理安全问题。对发现的安全隐患、不文明施工行为做好记录，发出整改通知单，定人定期限整改。

4）每周一，组织项目经理部全体人员进行安全学习，做好学习内容安排和学习记录，防止走过场，流于形式。每周组织项目经理部施工管理人员进行一次安全生产、文明施工检查。对发现的事故隐患、不文明施工行为要制定整改措施，定时间定人员进行整改。

5）制止违章指挥和违章作业。遇有严重险情，有权暂停施工，及时处理和抢救，并报告上级和领导。

施工员安全生产、文明施工职责：

1）施工员对管辖的工程项目的安全生产、文明施工负直接责任。

2）组织实施安全技术措施、文明施工措施，向班组进行安全技术和文明施工交底。

3）使用的临时电源、电动机具、脚手架等防护装置负责检查验收合格才能使用。

4）协助项目部组织工人学习操作规程、安全知识和文明施工要求。

5）不违章，不盲目指挥，消除事故隐患。严禁走过场，流于形式。

（4）文明施工管理措施

1）认真学习《文明施工管理措施》，以"安全施工、文明施工"为主题，执行现行《文明施工管理措施》规定。

2）施工现场做到堆料整齐、场地整洁、环境幽雅。

3）悬挂《动火许可证》《管理机构表》《工程进度表》等及安全宣传图片资料等各项图表。

4）规范管理与其他单位及内部交底的实行文字化，有专人负责。

5）岗前交底时，工长必须对文明施工提出具体要求，重要部位要有切实可行的具体措施及书面交底。

6）作业点周围必须清洁整齐，做到"活完脚下清、工完场地清"，各类料要及时清理，要堆放在指定地点。

7）按图施工，上道工序必须为下道工序创造优质的作业基础，及时做好预留埋和暗配管工作。

8）认真遵守成品保护措施，对本工种成品和其他工种的成品要一视同仁予以爱护及保护。

9）认真遵守项目经理部制订的上下班制度，要做到施工不扰民。

10）认真遵守各项劳动用工制度，体谅职工，为职工着想，解决其生活后顾之忧。

（5）安全技术措施

1）加强领导，扎扎实实贯彻"安全第一，预防为主"的安全生产方针，认真落实安全生产责任制，杜绝"三违"施工。

2）严格执行公司及分公司所有的安全施工、文明施工的规章制度。

3）工人入场前，必须进行完全技术交底，提高安全防范意识。

4）分项施工方案应包括技术措施，除技术交底外，还兼有安全交底。

5）每周一上午开工前召开全员安全生产例会，针对各时期工程进度的实际情况和存在的问题，对工人进行总结及提醒该时期的注意事项。

6）井内作业时一定在施工前要做好防护措施，并张贴告示，提醒不要往管井内投杂物，以免伤人，同时管井内作业时禁止单人施工，一定要有人监视下才能作业。

7）高空作业前必须检查排栅、梯或其他辅助设施是否安全牢靠，作业操作面距地面2m以上离空作业，应佩戴安全带。

8）现场各种机械设备必须做到"一机一掣，漏电开关"安全用电措施，使用机械前应检查漏电开关是否有效、正常。

9）移动电源均使用安全型电托板，严禁使用简易型拖板。

10）现场作业用电施工，应穿绝缘鞋。

11）安全检查实行"三级"检查制度：（分公司、项目经理部、班组治安员）检查结果及整改措施逐级汇报，出现事故逐级追究。

12）安全检查做到要有记录、有措施、有方案、有汇报、有复查。

（6）消防保卫措施

1）"贯彻谁主管谁负责"的原则，设立工地防火治安责任人，加强对现场人员的防火法制教育，进行经常性的防火治安检查。

2）临时建筑搭设应严格执行《中华人民共和国消防法》规定。

3）按照动火作业要求申领《临时动火作业许可证》。

4）严格执行现场用火制度，电、气焊作业前认真做到《动火安全规定》"八不""四要""一法"规定。

5）仓库除配备足够的消防器材外，还实行24h消防值班制度，对易燃材料要集中管理，并设有明显标志，要确保消防设施处于正常工作状态，以及道路畅通，各施工班组工具房内不得存放汽油、煤油、松节水等易燃材料。

6）办公室、宿舍、仓库临时用电时，电线敷设及用电器具布置由技术部编制临电方案，经审批后，方可敷设，不准随意更改搭接。

7）严禁携带易燃、易爆危险品进入工棚、宿舍存放、严禁乱丢烟头、火种，严禁在非吸烟区吸烟。

工程项目部安全生产保证体系要素及职能分配如表6-2-4所示。

工程项目部安全生产保证体系要素及职能分配表　　　表6-2-4

编号	安全生产保证体系要素	项目经理	项目工程师	市场部	工程部	技术部	安全质量部	材料部	办公室
1	管理职责	★	▲						●
2	安全体系	★				●			
3	采购		▲	▲		▲			
4	施工现场安全控制	★	▲			▲	●		
5	检查、检验	★	▲		●	▲			
6	事故隐患控制	★	▲			▲	●		
7	纠正与预防措施	★	▲		●	▲	▲		
8	教育与培训				▲	▲	▲		●
9	安全记录		▲				●		
10	内部安全体系审核		▲	▲		▲	▲	▲	●

注：★—主管领导　▲—相关部门（个人）　●—主管部门（个人）

10. 成品及设备的保护措施

（1）施工人员要认真遵守现场成品保护制度，注意保护建筑内的装修、成品、设备、设施。

（2）所有设备在安装前有关人员进行拆箱清点检查，并做好记录，发现缺损及丢失，应及时向有关部门反映，检查人员没有到齐时，不得随便拆箱。

（3）设备开箱清点后对于易丢、易损部件由专人负责入库妥善保管。各类小型仪表元件及进口零部件，在安装前不要拆包装。设备搬运时明露在外的表面防止碰撞。

（4）大型设备的吊装，应编写吊装及运输方案，在吊装时按产品吊装点吊装，专业公司和施工队指派有关人员参加。

（5）对成品有意损坏的要给予处罚。

（6）对管道成品要加强保护，不得随意拆、碰、压、防止损坏。

（7）各专业施工遇有交叉"打架"现象发生时，不得擅自拆改。需经设计、甲方及有关部门协商，经各专业协商后，方可施工。

（8）消防中心等部门不具备安装条件时不得进行设备安装，设备安装完成后，门要加锁，并派专人看管。

（9）对于贵重、易损的设备、零部件尽量在调试前再进行安装，必须提前安装的将采取妥善的保护措施，以防丢失、损坏。

（10）现场的材料供应及管理措施：现场建立与工程量相适应的场地、库房，以利材料的堆入及储备；现场设备、材料、加工件派专人负责生产进度。计划编制进行收、管、发的工作；库内、场内的各种材料分规格、型号放整齐，符合规定要求；加强对施工班组的料具管理，防止材料和零部件的丢失，废料及下脚料及时进行回收处理。

【练习题】

一、选择题

1. 当线路暗配时，弯曲半径不应小于管外径的（　　）倍，当埋设地下或混凝土内时，其弯曲半径不应小于管外径的（　　）倍。

A. 6　　　　B. 8　　　　C. 10　　　　D. 12

2. 当采用螺纹连接时，管端螺纹长度不应小于管接头长度的（　　），连接后，其螺纹宜外露 2～3 扣，螺纹表面应光滑，无缺陷。

A. 1/2　　B. 1/3　　C. 1/4　　D. 1/5

二、问答题

1. 简述施工管理的主要内容方法。

2. 简述工程技术管理的主要内容。

3. 简述工程质量管理的主要内容。

4. 简述施工组织设计的主要内容和步骤。

三、实践题

结合一个中小型的弱电系统，完成一份施工组织设计方案。